国家自然科学基金面上项目（51875266）资助

电路板装配场景
视觉目标检测方法研究

李　静◎著

中国矿业大学出版社
·徐州·

内 容 提 要

本书以研究“基于卷积神经网络的电路板装配场景目标检测方法”为切入点，以涉及电路板装配工艺的表面贴装/混合装配场景和过孔装配场景中目标为检测对象，从卷积神经网络的数据层面、主干网、特征融合策略和检测头四个方面入手，分别提出了一种基于多检测头的PCB电子元器件小目标检测方法、一种基于有效感受野-锚匹配的PCB电子元器件轻量化检测方法、一种基于有效感受野-锚分配的PCB过孔装配场景目标检测方法和一种基于平衡策略的PCB过孔装配场景快速精准目标检测方法，为促进电路板装配向智能化、精密化、敏捷化的方向发展提供了一种重要的理论与技术参考。

图书在版编目(CIP)数据

电路板装配场景视觉目标检测方法研究/李静著
.—徐州：中国矿业大学出版社，2023.10
ISBN 978-7-5646-6020-8

Ⅰ.①电… Ⅱ.①李… Ⅲ.①印刷电路板(材料)—计算机视觉—研究 Ⅳ.①TM215

中国国家版本馆CIP数据核字(2023)第208373号

书　　名　电路板装配场景视觉目标检测方法研究
著　　者　李　静
责任编辑　何晓明　徐　玮
出版发行　中国矿业大学出版社有限责任公司
（江苏省徐州市解放南路　邮编221008）
营销热线　(0516)83885370　83884103
出版服务　(0516)83995789　83884920
网　　址　http://www.cumtp.com　**E-mail**:cumtpvip@cumtp.com
印　　刷　苏州市古得堡数码印刷有限公司
开　　本　787 mm×1092 mm　1/16　**印张**13　**字数**255千字
版次印次　2023年10月第1版　2023年10月第1次印刷
定　　价　58.00元

前　言

电子产品制造业是国民经济战略性、基础性、先导性支柱产业，电路板电子元器件高密度化和高效精密装配的技术需求促使电子产品装配工艺中的视觉目标检测技术必须完成智能化转型升级。然而，在当前基于卷积神经网络的视觉算法中，缺乏对“小尺寸目标弱特征表示、网络内部可解释性机理和视觉场景不平衡问题”的深入研究，导致现有模型难以在电路板装配场景高准确度、轻量化和快速目标检测的应用需求下发挥优势，无法保障电路板装配工艺的品质与效率，进而影响电子产品的成本、可靠性和上市时间。

在此背景下，本书以研究“基于卷积神经网络的电路板装配场景目标检测方法”为切入点，以涉及电路板装配工艺的表面贴装/混合装配场景和过孔装配场景中目标为检测对象，从卷积神经网络的数据层面、主干网、特征融合策略和检测头四个方面入手，为促进电路板装配向智能化、精密化、敏捷化的方向发展提供了一种重要的理论与技术参考。具体的研究内容与结论如下：

(1) 提出了一种基于多检测头的PCB电子元器件小目标检测方法

针对电路板上电子元器件目标密度高、尺寸小而造成的检测准确度低的问题，根据浅层检测头能有效表达小目标的弱特征原理，提出了目标尺寸-主干网特征保留对应关系量化方法，通过权衡目标尺寸和算力增加了对小尺寸目标敏感的检测头、多尺寸锚和特征融合路径。通过自建电路板电子元器件联合数据集OPCBA-29(Objects in Printed Circuit Board Assembly，OPCBA)完成方法测试实验，结果显示：目标尺寸-主干网特征保留对应关系量化方法能有效挖掘主干网中小目标的弱特征，使用基于多检测头的PCB电子元器件小目标检测模型，与原基准模型对比，29 类电子元器件目标检测上的平均检测准确度从 77.08%提升到了 93.07%。

(2) 提出了一种基于有效感受野-锚匹配的 PCB 电子元器件轻量化检测方法

针对基于卷积神经网络主干网模型结构冗余、模型参数量大问题，根据解释开放型卷积神经网络内部推理决策可带来高可靠性、轻量化网络原理，设计了基于梯度反向传播的卷积神经网络不同深度层有效感受野尺寸的计算和可视化方法，提出了基于有效感受野-锚匹配策略的主干网模块化解构组合方法，利用该策略实现了主干网的模块重构。通过自建数据集 OPCBA-29* 完成方法测试实验，结果显示：基于有效感受野-锚匹配的 PCB 电子元器件目标检测模型与原基准模型相比，在 29 类电子元器件目标检测上的平均检测准确度达到 95.03%，模型参数量仅为原参数量的 35.61%，验证了基于内部视觉可解释性机理研究对主干网进行模块化重构在提升检测准确度的同时，可实现模型轻量化。

(3) 提出了一种基于有效感受野-锚分配的 PCB 过孔装配场景目标检测方法

针对 PCB 过孔装配场景待检测目标类间相似度高及类内差异性大，严重影响检测准确度的问题，根据对卷积神经网络内部精准可解释性分析可有效挖掘类间可分离特征和类内紧凑型特征原理，对检测头锚分配层的网格进行了有效感受野精细化分析，研究了检测头网格对应有效感受野放置不同尺寸锚时对目标检测效果的影响机制，提出了基于检测头有效感受野范围的精准锚分配方法，以有效发现类间可分离特征和类内紧凑型特征。通过自建的数据集 OPCBA-21 完成方法测试实验，结果显示：基于有效感受野-锚分配的 PCB 过孔装配目标检测方法与基准模型比较，在 21 类电子元器件目标检测上的平均检测准确度上从 79.32%提升到了 89.86%，验证了基于有效感受野的精准锚分配在提高类间相似度高及类内差异性大目标检测准确度方面的有效性。

(4) 提出了一种基于平衡策略的 PCB 过孔装配场景快速精准目标检测方法

针对影响PCB过孔装配场景目标检测速度和精准度的样本类别不平衡、目标尺度不平衡和正负样本不平衡问题，根据平衡策略可权衡检测精准度和检测速度原理，提出了训练集/验证集比例平衡划分方法，设计了平衡深层和浅层目标尺度信息的“相加”特征融合策略，提出了纠正正负样本不平衡和避免数据冗余问题的有效锚概念及求解方法。通过自建数据集OPCBA-21[*]完成方法测试实验，结果显示：基于平衡策略的PCB过孔装配场景目标检测方法与基准模型相比，在21类电子元器件目标检测上的平均检测准确度从89.78%提升到了94.25%，定位准确度从49.54%提升到了54.20%，平均每张测试图片正向推理时间从9.21 ms降到了3.22 ms，验证了基于平衡策略在提高准确度和速度方面的有效性。

本书源于智能化电路板装配场景目标检测的工程需求，利用卷积神经网络对“表面贴装/混合装配场景电子元器件目标检测”和“过孔装配场景目标检测”所涉及的关键问题开展了一系列的研究，以检测准确度、模型参数量和检测速度为评估指标，验证了所提出理论与方法的正确性与有效性。研究成果可延伸至不同领域的目标检测，为今后基于深度学习的相关视觉检测研究奠定了基础。

本书是在国家自然科学基金项目“智能装配机器人视觉自主识别、高精度定位与柔顺控制方法研究”(编号:51875266)的支持下完成的。感谢我的导师顾寄南教授为本书的编写提供了宝贵的指导和建议。此外，还要感谢江苏大学提供了丰富的学术环境和资源，为研究提供了有力的支持。

由于水平有限，书中不妥之处在所难免，敬请广大读者批评指正。

著　者

2023年2月

目　录

第1章 绪　论

1.1 引言

在全球产业革命变革及我国制造业发展的背景下，2015 年 5 月国务院印发《中国制造 2025》[1]，部署全面推进实施制造强国战略，作为我国实施制造强国战略的第一个十年行动纲领，实现“中国制造”向“中国创造”的转变，“中国速度”向“中国质量”的转变，“中国产品”向“中国品牌”的转变，完成中国制造由大变强的战略任务。为加快贯彻落实《中国制造 2025》总体战略部署，牢固树立创新、协调、绿色、开放、共享的新发展理念，构建新型制造体系[2]，《智能制造工程实施指南(2016—2020)》[3]明确指出：要重点围绕智能制造标准滞后、核心软件缺失、工业互联网基础和信息安全系统薄弱等瓶颈问题，构建基本完善的智能制造标准体系，开发智能制造核心支撑软件，建立高效可靠的工业互联网基础和信息安全系统，形成智能制造发展坚实的基础支撑。

电子产品制造业是国民经济的战略性、基础性、先导性产业，是加快工业转型升级及国民经济和社会信息化建设的技术支撑与物质基础，是保障国防建设和国家信息安全的重要基石，发挥着经济增长“倍增器”、发展方式“转换器”、产业升级“助推器”的重大作用。智能制造(Intelligent Manufacturing，IM)泛指智能制造技术和智能制造系统，它是人工智能技术和制造技术相结合后的产物[4]。随着智能制造技术成为我国电子产品制造业领域发展的新动能，提升电子产品制造业智能制造软件支撑能力要针对电子产品生产场景中智能制造感知、控制、决策、执行过程中面临的数据采集、数据集成、数据计算分析等方面存在的问题，开展信息物理系统的顶层设计，研发相关的设计、工艺、仿真、管理、控制类工业软件，推进集成应用，培育行业整体解决方案能力，建设软件测试验证平台[5]。

全球共有电路板制造企业 2 000 多家，在中国大陆就有约 1 200 家，占到约 60%；在世界电路板产品百强企业中中国大陆企业几乎占到一半，中国电路板产业水平是有代表性的。所谓电路板装配，是要将各种尺寸功能的电子元器件按规定的技术要求组装在印刷电路板(Printed Circuit Board,PCB)上，并经过调试、检验使之成为合格产品，它是电子产品生产的关键环节。自动化技术的进步为电路板装配带来了更多可能，现在有三种常用的装配技术：一种是表面贴装技术(Surface Mounted Technology,SMT)，第二种是过孔插装技术(Through Hole Technology,THT)，第三种是前两者组合的混合装配技术。电路板三种装配方式的示意图如图 1-1 所示。

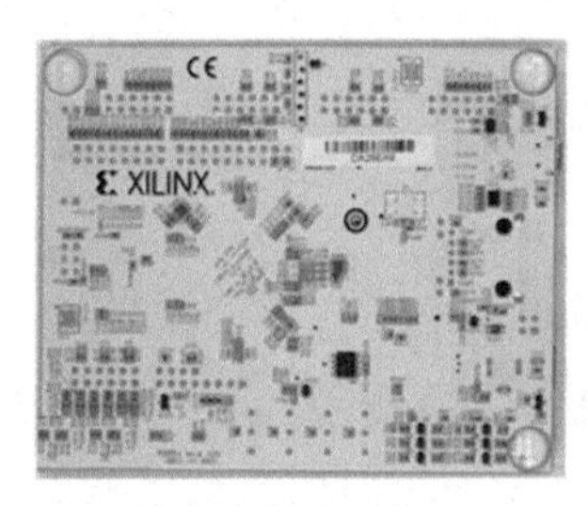

(a) 表面贴装技术

(b) 过孔插装技术

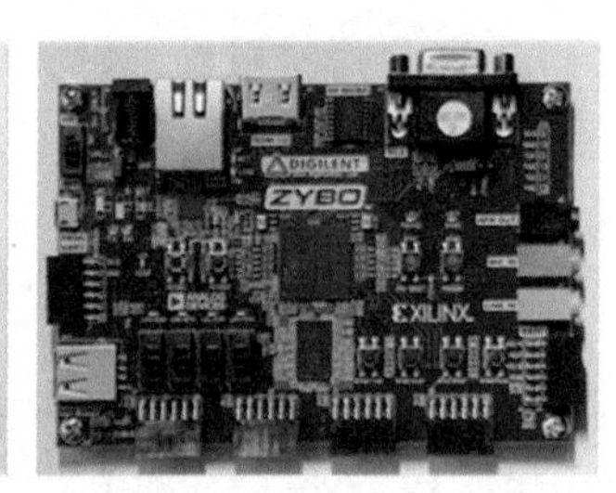

(c) 混合装配技术

图 1-1　电路板三种装配方式示意图

表面贴装技术是将无引脚或短引线表面装配片状元器件(Surface Mounted Components/Surface Mounted Devices,SMC/SMD)安装在 PCB 的表面或其他基板的表面上，通过回流焊或浸焊等方法加以焊接组装。

过孔插装技术是通过手工装配方式或自动插入装载机将过孔电子元器件(Through-Hole Devices,THD)的引脚插入 PCB 上已有的通孔中，对电子元器件进行软钎焊完成焊接组装。当前电路板装配制造产品中大量存在表面贴装电子元器件，消费类电子产品中约有 5%的过孔插装电子元器件，用于航空航天类电子产品中一般有 10%～15%的过孔插装电子元器件。采用过孔装配技术可以通过手工或者小型机器插装完成简单易用的电子产品原型制作，有助于在电子元器件和电路板之间建立牢固的机械连接；同时，经过孔插装安装在电路板上的电子元器件可以轻松承受机械和环境压力，耐用性强。因此，过孔装配技术是不可完全替代的电路板装配流程中的重要环节。

SMT 和 THT 同时应用在同一电路板上，这种装配技术的组合称为混合装配。

据统计，在现代电子产品制造中，电路板装配工作量占整个产品制造工作量的 20%～70%，平均为 45%，装配时间占整个制造时间的 40%～60%。电路板电子元器件的可装配性和装配质量不仅直接影响着电子产品性能，而且装配通常占用的手工劳动量大、费用高且属于产品生产工作的后端,提高电子产品装配生产效率和装配质量具有更加重要的工程意义。为提高电子产品生产效率和效益,达到电子产品制造低成本化,就要从电子产品生产装配场景智能化感知着手。

机器视觉模仿人眼,使系统和计算机能够从视频、数字图像和其他形式的视觉输入中获取丰富的信息,在相机、算法和数据的帮助下执行各种功能。作为机器视觉中的关键基础任务,目标检测要对图像场景中感兴趣的目标通过边界框的形式进行类别识别和位置定位。机器视觉在电子产品制造自动化诞生之日便开始应用,帮助机器感知和理解环境,尤其在电路板装配场景,利用传统视觉图像处理技术加速电子产品自动化生产过程的表面贴装机和自动插装机已广泛使用。

这些电子产品自动化装配场景下的机器视觉技术关键是视觉对位和人工选择特征描述,核心都是构建一种“滑动候选、特征提取、分类感知”的目标检测系统,实时获取装配场景下多个目标的亮度颜色信息,并根据检测系统保存的目标模板特征点描述子对视野内定位目标的提取特征进行匹配度度量,从而实现电路板装配场景下多目标的实时感知、高精度定位和精准识别,推动电子产品制造业向敏捷化、精细化和绿色化方向升级发展[6]。

近年来,深度学习在计算机视觉中的各个领域内都得到了长足的发展。相比传统的方法,深度学习由于具有不需要人工设计特征、算法通用性更高等优点,已经被广泛引入目标检测任务当中。传统机器视觉和基于卷积神经网络的目标检测工作流程如图 1-2 所示[7-8]。

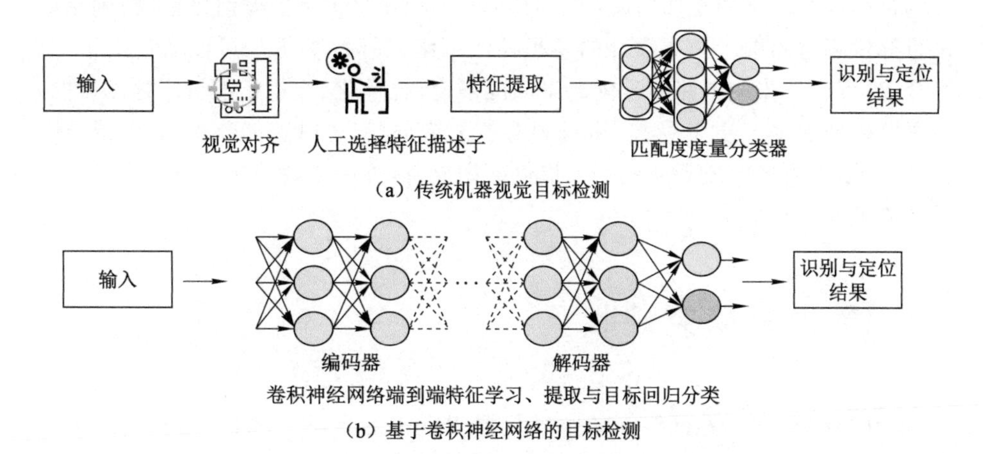

图 1-2 两类目标检测工作流程示意图

传统机器视觉目标检测工作流程中输入图像后，要经过视觉对齐、人工选择特征描述子、特征提取和分类器的设计，这些具体的、固定的和可描述的手工特征过度依赖特定目标，导致算法的泛化性弱。深度学习中的卷积神经网络，利用图像重构的思想，采用编码器和解码器的网络结构。编码器在网络前向传播过程中不断下采样缩小特征图的尺寸，实现自动提取样本目标特征的效果，解码器负责对特征进行解码，得到与输入图像相同大小的重构图像，通过计算重构前后图像之间的差异来训练网络。利用样本数据训练得到的编码器，在测试阶段能够良好地重构出图像，而对于学习过的目标特征，在图像解码过程中通过特征度量得到目标的定位和识别结果。在基于卷积神经网络的目标检测流程中，输入图像后，整个特征学习、提取和目标分类回归端对端实现，由数据驱动自主学习目标大量抽象特征。

因此，在电子产品制造的装配场景中有必要引入卷积神经网络技术，通过对表面贴装/混合装配电路板上电子元器件和过孔插装电路板装配场景中电路板、已装配/未装配电子元器件、已插装/未插装过孔完成图像数据采集、样本标签标注与扩增处理，对影响卷积神经网络目标检测准确度、模型参数量和检测速度的关键科学问题进行理论分析和应用研究，探讨检测目标的数学特征，结合电路板装配场景目标特点，对“如何从小尺寸目标弱特征表示中发现有效信息、网络内部可解释性机理对模型轻量化的正向影响，如何利用内部可解释性机理挖掘可分离特征及紧凑型特征和影响目标检测速度精准度的不平衡问题”进行深入研究，通过设计电路板电子元器件高准确度、模型轻量化目标检测方法和电路板过孔装配快速精准目标检测方法，完成高效合理的网络结构设计及训练，利用训练好的目标检测网络模型实时检测出电路板装配场景下的多类别目标，精确预测出目标位置边界框。精心设计的卷积神经网络目标检测方法可以实现集学习、融合、决策于一体的电路板装配场景高准确度、轻量化、快速精准目标检测目的，为电路板装配生产质量管控、协助机器人代替人工实现智能装配、AR 指导装配、装配场景描述生成等应用场景提供数据支持，进一步提升整个电子产品制造系统的智能化水平。

1.2 国内外研究现状

2012 年，卷积神经网络开始主导机器视觉中的各种问题，目标检测也不例外[9]。为实现电子产品制造装配场景下的小尺寸目标高准确度、模型轻量化、高速精准智能目标检测的实际需求，下面将从当前基于卷积神经网络的电路板制造装配场景目标检测、小尺寸目标检测、网络模型轻量化和影响高速精准目标检测的不平衡问题这四个方面来调研相关国内外研究现状。

1.2.1　基于卷积神经网络的电路板制造装配场景目标检测研究现状

电路板装配场景目标检测作为一类特殊的检测问题，已经有一些学者做了相关的研究。对于 PCB 装配场景中的目标检测问题，目前的研究主要包括以下四个方面：

（1）PCB 定位[10-12]

Zhao 等[10]基于 Faster R-CNN，通过添加角度检测任务，实现了 PCB 装配过程中类别、位置和角度的多任务检测。针对 PCB 自动装配中的精确定位问题，Tsai 等[11]提出并比较简单多层感知器、卷积神经网络和 CNN 结合支持向量回归的三种模型，快速准确地完成了电路板的回归定位问题。

（2）电子元件检测[13-21]

Liu 等[13]提出了一种结合残差网络的卷积神经网络用来加深网络，通过深层网络提取的语义信息实现对小尺寸色环电阻进行目标检测。基于 YOLO 算法，Lin 等[14]针对 PCB 上的 9 种电容设计了自动定位和快速识别模型。Kuo 等[15]设计了三阶段检测器检测 PCB 上的电子元器件，该三阶段检测器除了一个类无关的区域提议网络外，还提出了一个图网络用于细化电子元器件的特征。Lu 等[16]提出了对散乱电子元器件进行目标检测的方法。Mukhopadhyay 等[17]在对电路板上的集成芯片（Integrated Circuits，IC）进行目标检测时，利用颜色空间转换模型将 RGB 转化为 YCbCr，然后结合三种形状描述符达到了最佳检测效果。为了提高 PCB 上的电子元器件的目标检测正确率，Liu 等[18]基于 YOLOv4 提出了一种新的框回归损失函数，称为联合高斯交集（GsIoU），它使用高斯函数将不同 anchor 下的预测框合并在同一位置，计算框回归损失，最终提高了框回归的准确率。Baranwal 等[19]利用 VGG16 提出了针对 PCB 装配过程中表面贴装元件是否放置正确的分类模型，分类正确率高于经过训练的人工视觉分类。Jeon 等[20]利用卷积神经网络和结构相似性指数图完成热力图场景下电路板装配四类缺陷检测任务。Tong 等[21]提出了一种基于相邻像素 RGB 值的方法来预处理来自电路板表面贴装电子元器件的图像，并构建定制的深度学习模型来对装配缺陷进行分类。

（3）模型轻量化[22]

Shen 等[22]基于 Faster R-CNN 采用上下文感知的感兴趣区域池化和空间变压器网络，提出了一种装配后 PCB 缺陷检测轻量化模型。该模型由轻量化电子元器件检测模块和电子元器件上字符识别模块两部分组成。

(4) 实时检测[23-24]

针对电子行业中工业机器人对流水线上电子元器件的视觉实时检测问题，Guo 等[23]提出了利用多尺度注意力模块将 Tiny-YOLOv4 提取的中高级特征进行自适应融合，满足了工业环境中实时检测的要求。Shuai 等[24]提出了二次筛选检测法来实时检测电子元器件和电子元器件上的字符。他们先通过梯度提升决策树模型搜索检测电子元器件的特征，然后使用联结文本提议网络和 Tesseract-自动光学识别技术完成电子元器件上的字符识别。

1.2.2 基于卷积神经网络的小尺寸目标检测研究现状

尽管卷积神经网络在目标检测方面取得了重大进展，但小尺寸目标检测一直是视觉任务中具有挑战性的问题。小尺寸目标往往视觉外观不足，很难在图像中检测到，同时，它们容易受到遮挡、低分辨率成像和其他类别样本个数不平衡的影响。电路板装配场景包含大量的小尺寸表面贴装电子元器件和小尺寸已插装/未插装过孔，基于卷积神经网络小尺寸目标检测的有效性，将极大影响电路板装配场景目标检测的准确度。总结国内外学者在卷积神经网络目标检测研究中提出的针对小目标检测的关键技术主要有以下三类：

(1) 改进小尺寸目标特征法

因为网络浅层特征对定位重要，而深层特征对分类重要，在卷积神经网络中选择低级和高级特征图的有效组合可以促进小目标检测结果的改进。Ghiasi 等[25]提出了使用自下而上的方式，采用组网络架构合并了来自不同层的特征图。Kong 等[26]通过考虑全局和局部信息提出了一种非线性特征图变换方法，非线性变换的参数是可学习的，并且可以与不同的层共享，该变换应用于不同层的特征图，在每个变换层生成检测结果。Yu 等[27]通过使用迭代深度聚合和分层深度聚合融合语义和位置信息，迭代深度聚合两种非线性类型的特征后，分层深度聚合将特征合并在一个树结构中。Ghiasi 等[28]提出了一种自动搜索良好的特征金字塔架构的搜索方法取代网络手动设计，其中循环神经网络作为控制器，通过求和或池化操作合并任意两个输入特征。Pang 等[29]在特征金字塔的两个层面应用了融合机制，对于全局信息，构建了一个图像金字塔，并将图像金字塔四个级别的特征与标准 SSD 框架的原始特征相结合加强对小尺寸目标的检测效果。

(2) 结合小尺寸目标上下文信息法

小尺寸目标的上下文信息可以弥补有限的特征信息，卷积神经网络在训练和测试时，通过更大的边界框和提议框将小尺寸目标的局部联系和语义上下文信息包含在深度神经网络中，可以有效地改善小尺寸目标检测性能。对于小尺寸人脸检测，Duan 等[30]提出添加上下文信息可以显著提高小尺寸人脸识别的性能，因为过多的上下文信息会因过度拟合而损害小尺寸人脸识别的性能，进而通过只扩大面部周围的感受野来添加小尺寸人脸上下文信息。Bell 等[31]提出先采用空间循环神经网络来搜索目标区域外的上下文信息，然后采用跳连池化得到内部的多级特征图，组合的模型连接多个尺度和上下文信息以进行小尺寸目标检测。Yuan 等[32-33]设计了多分辨率特征融合网络，该网络包括具有跳跃连接的反卷积层和一个垂直空间序列注意力模块，整个实现过程分为两个阶段：第一阶段通过 Mobile Net 和反卷积形成多分辨率特征图；第二阶段为了充分利用上下文信息，将三个特征图的每一列视为空间序列，构建了垂直空间序列注意力模块，大大提升了小尺寸交通标志检测。Guan 等[34]提出将金字塔池化的多级上下文信息用于构建上下文感知特征，上下文融合模块专注于将上下文的尺度信息添加到特征图中。

(3) 加强小尺寸目标训练样本

直接增加小尺寸目标的训练样本数量或改善小尺寸训练样本的分辨率，都可以弥补小尺寸目标覆盖像素少、特征表示弱的缺点。Singh 等[35]提出的方案使用各种尺度和姿态的目标来提高对小尺寸目标的检测性能，因为训练样本的数量和类别有所增加，小尺寸目标被上采样并输入卷积网络进行检测，训练时只激活特征图包含一定范围内的目标层，这样小尺寸目标就可以像中大尺寸目标一样被训练好。Najibi 等[36]提出了一个多尺度网络来预测最有可能包含小尺寸目标的区域，并丢弃不太可能包含小尺寸目标的区域，该网络预测了小目标的二元分割图，旨在实现小目标的高召回率，即只有可能包含小尺寸物体的区域被用于训练。此外，对于最高真实值和预测框交并比分数低于匹配阈值的小尺寸人脸，Luo 等[37]调整了锚的范围，使得更多的小尺寸锚可以匹配小尺寸人脸。Li 等[38]首次将对抗生成网络用于小尺寸目标检测任务，通过引入一种新颖的条件生成器，包括多个残差块来学习小尺寸目标和类似大尺寸目标之间的残差表示，判别器包括对抗分支和感知分支，其中对抗分支将生成的小尺寸目标超分辨区域与类似的大尺寸目标区分开来。Pang 等[39-40]提出专注于小尺寸行人检测的 JCS-Net，由分类子网络和超分辨率子网络组成，在超分辨率子网络中采用类似残差架构的 VDSR 来探索大尺寸行人和小尺寸行人之间的关系，以恢复小尺寸行人的细节训练检测器。

改进小尺寸目标特征法是从多种特征融合角度加强小目标的弱特征表示，从小目标难检测的本质问题入手，但目前卷积神经网络的特征融合方法和途径有限，因此需要从特征融合的方式和使用阶段入手进行创新；结合小尺寸目标上下文信息法主要通过获取小目标周围更多的特征信息实现对小目标特征的辅助强化，但联合上下文必然会带来噪声，因此需要加强有用的上下文信息，抑制无效或干扰上下文信息。加强小尺寸目标训练样本提升小目标检测性能的方法，虽然在一定程度上解决了小目标信息量少、缺乏外貌特征和纹理等问题，但同时带来了计算成本的增加，设计不当的数据增强策略可能会加剧小目标特征的不平衡性，因此需要从小目标数据增强的平衡角度进行探索。

1.2.3 基于卷积神经网络的目标检测模型轻量化研究现状

强大的卷积神经网络之所以能从输入图像中自动提取特征实现目标检测任务是由于模型存在大量超参数，但这同时意味着这些网络需要大量的计算和内存资源，庞大的网络需要很长的训练时间，这也使得使用基于卷积神经网络的目标检测方法在训练期间的电力使用变得昂贵。所谓目标检测模型轻量化，即为减少模型参数量，降低运算复杂度。发展绿色低碳的电子产品制造工艺，降低电路板装配过程的能耗和物耗，对基于卷积神经网络的电路板装配场景目标检测方法提出了模型轻量化的要求。目前方法主要有以下三类：

(1) 权重剪枝

在模型轻量化的权重剪枝研究中，通常包括结构化剪枝、非结构化剪枝和模式剪枝三类。结构化修剪会修剪卷积神经网络权重的整个通道/过滤器，其中过滤器修剪删除权重矩阵的整行，通道修剪删除权重矩阵中相应通道的连续列，结构化剪枝保持了权重矩阵的规则形状，并降低了维度，因此，它是对硬件友好的[41-44]。非结构化剪枝允许对权重矩阵中任意位置的权重进行剪枝，这确保了搜索优化剪枝结构的高度灵活性，能以较小的精度损失实现高压缩率[45-47]。然而，非结构化剪枝会导致权重矩阵出现不规则的稀疏性，这需要额外的索引来在计算过程中定位非零权重，这使得底层系统中提供的硬件并行性不能得到充分利用。模式剪枝属于一种细粒度的结构化剪枝方案，由内核模式剪枝和连通性剪枝两部分组成[48-50]。内核模式剪枝在每个卷积核中剪除固定数量的权重；连通性剪枝作为内核模式剪枝的补充，去除某些输入和输出通道之间的连接，修剪整个卷积核，用于实现更高的整体压缩率。

(2) 知识蒸馏

卷积神经网络中的知识是指由网络提取的信息。知识蒸馏(Knowledge Distillation，KD)通常由一个大容量且能够提供卓越性能的教师模型和一个需要性能改进的学生模型组成。KD从教师模型中提取知识，然后将知识转移到学生模型中。知识蒸馏是常用的模型轻量化压缩方法之一。现有的主流知识蒸馏方法大致可以分为两类：一类是学生模型从教师模型中获取知识方法。Zagoruyko 等[51]提出让学生模型模仿生成教师模型特征图的空间注意力图。

Yim 等[52]设计了从教师模型特征图中求解转换成学生模型特征图的转换过程矩阵求解方法。Kim 等[53]提出以无监督的方式获取教师模型特征图释义信息。Lee 等[54]通过奇异向量分解探索了从教师模型到学生模型主要特征图的生成方法。另一类方法是关注学生模型和教师模型中间层之间的关系,并试图通过结构上考虑这种关系来传递知识。Tung 等[55]在小批次训练中获得了实例之间的激活关系,利用特定的激活层来定义知识蒸馏后的信息。Park 等[56]提出了一种关系知识蒸馏,从实例关系中转移知识。基于流形学习的思想,Chen 等[57]提出学生模型通过特征嵌入来学习,保留了教师模型中间层样本的特征相似性。Passalis 等[58-59]提出使用数据的特征表示将数据样本之间的关系建模为概率分布,教师通过知识转移实现学生特征图的概率分布匹配。Peng 等[60]提出了一种基于相关同余的知识蒸馏方法,其中蒸馏的知识既包含实例级信息,也包含实例之间的相关性,用相关同余进行蒸馏,学生模型可以学习和教师模型实例相关的特征,实现模型轻量化。

(3) 网络结构性压缩

卷积神经网络的结构性压缩主要包含将常规卷积置换成组卷积、深度可分离卷积、先升维后降维"瓶颈"结构、低成本线性运算产生特征图和主干网压缩五类方法。组卷积是将一个卷积层中的输入和输出通道平均分成 G 个互斥的组,同时在各个组内进行正常的卷积操作,理论上减少了 G 倍的计算负担,目前已全面应用于各种计算高效、参数轻量化的网络架构设计中[61-68]。深度可分离卷积的核心思想就是将普通 N 个通道为 M 的卷积拆分成 1 个通道为 M 的卷积和 N 个 $1\times1\times M$ 的卷积,最终减少运行的参数量。Yeh 等[69]针对水下目标检测的颜色转换卷积神经网络,Wang 等[70]针对枯树目标检测,Li 等[71]针对光学遥感图像中的显著目标检测,Junos 等[72]针对嵌入式设备的航拍图像目标检测,特征提取部分都采用深度可分离卷积实现模型轻量化。先升维后降维"瓶颈"结构是指在主干网中引入倒置残差模块,用较少的层完成较多特征提取的高效网络压缩。目前在目标检测任务中,也已经有一些学者采用这种方式完成高效的通道数缩减[73-76]。卷积神经网络特征图中的冗余是神经网络的一个重要特性,通过低成本的线性变换来生成许多能够充分揭示内在特征信息的特征映射图,同样可以实现模型轻量化。Han 等[77]提出了一种 Ghost 模型来构建高效的神经网络结构,Ghost 模块将原始的卷积层分成两部分,使用更少的过滤器来生成一些固有的特征图,在此基础上,进一步应用一定数量的低成本线性变换操作来更全面地生成 Ghost 特征图。在 GhostNet 的基础上,Han 等[78]又提出了适合 CPU 执行的 C-GhostNet,通过精简操作生成更多特征图。其他研究文献利用了高层关键特征图重用其对应的低层特征图,减少了特征冗余,提高了计算效率[79-81]。主干网压缩是指在目标检测的主干网部分，直接采用网络深度变浅、宽度变窄的模型实现模型轻量化。Anisimov 等[82]提出在 VOC 目标检测任务中，主干网采用 ResNet10 取代 ResNet50 即可完成相近检测准确度，实现模型轻量化。在 YOLOv3 检测模型中，Zhang 等[83]在航空红外图像序列中检测移动车辆时，提出了用 Darknet-23 替换原来的主干网 Darknet-53，Pang 等[84]在隐藏在人衣服下的目标检测任务中，提出了用 Darknet-13 替换了 Darknet-53。Wang 等[85]在场景文本检测上将 Darknet-19 替换了 Darknet-53。Won 等[86]提出将 Darknet-53 压缩为 Darknet-24 来减少模型参数。这些主干网的压缩任务都可以实现模型轻量化，提升检测速度。

模型轻量化中的权重剪枝最重要的环节是对网络结构进行重要性评估，评估的模型结构主要包含滤波器、块等结构，不论是基于参数驱动还是基于数据驱动的评估模型，都涉及滤波器阈值的设定，合理的阈值确定方法是未来权重剪枝中的难点和重点研究方向；知识蒸馏法中知识作为抽象的概念，网络参数、输出和中间特征等都可以量化为知识，但如何量化和组合知识是最佳的，尚无定论，未来在实际的应用中，需要根据特定任务的特点和联系来结合挖掘最优知识组合达到高效优质的模型轻量化方法；网络结构化压缩主要通过卷积矩阵底层运算降低模型运算复杂度实现模型轻量化，但卷积神经网络的“黑盒”问题，导致网络结构化压缩要以牺牲检测准确度为代价，未来网络结构化压缩要从内部可解释性机理方面提升模型轻量化的泛化性。

1.2.4 基于卷积神经网络的目标检测不平衡问题研究现状

在过去的五年中，尽管视觉目标检测进步的主要驱动力是和深度卷积神经网络的结合，但视觉检测中的不平衡问题也受到了众多研究者极大的关注，这里将从影响电路板目标检测快速精准效果的样本类别不平衡、目标尺度不平衡和正负样本不平衡三方面的技术现状进行文献调研。

(1) 样本类别不平衡

当数据集中的一个类或某些类比其他类拥有更多的样本个数时，即为样本类别不平衡，样本类别不平衡又被称为长尾分布。Ren 等[87]提出了用于长尾目标识别的 BALMS(Balanced Meta-Softmax，BALMS)，他们从概率的角度推导出了一个平衡的 Softmax 函数和 Meta-sampler，通过元学习重新采样以实现高检测准确度。Wang 等[88]提出在训练实例分割模型后，使用一种新颖的结合图像级和实例级的双层采样方案来收集类平衡提议，然后将这些收集到的提议用于校准分类头以提高尾部类的性能。Wang 等[89]提出了用于不平衡数据学习的动态类别学习框架，并设计了两级类别调度器：第一阶段是采样调度器，动态训练模型从不平衡到平衡；第二阶段是损失调度器，结合了交叉熵损失和度量学习损失，从而在类偏差精度和类之间取得了很好的平衡精度。在学习分类任务中，Kang 等[90]对于表示学习和分类器学习，重新调整分类边界，并提出解构传统的“分类器表示联合学习”范式，寻求合适的表示，以最小化长尾不平衡样本分类的负面影响。Zhang 等[91]提出使用额外的缓冲区作为无偏字典的建议，定期监控更新与模型对应的训练历史，并从训练数据中找到有意义的样本作为奖励数据，无偏字典可直接应用于解决常见的长尾不平衡类别目标识别数据偏差。

(2) 目标尺度不平衡

尺度不平衡是指不同类别的目标尺度分布不平衡或目标具有不同尺度的数量比例不平衡。针对尺度不平衡目标经过目标检测骨干网后提取的目标特征尺度不平衡加剧问题，Liu 等[92]提出了路径聚合网络，创建了自下而上的路径增强，缩短了信息路径，并在较浅特征层中存在精确位置信息的情况下增强了特征金字塔，这个自适应特征池旨在聚合每个提议区间中的不同尺度特征。Zhao 等[93]提出了多级特征金字塔网络，将基本特征与交替连接的最大输出特征图融合，通过注意力机制聚合多层次、多尺度特征，最终构建出更有效的特征金字塔来检测不同尺度的物体。Xu 等[94]提出了特征金字塔自动连接结构，在确定骨干网络中不同尺度的特征图级联方法之前，设计了其他四种尺度特征图变换方法，通过遍历所有特征图的变换方法，确定特征金字塔最优的多尺度特征融合方法。Kong 等[26]重新定义了特征金字塔的特征重建功能，使用全局注意力来强调整个图像的全局信息，然后对感受野中的局部模型块进行局部重建，在所有特征图不同尺度上传播强语义。Kong 等[95]在传统的 CNN 结构上提出了反向连接，使前向特征能够包含更多的语义信息，接着反卷积消除相邻特征图的大小差异，反向连接生成不同尺度的特征，在映射之后，为每个特征图设计了各种尺寸的候选框，以覆盖不同大小和形状的目标。Kim 等[96]提出了一种并行特征金字塔网络来解决特征尺度不平衡问题，设计了一个多尺度上下文聚合(MSCA)模块将不同尺寸特征图调整为统一尺寸。Li 等[97]提出了一种放大-缩小网络，该网络利用不同深度的多尺度特征图，从浅层位置和深层高级语义特征图中主动搜索和激活神经元，给每个尺度的特征图分割不同大小的锚，每个尺度对应的分类器检测特定尺度范围的目标。

(3) 正负样本不平衡

正负样本不平衡是指在网络学习过程中正样本与负样本的个数悬殊，比例极端不平衡的现象。在 Faster R-CNN 目标检测框架下，Ge 等[98]提出在第一阶段区域提议网络中引入放大/缩小因子 k，k 通过竞争调整正负样本的数量平衡正负样本的影响。Li 等[99]直接将在线硬样本挖掘模块引入主干网,瞬间扩大了目标的候选区域数量,避免了基于锚的正负样本不平衡问题。在使用锚生成提议区域时,由于阈值的值直接决定了正负样本的比例,Han 等[100]提出使用分割策略来确定正负样本平衡的锚阈值,以减少负样本对目标检测性能的影响。在两阶段目标检测算法中,Li 等[101]提出通过降低锚的阈值和引入目标实际值的边界图来增加正样本的数量并平衡正负样本的比例。在无锚目标检测任务中,Hou 等[102]提出使用硬正样本、易负样本和硬负样本来平衡正负样本的数量。Li 等[103]提出了一种在目标检测中嵌入空间注意和非局部注意模块的方法,加强更重要的区域特征,抑制剩余的不重要区域特征,达到平衡正负样本的目标。基于 YOLOv3,Li 等[104]提出结合自注意力和特征金字塔网络,将正样本的权重添加到主干网络的末端特征,提高深度特征的提取能力,缓解正负样本之间的不平衡。Li 等[105]采用多尺度聚类锚的方法,根据输出端口的大小分别进行聚类,通过生成多个锚和使用 Focal loss 达到平衡正负样本的目的。基于 SSD,Xu 等[106-107]提出了核心锚的概念,将传统的多尺度密集锚回归为方形锚,这种方法相当于一种预处理,达到了平衡正负样本的目的。Lu 等[108]通过引入两个调整因子来调整正负样本的贡献,提出了一种改进的置信损失函数。基于 Focal loss 函数,Li 等[109]考虑了不同类别的样本数量,在回归目标时结合了均方误差损失函数,缓解了正负样本不平衡。Li 等[110-111]提出了新的软边缘 Focal loss 函数,引入了惩罚函数来扩大正负样本之间的中心距离,解决了正负样本不平衡导致的物体检测困难的问题。Zheng 等[112]提出计算数据集中正负样本数量的比率,并使用比率的倒数作为样本权重来处理正负样本的不平衡。Li 等[113]提出了一种加权二元交叉熵损失函数,它以负样本在总样本中的比例作为权重来计算损失,当样本数量不平衡时,模型可以更好地考虑正样本的学习,获得更好的目标检测结果。

样本类别不平衡中的重采样或者欠采样易加剧类别不平衡或被噪声影响,因此可能无法得到准确的分类信息,甚至增大计算开销,减慢训练速度,并可能导致过拟合,如何在不增加或者减少不同类别样本个数的前提下,实现网络对不平衡样本类别的学习能力,值得继续探索。现有目标尺度不平衡主要采用扩大或者压缩不同尺度的目标特征,但如何均衡目标的位置和类别特征,提升深浅网络不同尺度特征的贡献率,是未来的研究方向。正负样本不平衡主要通过调整损失函数的权重来实现均衡,从正负样本的产生根源出发解决正负样本不平衡问题,是加速模型、提升检测性能的未来研究重点。

1.3 当前研究存在问题分析

虽然当前电路板制造装配场景目标检测方法的相关研究取得了一定的成果,但现有方法往往只是简单地将一些通用目标检测算法直接迁移到电路板装配场景,涉及的待检测目标类别少、个数少,而PCB表面贴装/混合装配场景下电子元器件目标类别多、尺寸小、个数多和PCB过孔装配场景下目标类间相似度高及类内差异性大难检测,卷积神经网络通用模型参数量大和影响检测速度的不平衡问题,尚存在一些亟待解决的问题需要进一步研究:

① 针对电路板电子元器件普遍尺寸小、目标检测准确度低问题,尽管目前的研究已经从改进目标特征、结合上文信息和增加小尺寸目标样本个数的角度做了很多探索,但并未从小目标难检测的本质弱特征表示的有效挖掘角度进行研究,尤其是目标具体尺寸和主干网不同深度特征图特征尺寸之间的量化关系模型尚未建立,而这种量化模型能直接反映主干网中小目标的位置/语义信息消失与否,进而影响特征融合后保留的目标信息,最终影响检测头的有效性。如何构建目标尺寸-特征信息量化关系模型,有效地选择主干网提取的小目标弱特征信息进行融合,设计出针对小尺寸目标弱特征敏感的检测头,需要做进一步的研究与讨论。

② 针对目前目标检测模型结构冗余参数量大问题,目前的模型轻量化文献中提出的方法要么考验设计者的经验,要么设计过程需要庞大的算力资源。对于一些关键科学问题,如从卷积神经网络的内部可解释性机理角度实现模型轻量化尚未进行研究,无法泛化性地解决模型轻量化问题。从有效感受野计算和可视化角度研究卷积神经网络的内部可解释性,进而研究固定锚尺寸与检测头有效感受野尺寸之间匹配程度对主干网模块化重构的影响机制,基于检测头可解释性视觉感知尺寸改变网络架构实现模型轻量化的方法,仍有很大的探索和创新空间。

③ 针对电路板过孔装配场景目标类间相似度高及类内差异性大目标难检测问题,当前研究主要从增加目标的特征表现形式来解决,忽略了主要原因在于检测头的分类定位器缺乏对类内紧凑性特征、类间可分离特征的发现和辨别能力等方面。继续从有效感受野的精细化研究角度解释检测头分类定位器的视觉感知范围,实现对深度网络的“理解”,进而研究聚焦可分离特征和紧凑型特征的锚分配规则,提升类间相似度高及类内差异性大目标检测准确度,仍需深入探索与挖掘。

④ 针对影响目标检测快速精准效果的不平衡问题，样本类别不平衡目前的研究主要通过权重调节样本类别个数，通过损失函数抑制或者加强多样本或者少样本对于卷积神经网络学习样本特征的影响，但这必然给原始数据带来一些冗余信息或者样本缺失。如何在不增加任何数据的前提下，通过均衡地划分所有类别样本在训练集和验证集，使卷积神经网络在训练过程中可以学习到所有类别的特征，在验证过程中找到性能最优的模型参数组合尚无人涉及；对于目标特征尺度不平衡问题，很少有人考虑结合待检测目标的空间分布历史信息，研究多尺度不平衡特征的融合方式；对于正负样本不平衡问题，很少有文献从产生正负样本的根源——锚的生成方法上去解决正负样本不平衡问题。因此，从解决样本类别不平衡、目标特征尺度不平衡和正负样本不平衡问题角度实现电路板过孔装配场景快速精准目标检测的目标，需进行系统深入的研究。

1.4 研究技术路线和研究内容

1.4.1 研究技术路线

在分析当前基于卷积神经网络的电路板制造装配场景目标检测瓶颈问题及相关国内外研究现状的基础上，本书以涉及电路板表面贴装/混合装配场景中的电子元器件和过孔装配场景中的电路板、已插装/未插装过孔及电子元器件为检测对象，进行了基于锚的一阶段卷积神经网络目标检测方法研究，重点解决“小尺寸目标的弱特征表示、卷积神经网络内部可解释性机理和不平衡问题”这些科学问题及其引申的四个技术问题，即：基于多检测头的小尺寸目标高准确度检测方法、基于有效感受野-锚匹配的目标检测模型轻量化方法、基于有效感受野-锚分配的高准确度目标检测方法和基于平衡策略的快速精准目标检测方法。本书所采取的研究技术路线如图 1-3 所示。

1.4.2 研究内容

(1) 科学问题研究方面

小尺寸目标的弱特征表示、卷积神经网络端到端学习的黑箱性和数据模型中的不平衡问题是阻碍人工智能技术在工业应用场景落地的科学问题。研究如何从电路板装配场景的小尺寸目标弱特征中挖掘有效信息、探索卷积神经网络的内部视觉可解释性机理和解决影响目标检测速度的不平衡问题，并提取出实现电路板装配场景高准确度、模型轻量化和高速目标检测的四个关键技术。

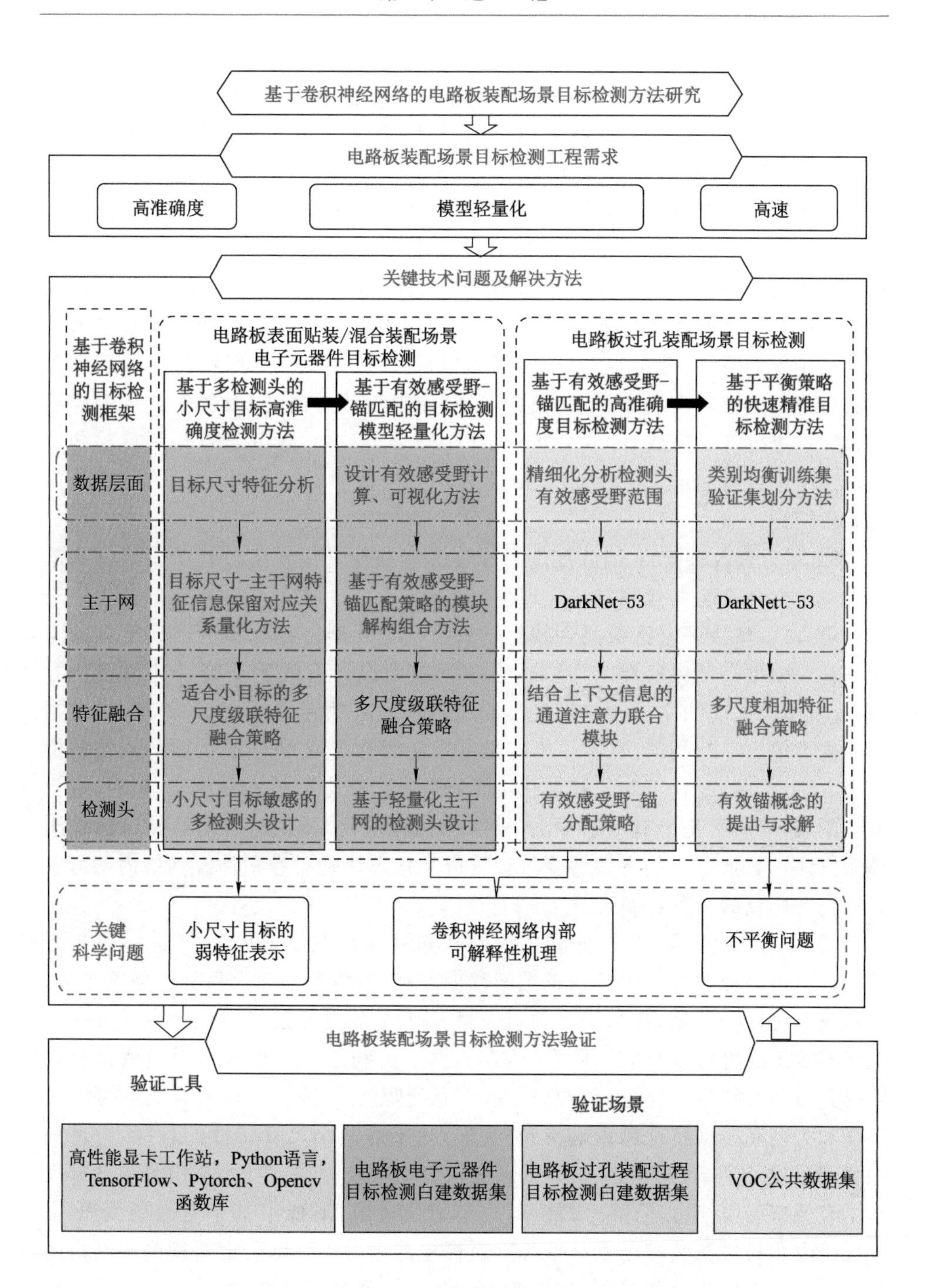

基于卷积神经网络的电路板装配场景目标检测方法研究
电路板装配场景目标检测工程需求
高准确度
模型轻量化
高速
关键技术问题及解决方法
基于卷积神经网络的目标检测框架
电路板表面贴装/混合装配场景电子元器件目标检测
电路板过孔装配场景目标检测
基于多检测头的小尺寸目标高准确度检测方法
基于有效感受野-锚匹配的目标检测模型轻量化方法
基于有效感受野-锚匹配的高准确度目标检测方法
基于平衡策略的快速精准目标检测方法
数据层面
目标尺寸特征分析
设计有效感受野计算、可视化方法
精细化分析检测头有效感受野范围
类别均衡训练集验证集划分方法
主干网
目标尺寸-主干网特征信息保留对应关系量化方法
基于有效感受野-锚匹配策略的模块解构组合方法
DarkNet-53
DarkNett-53
特征融合
适合小目标的多尺度级联特征融合策略
多尺度级联特征融合策略
结合上下文信息的通道注意力联合模块
多尺度相加特征融合策略
检测头
小尺寸目标敏感的多检测头设计
基于轻量化主干网的检测头设计
有效感受野-锚分配策略
有效锚概念的提出与求解
关键科学问题
小尺寸目标的弱特征表示
卷积神经网络内部可解释性机理
不平衡问题
电路板装配场景目标检测方法验证
验证工具
验证场景
高性能显卡工作站，Python语言，TensorFlow、Pytorch、Opencv函数库
电路板电子元器件目标检测自建数据集
电路板过孔装配过程目标检测自建数据集
VOC公共数据集

图 1-3 研究技术路线

（2）技术问题研究方面

基于卷积神经网络的目标检测框架流程一般包含数据层面处理、主干网、特征融合和检测头四部分。面对电路板混合装配场景下电子元器件目标检测高准确度、轻量化目标和电路板过孔装配场景下目标检测高准确度、快速精准目标，决定基于以下四个技术问题按照卷积神经网络目标检测的框架流程进行研究：

① 基于多检测头的小尺寸目标高准确度检测方法。针对电路板表面贴装/混合装配场景下待检测对象主要为小尺寸目标难检测的问题，首先，在数据层面研究了检测目标的尺寸特征，明确了主干网的小尺寸目标的弱特征表示是影响检测准确度的关键；其次，在主干网提出目标尺寸-特征信息保留对应关系量化方法；再次，提出对小尺寸目标敏感的多检测头设计方法，同时新增特征融合路径；最后，进行方法集成，形成了基于多检测头的 PCB 电子元器件小目标检测方法。主干网的目标尺寸-特征信息量化分析方法能够对小尺寸目标的弱特征实现有效挖掘。

② 基于有效感受野-锚匹配的目标检测模型轻量化方法。基于多检测头的小尺寸目标高准确度检测方法发现浅层主干网特征针对小尺寸目标的位置语义信息更有效，解决了电路板混合装配场景下电子元器件目标检测准确度低的问题。针对模型轻量化的要求，首先，在数据层面设计有效感受野计算可视化方法，发现不同深度的主干网将直接影响检测头的有效感受野大小；其次，以数据集的聚类锚尺寸为阈值，在主干网提出基于有效感受野-锚匹配策略的模块解构组合方法；再次，设计了基于轻量化主干网的特征融合策略和检测头；最后，进行方法集成，形成了基于有效感受野-锚匹配的轻量化 PCB 电子元器件目标检测模型方法。数据层面的有效感受野计算可视化方法是对卷积神经网络内部可解释性机理研究的一种创新。

③ 基于有效感受野-锚分配的电路板过孔装配场景高准确度目标检测方法。针对电路板过孔装配场景下类间相似度高、类内差异性大目标占绝大多数，且检测准确度低问题，在基于有效感受野-锚匹配的目标检测模型轻量化方法中关于有效感受野可视化方法启发下，在数据层面利用预训练权重对检测头有效感受野范围进行精细化分析，明确了有效感受野尺寸-锚尺寸对发现类间可分离特征和类内紧凑型特征的影响机制；其次，对于兼具小尺寸特性的目标，在特征融合部分设计了结合上下文信息的通道注意力联合模块；再次，在检测头部分提出了有效感受野-锚分配策略；最后，进行方法集成，形成了基于有效感受野-锚分配的电路板过孔装配场景高准确度目标检测方法。数据层面对检测头网格的有效感受野精细化分析是对卷积神经网络内部可解释性机理的进一步深入研究，提升了类间相似度高、类内差异性大目标检测的准确度。

④ 基于平衡策略的快速精准目标检测方法。基于有效感受野-锚分配的电路板过孔装配场景高准确度目标检测方法揭示出精准锚分配确实可以聚焦类间差异性特征及类内紧凑型特征,解决了电路板过孔装配场景下辨识性差目标检测准确度低的问题。面对电路板过孔装配场景目标检测快速检测的进一步要求,从解决样本数据和模型不平衡问题的平衡策略入手。首先,在数据层面设计了类别均衡训练集/验证集划分方法解决样本类别数量不平衡问题;其次,在特征融合部分构建了多尺度相加特征融合策略解决目标尺度特征不平衡问题;再次,在特征头部分提出了有效锚概念并设计了求解方法解决正负样本不平衡问题;最后,进行方法集成,形成了基于平衡策略的电路板过孔装配场景快速精准目标检测方法。平衡策略中的有效锚概念借鉴了精准锚分配可以提高目标检测准确度的思想,不仅一次性解决了锚的产生和分配问题,而且解决了正负样本不平衡问题,与其他两个不平衡问题的解决方案协同,在实现目标检测快速精准方面进行了创新性的研究。

(3) 电路板装配场景目标检测方法验证

基于上述科学问题和技术问题的研究成果,依托高性能显卡工作站,采用Python语言,TensorFlow、Pytorch、Opencv函数库和PyCharm编辑器等构建软硬件集成的目标检测模型。在此基础上,通过构建的电路板电子元器件目标检测数据集、电路板过孔装配过程目标检测数据集和VOC公共数据集,验证了所提出的理论、方法、技术与模型的可行性和有效性。

1.5 本章小结

本章首先介绍了电子产品制造业在“智能制造”升级改造的背景下,利用人工智能卷积神经网络进行电路板装配场景目标检测研究的重要意义,发现电路板装配场景中的小尺寸目标难检测、内部视觉机理不透明导致模型庞大冗余和各类不平衡问题是影响目标检测准确度、模型参数量和速度的关键问题。在对现有卷积神经网络电路板装配场景目标检测、小尺寸目标检测、模型轻量化和不平衡问题的国内外研究现状进行详细分析后,总结和归纳了现有研究中存在的问题,确定了本书的主要研究思路、方法和内容,最后合理安排全书章节组织结构,为研究的进一步展开和详细论述奠定了基础。

第2章　电路板装配场景目标检测定义及理论框架

2.1　引言

电路板装配过程对产品成本、可靠性和上市时间的影响非常大。为了降低成本并缩短上市时间，PCB装配厂用专用设备来自动完成每个工序。装配工程师持续监控和调整这些过程，确保达到保持产品可靠性所需要的一致性和质量。要研究基于卷积神经网络的电路板装配场景目标检测，首先，要明确电路板制造装配流程中视觉目标检测任务的场景，构建对应场景的数据集；其次，要研究基于卷积神经网络的目标检测理论框架，面对视觉感知场景的目标检测需求，对比分析目标检测基准模型；最后，进行适合电路板装配场景目标检测任务的基准模型选型。本章旨在对视觉目标检测应用需求迫切的电路板装配场景进行定义，针对定义的场景中小目标弱特征难挖掘、模型参数量大、类间相似度高及类内差异性大目标难检测和检测低速问题，论证了一阶段基于锚的目标检测算法YOLOv3作为基准模型的可行性，并为后续章节中的方法研究和实验验证提供了理论依据和评估指标。

2.2　电路板装配场景目标检测

2.2.1　PCB装配流程

印制电路板(Printed Circuit Board，PCB)，简称电路板，是电子元器件电气连接的提供者，通常说的电路板是指裸板，即没有装配电子元器件的电路板。电路板起到支撑与固定组件的作用，同时又是各线路间的连线，可以传送电信号。

电路板装配描述了所有电子元器件安装并焊接在电路板上的过程，是创建完全可操作的电子设备的关键步骤[114]。通常PCB装配生产流程如图2-1所示。

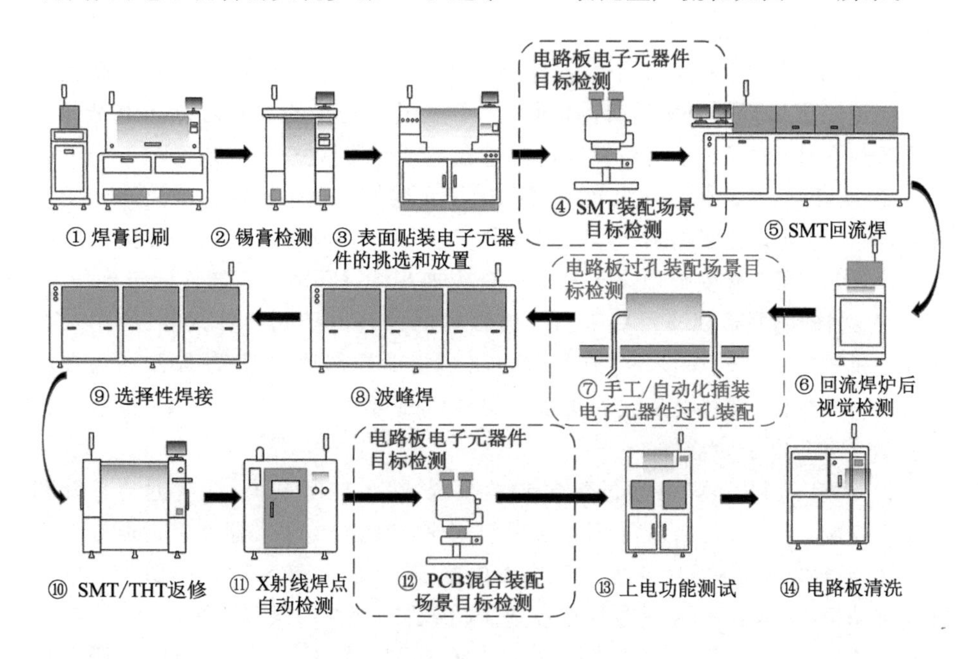

图2-1 PCB装配生产流程示意图

① 焊膏印刷：焊膏印刷机位于PCB装配的SMT生产线的前部，机械夹具将PCB和焊接模板固定到位，涂敷器将焊膏以精确的量放置在预期区域上。然后，机器将糊状物涂抹在模板上，均匀地涂抹在每个开放区域。在移除模板后，焊膏保留在预期位置。

② 锡膏检测：利用光学原理，通过二维平面或者三维立体两种方式检测锡膏、红胶印刷的体积、面积、高度、形状，以及偏移、桥连、溢胶、漏印、形状不良等锡膏印刷缺陷。

③ 表面贴装电子元器件的挑选和放置：利用带有视觉引导和智能供料系统的全传送式自动化SMT机器，通过移动贴装头把表面贴装元器件准确地放置PCB焊点位置上。

④ SMT装配场景目标检测：使用视觉对经过SMT装配后电路板上对应焊膏点胶位置的电子元器件进行识别和定位。

⑤ SMT回流焊：回流焊是靠热气流对焊点作用，通过重新熔化预先印刷到电路板焊盘上的膏装软钎焊料，实现表面贴装元器件焊端或引脚与电路板焊盘之间机械与电气连接的软钎焊。

⑥ 回流焊炉后视觉检测:实现回流焊后半成品的目检,检查印刷电路板表面的颜色变化,点焊表面是否光洁、有无孔洞、有无多锡少锡、有无零件移动、缺件、锡珠等缺陷。

⑦ 手工/自动化插装电子元器件过孔装配:对于那些必须承受高压、高速和在极端温度下运行的电子设备,必须采用手工或自动化的方式对过孔电子元器件进行过孔插装,以保证电路板与这些过孔电子元器件之间连接稳固。

⑧ 波峰焊:波峰焊是将装配有过孔电子元器件的电路板放在一盘熔化的焊料上,波峰焊机的底部热泵产生一股焊料"波",冲过电路板,将元件焊接到电路板上。最后,PCB 接受喷水或吹气以安全冷却并将过孔电子元器件固定到位。

⑨ 选择性焊接:对于一些不适合波峰焊的过孔电子元器件,可以使用选择性焊接机进行选择性焊接。选择性焊接机包括助焊剂喷雾器、预热器和为焊料喷泉供料的焊锅,焊料喷泉或焊头从下方移动到要焊接的位置,在 PCB 上完成焊接单个过孔电子元器件。

⑩ SMT/THT 返修:通过包含光学系统、热风控制系统、真空拆装系统和计算机控制系统的返修台,对 SMT/THT 中有缺陷的电子元器件进行返修。

⑪ X 射线自动检测:包括 X 射线发生器、移动平台和 X 射线成像单元的 X 射线自动检测机,利用 X 射线具有穿透 PCB 层以检查内层和封装的能力,对隐藏在电路板内部的焊点桥接、焊料空洞、过孔针脚焊料不足等进行视觉检测。

⑫ PCB 混合装配场景目标检测:电路板完成 SMT 和 THT 的混合装配及焊接后,使用视觉检测对电路板上放置的表面贴装或过孔插装电子元器件进行识别和定位。

⑬ 上电功能测试:使用在线上电测试设备,通过访问电路板上的电路节点并测量电子元器件的性能,确保电路板装配制造正确。

⑭ 电路板清洗:在电路板装配过程中,包含电子元器件的 PCB 可能会因为助焊剂或焊料的残留物、灰尘、湿气、指纹或氧化物弄脏,缩短设备的使用寿命,使用清洗机清除这些污染物以确保设备的整体耐用性、可靠性、有效性和使用寿命。

通过对以上整个 PCB 装配生产流程的分析,可以发现电路板 SMT/混合装配场景电子元器件目标检测流程和手工/自动化插装电子元器件过孔装配流程,属于自动化程度低、劳动密集且急需使用卷积神经网络实现视觉智能目标检测的环节。因此,定义以上装配流程的视觉场景为本书研究目标检测方法的应用场景,分别研究包含大量小尺寸目标的电路板电子元器件高准确度、模型轻量化方法和包含大量类间相似度高、类内差异性大目标的电路板过孔装配高准确度、快速精准目标检测方法。

2.2.2　PCB 表面贴装/混合装配场景目标检测

随着电子产品趋向于体积更小、功能更多、在有限的空间内装配高度复杂的电路板，要使用表面贴装技术甚至 SMT 和 THT 的混合装配技术完成电路板产品装配才能达到目的。PCB 表面贴装/混合装配场景为完成表面贴装电子元器件装配或混合电子元器件装配的电路板视觉场景。定义 PCB 表面贴装/混合装配场景目标检测为对电路板上已装配的所有电子元器件进行类别识别和定位，目前在电路板装配流水线中电路板电子元器件目标检测主要采用人工目检和自动光学检测，如图 2-2 所示。

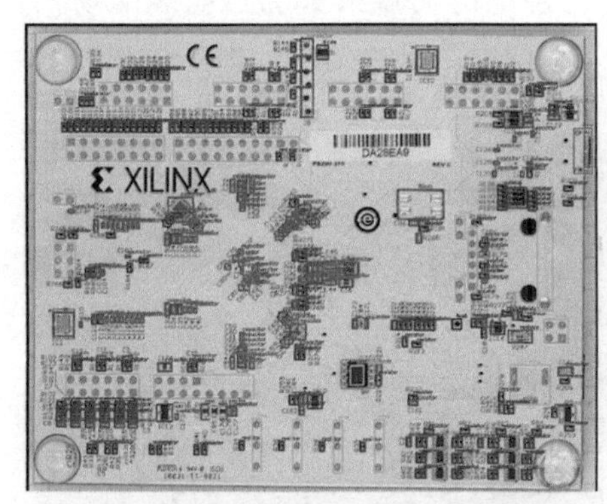

(a) PCB表面贴装场景电子元器件目标检测

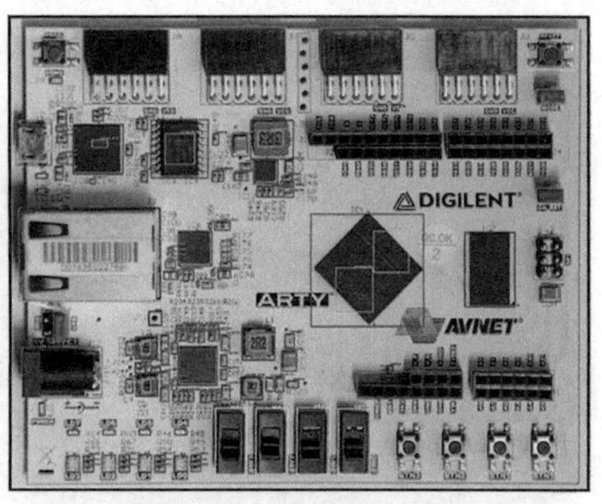

(b) PCB混合装配场景电子元器件目标检测

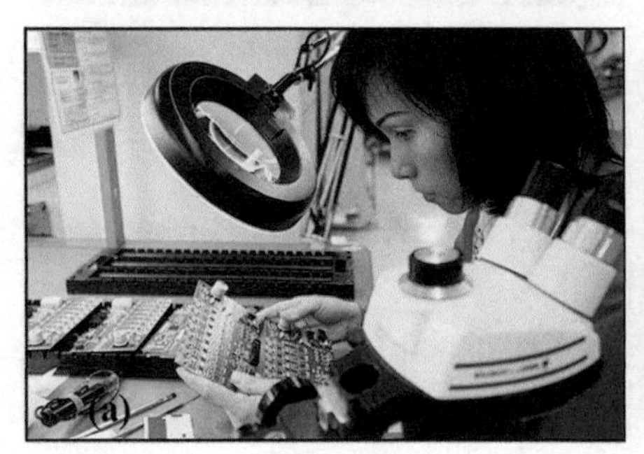

(c) 人工目检[115]

(d) 自动光学检测[116]

图 2-2　PCB 电子元器件目标检测示意图

人工目检存在人易疲劳、分级不一致和劳动强度大易出错等缺点。随着电路板复杂性的增加和紧凑型电子元器件的使用，基于机器视觉通过编程实现特征提取的自动光学检测系统开发成本变得越来越高。采用人工智能卷积神经网络完成电路板电子元器件目标检测，部署简单，泛化性强。研究基于卷积神经网络的 PCB 电子元器件目标检测方法为电子产品质量品控和制造场景理解认知的高层次智能化提供了动力。

2.2.3 PCB 过孔装配场景目标检测

PCB 过孔装配是向电路板的指定位置插入轴向和径向过孔插装电子元器件。目前，在电路板过孔装配环节中，主要采用人工插装或机器插装，人工插装实现电路板的过孔装配能适应产品需求和生产结构的变化，对于不同的电子产品制造装配需求更加通用，机器插装可以大大提高大批量电路板装配生产效率，减少人工操作失误带来的麻烦。PCB 过孔装配的实现形式和过孔装配场景目标检测任务如图 2-3 所示。

(a) 人工插装

(b) 机器插装

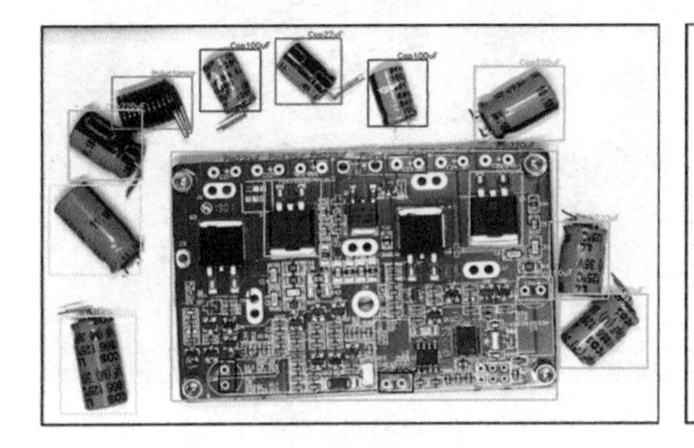

(c) 装配前目标检测

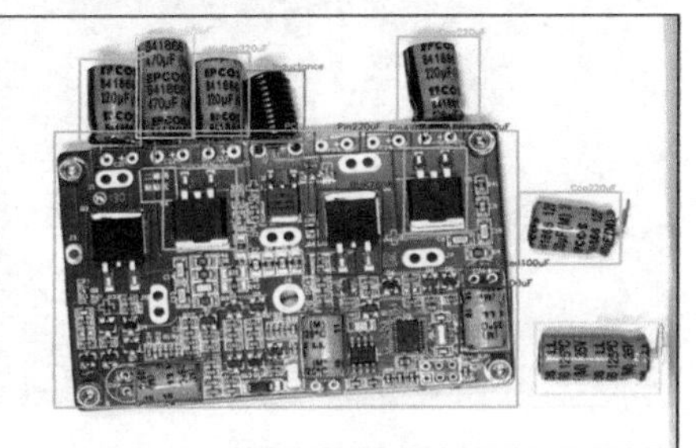

(d) 装配中目标检测

图 2-3 PCB 过孔装配示意图

PCB 过孔装配场景是向电路板的过孔位置插装电子元器件的装配前、装配中和装配后的视觉场景，定义 PCB 过孔装配场景目标检测为对 PCB、待插装/已插装电子元器件、待装配/已装配过孔和部分电路板上标志性电子元器件进行识别和定位。研究基于卷积神经网络的电路板过孔装配场景下的目标检测方法，对于开发部署灵活、快速响应且不影响装配准确性的智能协作装配机器人提供了技术支撑。

2.3　电路板装配场景数据集的构建

数据集是进行目标检测算法研究的基础，采集数据的方法、质量、多样性以及规模直接决定了机器学习的发挥余地。目前，涉及电路板装配场景的高质量公共数据集基本没有，需要自行设计数据集的构建方法、搭建数据采集平台、采集图像数据和对数据进行筛选、标注，最终形成电路板装配场景目标检测数据集。

2.3.1　PCB 电子元器件目标检测数据集的构建

电子元器件作为电子产品制造的最基本单位，根据目前网络上最大的电子元器件搜索引擎 findchips[117] 的统计信息可以发现，不同厂家生产的电子元器件形状、尺寸各异，共有 35 个类别，每个类别有 2 000 多种甚至几万种不同的电子元器件型号，因此，需要设计可以包含大多数电子元器件类别信息的数据集构建方法。

（1）电路板实物照片电子元器件数据集构建方法

Kuo 等[118]提出了三阶段图网络电子元器件目标检测方法中数据集 pcb_wacv_2019，数据集中的已装配电路板照片有的来自互联网，有的来自工业相机。在对数据集的标签数据进行统计分析后发现，原始数据集中的目标标签名称由电子元器件类别名称＋电路板丝印编号组成，如“capacitor C18”“resistor R10”等，目标标签总数为 62 384 个。虽然这个数据集中的标签信息包含了 PCB 上所有的电子元器件和对应文本信息，内容全面，但是对于电路板电子元器件目标检测任务来说，丝印编号为多余信息。因此，设计了电路板目标标签信息的合并和删除方法，即具有相同电子元器件类别名称的标签数据删除了丝印文本信息，将相同类别名称的目标进行了统一化处理。处理后得到了电路板实物照片电子元器件目标检测数据集。电路板实物照片目标标签处理前后示意图如图 2-4 所示。

（2）虚拟电路板合成数据电子元器件数据集构建方法

合成数据[119]可以部分解决特定需求或某些条件下真实场景数据缺少的问题。一般来说，合成数据有几个天然优势：

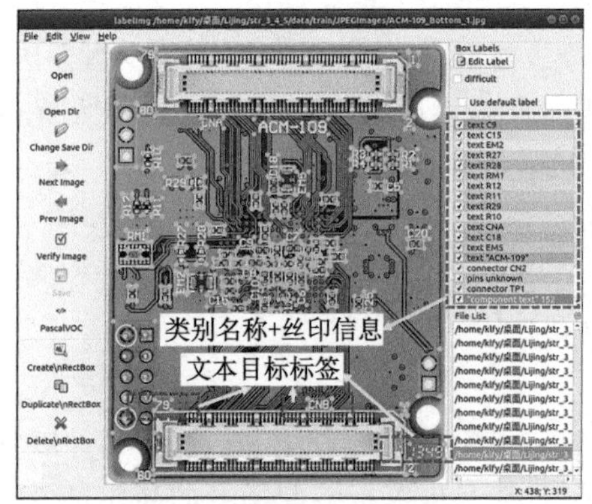

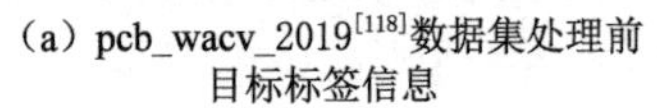
(a) pcb_wacv_2019[118]数据集处理前
目标标签信息

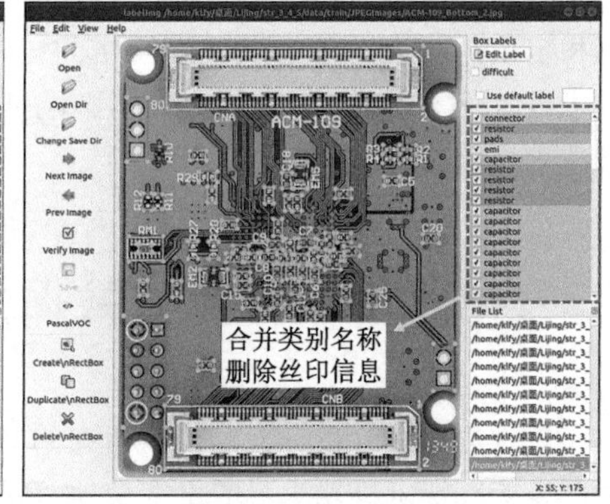

(b) 类别合并、删除无用标签信息后
电子元器件目标标签信息

图 2-4　电路板实物照片电子元器件数据集构建示意图

① 一旦合成环境准备就绪，生成所需大量数据既快又方便。

② 合成数据可以具有完全准确的标签，包括可能非常昂贵或无法手工获得的标签。

③ 可以修改合成环境以改进模型和训练。

④ 合成数据可用作包含某些敏感信息等真实数据的替代品。

目前，越来越多的合成数据应用于机器学习，在合成生成的数据集上训练模型，目的是将学习到的合成数据特征迁移到真实数据。已经有研究在努力构建通用合成数据生成器以支持数据科学实验[120]。

电子元器件种类繁多，形状各异，收集包含大多数电子元器件类别的 PCB 实物照片来构建训练数据集几乎是不可能的。同时，即使是经验丰富的工程师，也不太可能识别所有电子元器件类别以进行标记。利用 Altium Designer[121] 提供的电子元器件搜索引擎 Octopart[122]，将通用原型零件库中的电子元器件原型生成带有电子元器件的 PCB 虚拟图像。这些在视觉上几乎与真实板相同的虚拟图像，包含大量可以直接查询电子元器件名称和类别的合成数据，即使是没有专业电气知识的深度学习工程师，也可以根据通用原型库里的电子元器件查询结果直接命名目标标签。在 Altium Designer 中生成 PCB 虚拟图像，通过 Altium Designer 中电子元器件目标的属性显示和查询，随后在专用目标检测数据标签软件 Labelimg[123] 中进行目标打标，即可构建虚拟电路板合成数据电子元器件数据集。整个合成数据虚拟图像中电子元器件的显示、查询和标注如图 2-5 所示。

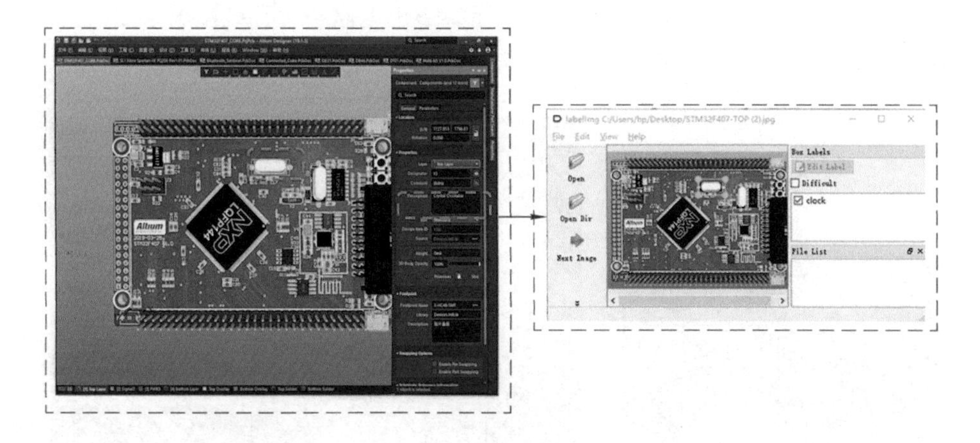

图 2-5　合成数据虚拟图像的显示、查询和标注

(3) 电路板电子元器件目标检测联合数据集

将具有合成数据的虚拟图像和 PCB 电子元器件实物照片进行混合，最终形成具有合成虚拟电子元器件标签数据和真实图像下电子元器件标签数据的电路板电子元器件联合数据集。通过该联合数据集，可以验证本书所提出的 PCB 表面贴装/混合装配场景下，高准确度、轻量化电子元器件目标检测方法的有效性。

2.3.2　PCB 过孔装配场景数据集的构建

为了尽可能地模拟过孔插装电子元器件不断地向电路板进行过孔装配的视觉场景，本书设计了过孔装配场景图像数据采集平台、设定电路板过孔装配场景及检测目标定义和完成目标数据标注，实现 PCB 过孔装配场景目标检测数据集的构建。

(1) 图像数据采集平台

本书设计了由工业相机、光源控制器、光源和工控机组成过孔装配场景图像数据采集平台。其中的工业相机采用具有良好的集成性、高速传输、低功耗和采集动态范围宽的 Omron 公司 FH-SCX12 型 CMOS 相机，FH-SCX12 采集图像的平均时间为 24.9 ms，可采集 1 200 万像素的彩色图像。光源采用购于上海维朗光电科技有限公司 DOME 穹顶光源，该 DOME 光源可以在半球形内壁中均匀地反射从底部 360°发射出的光线，同时，配套光源的双通路光源控制器方便调节光源亮度，使画面亮度足够且减少阴影、反光等现象。工控机采用 Omron 公司的 FH-1050 型图像采集处理系统，该工控机支持 Microsoft®.NET 平台，控制工业相机采集到的图像进行保存和显示。整个电路板过孔装配场景的数据采集平台如图 2-6 所示。

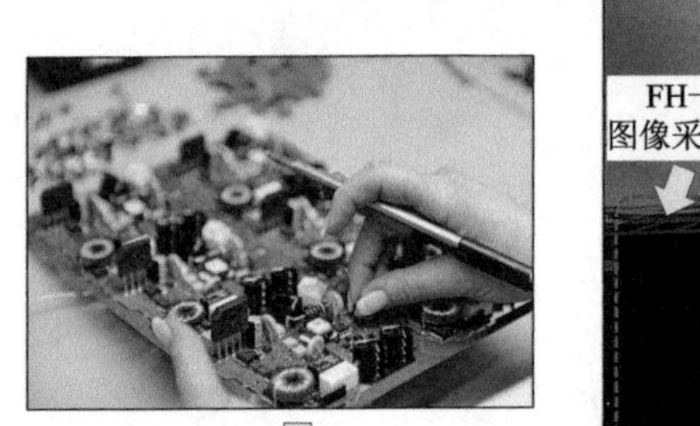

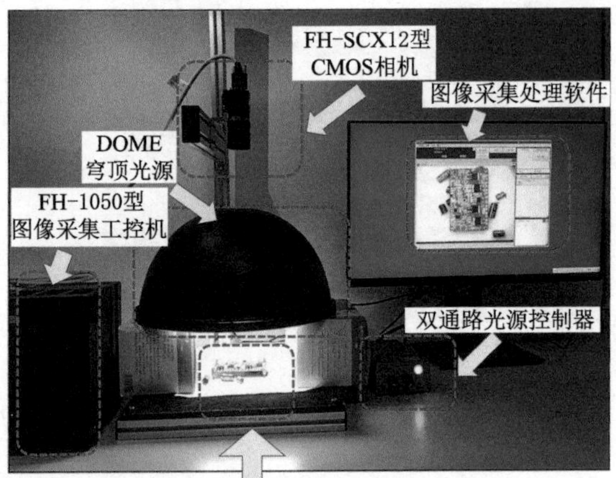

图 2-6　电路板过孔装配场景数据采集平台

(2) 设定 PCB 过孔装配场景及检测目标

为了尽可能模拟电路板电子元器件的装配全过程场景，在此设定了电路板装配前、装配中和装配后三种采集场景，每拍完一张图像后手动调整场景中元器件的位置。电路板装配前主要包含大量无序摆放的待插装电子元器件或未过孔装配的电路板；电路板装配中主要包含部分无序摆放的待插装电子元器件、部分已插装电子元器件、半过孔装配电路板和电路板上已插装/未插装过孔；电路板装配后主要包含已完全完成过孔装配电路板、已插装过孔、已过孔装配电子元器件和部分有余电子元器件。因此，设定电路板过孔装配场景的检测目标为电路板、过孔插装电子元器件、已装配过孔、未装配过孔和电路板上部分标志性电子元器件。设定的电路板过孔装配场景和检测目标如图 2-7 所示。

(3) 数据标注

目标数据标注是数据集构建的关键所在，需要选用合适的数据标注工具完成电路板装配场景下检测目标的合理标注。目标数据标注应遵循以下几个原则：① 标注框完全包围目标；② 标注框尽可能靠近目标边界；③ 目标完整可见。本书选用开源工具 LabelImg 为标注工具，在构建目标检测数据集时用矩形框选出目标所在位置，并将目标的类别信息赋予标注框，完成一张图片的数据标注任务后，形成对应该图片的 xml. 格式标注文件，完成所有采集的电路板过孔装

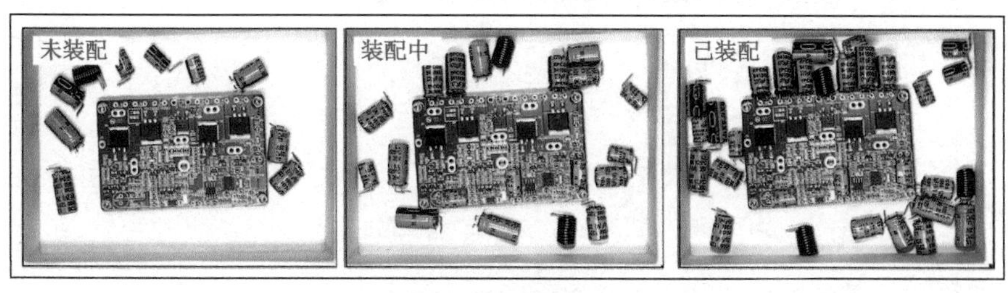

（a）三种采集场景

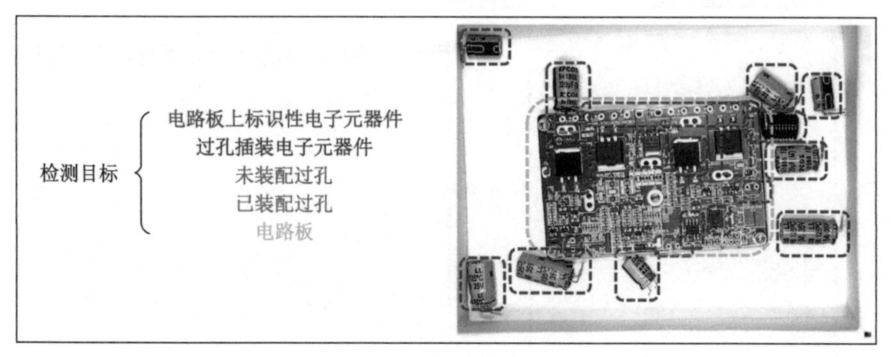

（b）检测目标

图 2-7　设定的 PCB 过孔装配场景及检测目标

配场景的数据标注工作后，形成包含场景图片和标注文件的电路板过孔装配目标检测数据集。数据标注和形成数据集的过程如图 2-8 所示。

2.3.3　电路板装配场景数据集及公共数据集的使用

构建的电路板装配场景目标检测数据集用 OPCBA(Objects in Printed Circuit Board Assembly)表示，后续章节使用的数据集 OPCBA-29、OPCBA-29*、OPCBA-21 和 OPCBA-21* 分别是它的子集。OPCBA-29 是构建的 PCB 表面贴装/混合装配场景下电子元器件目标检测数据集，共包含 29 类电子元器件目标。OPCBA-29* 用于进一步对 PCB 表面贴装/混合装配场景下目标进行更全面的检测，将 OPCBA-29 做数据类别合并扩增后产生的，包括将 connector 和 connector port 这两类目标进行了类别合并，新增了文本类别信息，同样包含 29 类目标。OPCBA-21 是模拟 PCB 过孔装配场景下构建的目标检测数据集，共包含 21 类目标。为了提升算法的泛化能力，OPCBA-21* 是在 OPCBA-21 的基础上，新增黑色背景下采集的尺寸为 818×600 的照片，模拟 PCB 过孔装配场景下构建的目标检测数据集，共包含 21 类目标。为了防止模型训练时过拟合，后期会

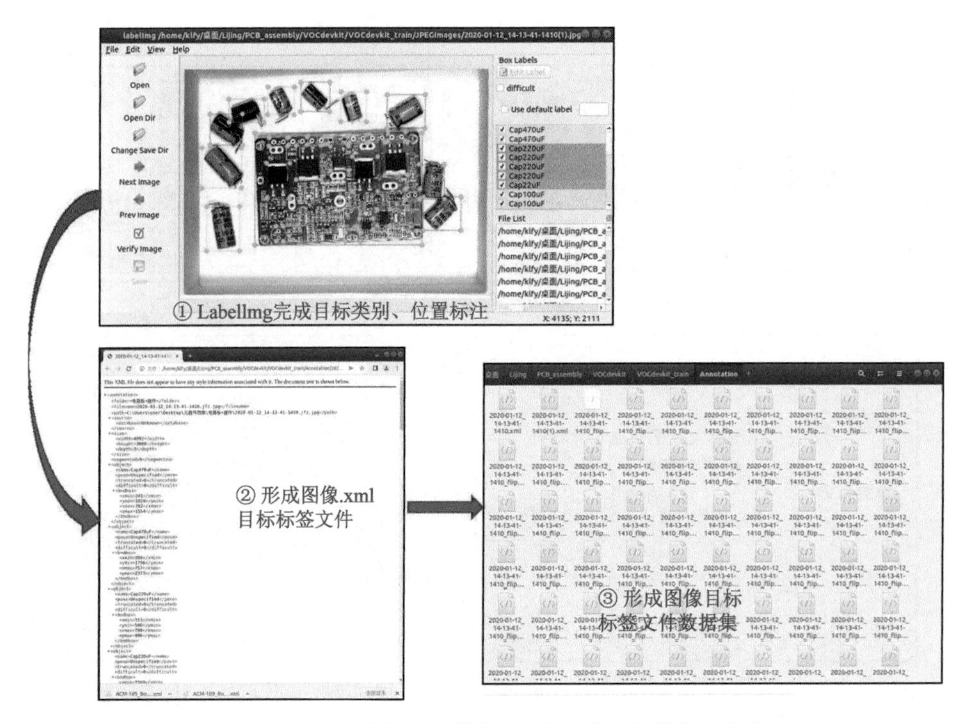

图 2-8 PCB 过孔装配场景数据标注、形成数据集示意图

根据每一章节的需求分别实施数据扩增,完成实验。表 2-1 显示了这些数据集对应的使用章节。

表 2-1 数据集的使用

电路板装配场景目标检测数据集	第 3 章	第 4 章	第 5 章	第 6 章
OPCBA-29(PCB 表面贴装/混合装配场景下的 29 类目标)	√			√
OPCBA-29*(PCB 表面贴装/混合装配场景下的 28 类电子元器件目标和 1 类文本目标)		√		√
OPCBA-21(PCB 过孔装配场景下的 21 类目标)			√	
OPCBA-21*(PCB 过孔装配场景下的 21 类目标)				√
VOC*(公共数据集,共 20 类目标)	√	√	√	

为了体现文中所提方法的泛化性,还采用了最常用的 PASCAL VOC[124] 数据集测试文中方法的性能。该数据集含有目标类别 20 个,分别是 aeroplane、bicycle、bird、boat、bottle、bus、car、cat、chair、cow、diningtable、dog、horse、motorbike、person、pottedplant、sheep、sofa、train 和 tvmonitor，共有 2007 年和 2012 年两个版本，每个版本中的数据可以分为训练集、验证集和测试集三个部分。这里将 VOC2007 和 VOC2012 的训练集和验证集组合在一起作为训练数据，共有 20 000 张图像、46 154 个目标；VOC2007 的测试集用于测试检测器的性能，共有 4 952 张图像、14 976 个目标。这里用简写字母 VOC* 表示。

2.4　目标检测理论框架分析

目标检测是要对视觉场景中的目标进行分类并在边界框中定位其位置，通过目标检测中目标识别分类与精确定位的结合，可实现对图像完整和正确的理解。过去的 30 年，各种目标检测算法一直在发展，目前学术界和工业界出现的目标检测算法主要分为两类：传统的目标检测算法和基于深度学习的目标检测方法。传统的目标检测大多基于统计或知识，由于其特征属性依赖人工设计提取，因此检测目标相对有限，检测算法泛化性差。深度学习中卷积神经网络的出现克服了传统目标检测技术的许多限制，具有自主学习语义和位置特征能力的卷积神经网络目前引导了机器视觉目标检测技术发展的又一次高潮。

2.4.1　基于卷积神经网络的目标检测方法整体框架

CNN 作为一种自主特征提取器之所以可以完成视觉目标检测任务，是因为内部包括卷积运算、层次结构、非线性激活、池化、目标分类、位置回归和其他一些操作。CNN 的灵感来自人类视觉神经网络的启发，通过在视觉神经区域中简单和复杂细胞的分层过滤和池化操作来检测各种视觉输入目标[125]。基于 CNN 的目标检测方法，主要分为两类：以 YOLO 系列研究[126]为代表的一阶段检测和以 R-CNN 系列研究[127]为代表的二阶段检测，两类方法的主要区别在于分类和定位过程是并行还是顺序完成的，在一阶段目标检测和二阶段目标检测方法下，又根据是否使用预定义锚完成目标检测分为基于锚和无锚两个子类。根据以上分类，常用目标检测模型总结如图 2-9 所示。

当前，不论是一阶段还是二阶段目标检测模型都包含四个模块，数据层面里应用在输入图像前的预处理是要在提前对输入图片进行数据扩增或分析处理，通过对数据集的特征分析，发现目标的隐藏特征信息，抑制不需要的图像失真或增强一些重要的图像特征来改进图像特征的技术；经过预处理的输入图像进入可学习的、能够提取目标多尺度特征的主干网，主干网可以获取目标不同分辨率的特征表达，浅层网络提取到的目标分辨率大，保留目标较多的位置信息，深层

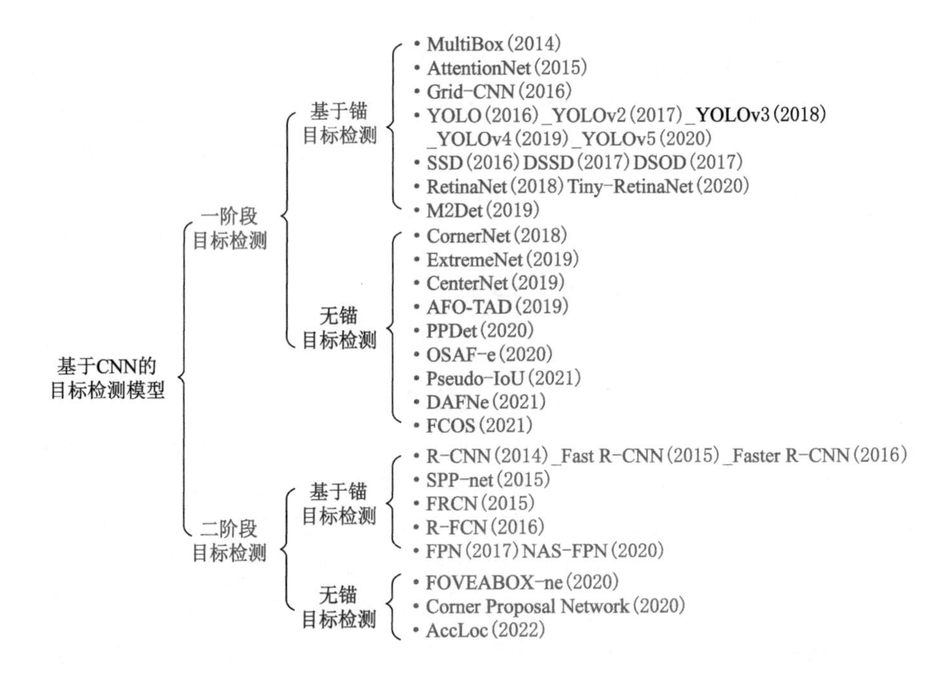

图 2-9　一阶段和二阶段两类常用目标检测模型

网络提取到的目标分辨率小，保留目标较多的语义信息；特征融合区允许深层、浅层特征从更小到更大的分辨率之间进行流动，相互渗透，合为一体；融合后的特征进入检测头，数据后处理是将模型确定的潜在目标进一步细化并进行预测，通过分类和回归两个子网络获得目标的类别和位置信息；最终输出检测结果。基于卷积神经网络的目标检测模型框架如图 2-10 所示。

2.4.2　基于锚的目标检测方法理论基础

尽管无锚检测从 2018 年开始就受到关注，但无锚目标检测器主要采用定位几个预定义或自学的关键点锁定目标空间范围和采用目标的中心点定义正样本进而锁定目标边界，虽然这些无锚检测器能够消除那些与锚相关的超参数，并取得了与基于锚的检测器相似的性能，但无锚方法过于依赖使用卷积网络来生成粗略的热力图，这对于具有小尺寸密集分布目标和类间相似度高、类内差异性大目标，很难检测到。因此，本书选择基于锚的目标检测方法作为研究基准。

锚是一组具有一定高度和宽度的预定义边界框，这些框被定义为捕获待检测特定目标类的比例和纵横比，通常根据训练数据集中的目标大小进行选择。在检测期间，预定义的锚在图像上平铺，网络预测每个平铺锚的概率和其他如背

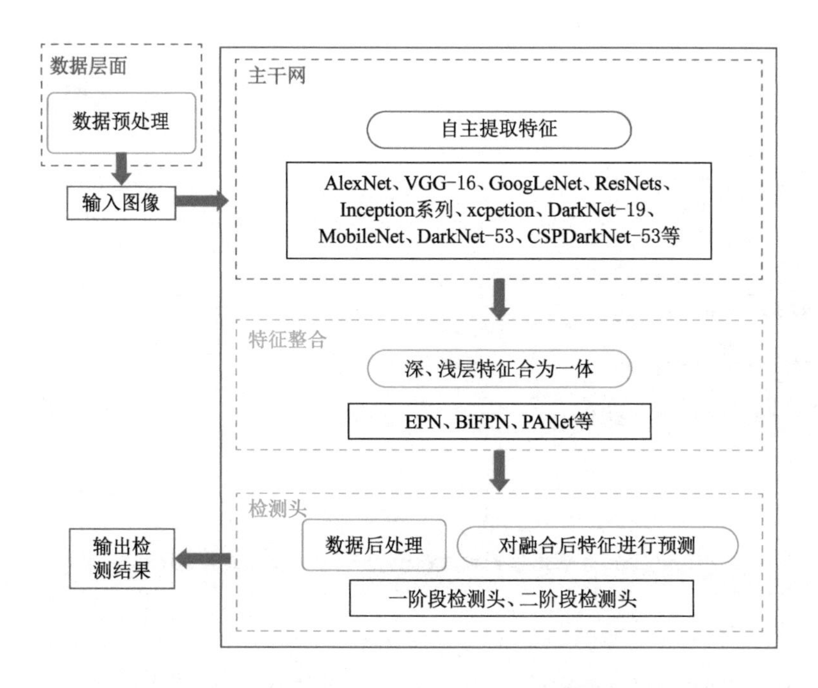

图 2-10　基于卷积神经网络的目标检测方法整体框架

景、联合交并比(IoU)和偏移量属性,细化每个单独的锚用于预测。因为锚是对初始边界框的猜测,因此可以定义多个锚,每个锚用于不同大小的目标预测。基于锚的卷积神经网络目标检测并不直接预测目标边界框,而是预测与平铺锚相对应的目标类别概率和位置偏移量。锚在基于卷积神经网络的目标检测模型中工作流程如图 2-11 所示。

从图 2-11 中可以发现,因为 CNN 以卷积方式处理输入图像,所以输入目标的空间位置与输出目标的空间位置相关,这种卷积对应意味着 CNN 可以一次提取整个图像的图像特征,然后将提取的特征关联回它们在图像中的位置。将锚放置网格映射回原图的位置通过分类器求解每个锚与真实值之间的联合交并比,求解目标对应不同类别的分类概率值,实现目标的分类,通过定位器不断对锚进行位置回归,预测定位偏移量完成目标位置定位。使用锚机制可以产生密集的锚框,预先加入先验尺寸信息的锚,在训练周期内可有效提高目标召回能力,对于小尺寸目标检测来说效果明显。基于锚使网络可直接进行目标分类及边界框坐标回归,使实时目标检测成为可能。因此,本书选择基于锚的目标检测模型作为电路板装配场景目标检测基础模型。

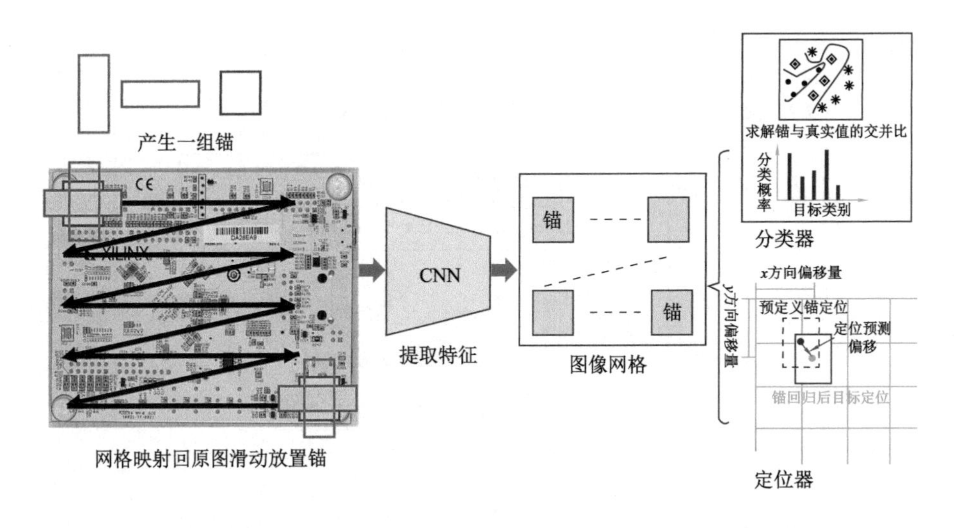

图 2-11　锚在基于卷积神经网络的目标检测模型中工作流程

2.4.3　YOLO 系列算法

一阶段目标检测算法相较于二阶段，不需要区域提议，可直接产生目标的类别概率和位置坐标值，具有检测速度快和拥有全局视野的优势。考虑到电路板装配场景目标检测的实时性要求高，本书将在经典的基于锚的一阶段 YOLO 系列中选取适合电路板装配场景目标特征的模型作为目标检测基准模型。YOLO 系列模型是一步一步演进的，基于目标检测的整体框架，表 2-2 按照 YOLOv1[126]～YOLOv5[128]这一演进顺序对该系列关键技术进行了总结。

表 2-2　YOLOv1～YOLOv5 关键技术总结表

算法名称	数据层面	主干网	特征融合	检测头	激活函数
YOLOv1	检测头每个网格产生 2 个预测框	24 个卷积层	无	1 个预测框负责分类＋2 个预测框负责定位	Leaky ReLU
YOLOv2[129]	K 均值聚类产生 5 个锚	Darknet-19	passthrough	1 个检测头 5 个锚（识别＋定位）	Leaky ReLU
YOLOv3[130]	K 均值聚类产生 9 个锚	Darknet-53	FPN	3 个尺度检测头，每个尺度 3 个锚（识别＋定位）	Leaky ReLU
YOLOv4[131]	随机擦除、模拟遮挡、mosaic 数据增强、K 均值聚类产生 9 个锚	CSPDarknet-53＋SPP	FPN＋PANet	3 个尺度检测头，每个尺度 3 个锚（识别＋定位）	Mish

表 2-2(续)

算法名称	数据层面	主干网	特征融合	检测头	激活函数
YOLOv5	mosaic 数据增强、自适应图片缩放、自适应锚框计算	CSPDarknet-53(Focus)+SPP	FPN+PANet	3 个尺度检测头,每个尺度 3 个锚(识别+定位)	中间/隐藏层 Leaky ReLU 检测层 Sigmoid

除了 YOLOv1～YOLOv5 之外,YOLO 系列最近还添加了 YOLOX[132] 和 YOLOv6[133],但 YOLOX 和 YOLOv6 采用的是无锚方法,不适合电路板装配场景目标检测,故本书不对 YOLOX 和 YOLOv6 进行赘述。下面将从主干网、特征融合和检测头这三个方面对 YOLO 系列算法进行理论分析。

(1) 主干网

作为目标检测模型的核心部件,主干网利用卷积运算可以从图像中自主提取特征。从最初的 YOLOv1 中 24 层卷积主干网到 YOLOv4～YOLOv5 中的 CSP-Darknet-53+SPP,随着主干网的逐步加深、加宽,视觉感受野也逐步扩大。图 2-12 展示了 YOLO 系列主干网的变化过程。

(2) 特征融合

目标检测中的特征融合是要将经过主干网提取的深层网络特征与浅层网络特征连接起来,从深层语义信息和浅层位置细粒度信息的融合中获取更有意义的语义和位置信息。YOLOv1 结构简单,并未采用任何特征融合策略;YOLOv2 添加了一个 passthrough 特征融合层,将浅层细粒度的位置特征带到最后的输出层,通过从浅层中提取高维特征,促进目标检测性能提升;YOLOv3 采用特征金字塔(Feature Pyramid Networks,FPN)融合策略,通过上采样和横向交互,完成多尺度浅层深层特征融合;YOLOv4 和 YOLOv5 在 FPN 的基础上增加了路径聚合网络(Path Aggregation Network,PANet)部分,即增加了一个额外的自下而上的路径聚合模块。图 2-13 展示了 YOLO 系列特征融合部分的变化过程。

(3) 检测头

YOLOv1 使用一个检测头预测目标物体的类别和位置信息,检测头部分对应着最后输出的特征图,共 7×7 个网格,其形状为(7,7,5×2+num_cls),每个网格包含两组 bounding box 信息、两组 confidence 信息和一组 classes 信息。bounding box 信息可表示为(x,y,w,h),其中,x 和 y 是 bouding box 的中心点与所在网格左上角的偏差,w 和 h 代表 bouding box 的长宽与图像长宽之比;confidence 信息反映了该 bounding box 网络正确预测目标物体大小和位置的精

	Layer	filter	strides	output
	Convolutional	7×7×64	1	224×224×64
	Max pool	2×2	2	112×112×64
	Convolutional	3×3×192	1	112×112×192
	Max pool	2×2	2	56×56×192
	Convolutional	1×1×128	1	56×56×128
	Convolutional	3×3×256	1	56×56×256
	Convolutional	1×1×256	1	56×56×512
	Convolutional	3×3×512	1	56×56×512
	Max pool	2×2	2	28×28×512
	Convolutional	1×1×256	1	
4×	Convolutional	3×3×512	1	28×28×512
	Convolutional	1×1×512	1	28×28×512
	Convolutional	3×3×1 024	1	28×28×1 024
	Max pool	2×2	2	14×14×1 024
	Convolutional	1×1×512	1	
2×	Convolutional	3×3×1 024	1	14×14×1 024
	Convolutional	3×3×1 024	1	14×14×1 024
	Convolutional	3×3×1 024	2	7×7×1 024
	Convolutional	3×3×1 024	1	7×7×1 024
	Convolutional	3×3×1 024	1	7×7×1 024

（a）YOLOv1主干网(输入图片448×448×3)

Type	Filter	Size/Strides	Output
Convolutional	32	3×3	224×224
Max pool		2×2/2	112×112
Convolutional	64	3×3	112×112
Max pool		2×2/2	56×56
Convolutional	128	3×3	56×56
Convolutional	64	1×1	56×56
Convolutional	128	3×3	56×56
Max pool		2×2/2	28×28
Convolutional	256	3×3	28×28
Convolutional	128	1×1	28×28
Convolutional	256	3×3	28×28
Max pool		2×2/2	14×14
Convolutional	512	3×3	14×14
Convolutional	256	1×1	14×14
Convolutional	512	3×3	14×14
Convolutional	256	1×1	14×14
Convolutional	512	3×3	14×14
Max pool		2×2/2	7×7
Convolutional	1 024	3×3	7×7
Convolutional	512	1×1	7×7
Convolutional	1 024	3×3	7×7
Convolutional	512	1×1	7×7
Convolutional	1 024	3×3	7×7

（b）YOLOv2主干网Daknet-19(输入图片448×448×3)

图 2-12　YOLO 系列主干网

	Layer	filter	strides	output
	Convolutional	3×3×32	1	416×416×32
	Convolutional	3×3×64	2	208×208×64
1×	Convolutional	1×1×32	1	
	Convolutional	3×3×64	1	
	Residual			208×208×64
	Convolutional	3×3×128	2	104×104×128
2×	Convolutional	1×1×64	1	
	Convolutional	3×3×128	1	
	Residual			104×104×128
	Convolutional	3×3×256	2	52×52×256
8×	Convolutional	1×1×128	1	
	Convolutional	3×3×256	1	
	Residual			52×52×256
	Convolutional	3×3×512	2	26×26×512
8×	Convolutional	1×1×256	1	
	Convolutional	3×3×512	1	
	Residual			26×26×512
	Convolutional	3×3×1 024	2	13×13×1 024
4×	Convolutional	1×1×512	1	
	Convolutional	3×3×1 024	1	
	Residual			13×13×1 024

（c）YOLOv3主干网Daknet-53(输入图片416×416×3)

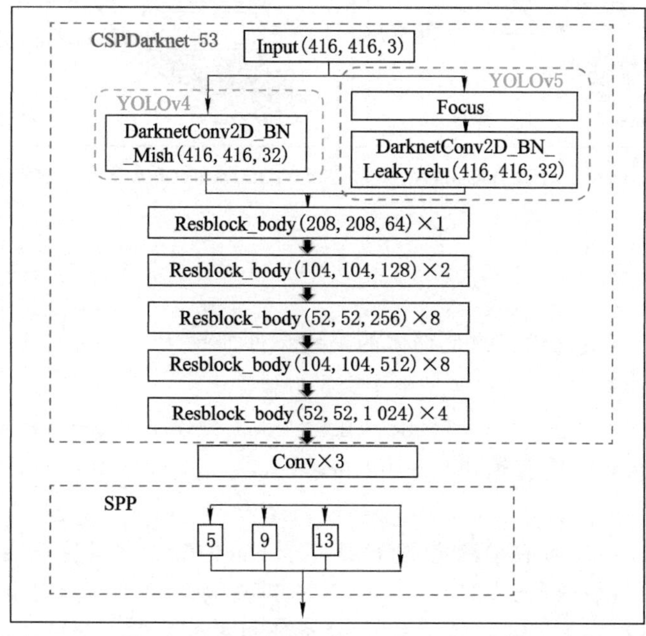

（d）YOLOv4和YOLOv5主干网CSPDarknet-53+SPP(输入图片416×416×3)

图 2-12　（续）

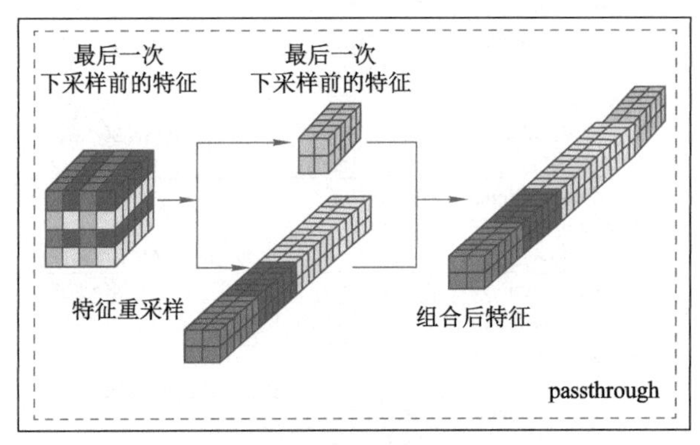

(a) YOLOv2特征融合策略passthrough

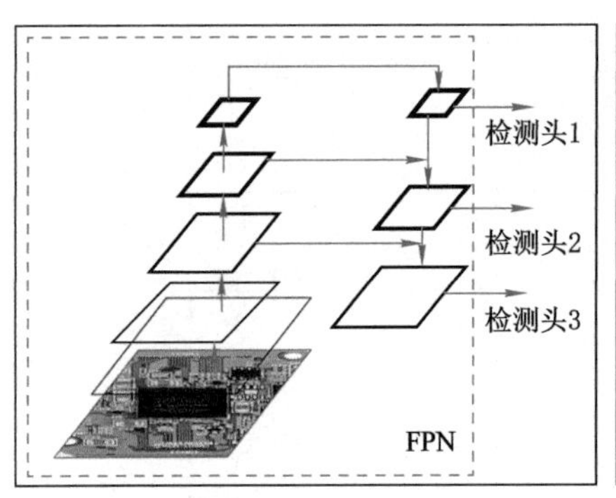

(b) YOLOv3特征融合策略FPN

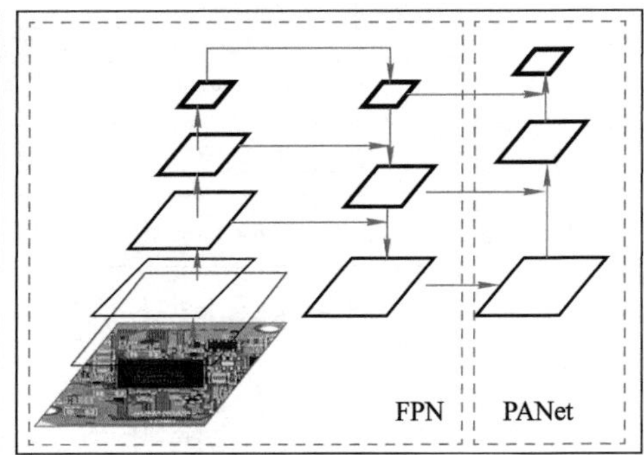

(c) YOLOv4和YOLOv5特征融合策略FPN+PANet

图 2-13 YOLO 系列特征融合部分

准程度;classes 信息代表的是物体的类别条件概率 $P(\text{Class}_i \mid \text{Object})$,即该网格包含物体的条件下,该物体是某个类别的概率。

YOLOv2 仍然使用一个检测头,在检测头上预设了由 K-means 聚类得来的 5 个锚。每个锚对应着输出[confidence, t_x, t_y, t_w, t_h, P(cls1), P(cls2), …, P(clsn)]。

YOLOv3/v4/v5 在检测头部分,从三个不同的骨干网络特征层次进行独立预测,共包含三个检测头,将 K-means 聚类得来的 9 个锚进行三个检测头平均分配,在每个检测头上预设了 3 个锚,整个检测头可负责 9 种尺度的目标检测。图 2-14 展示了 YOLO 系列检测头部分的变化过程。

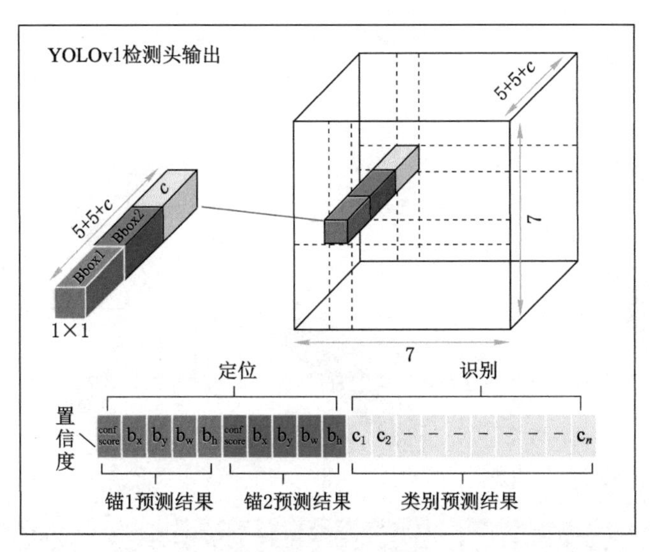

（a）YOLOv1一个检测头

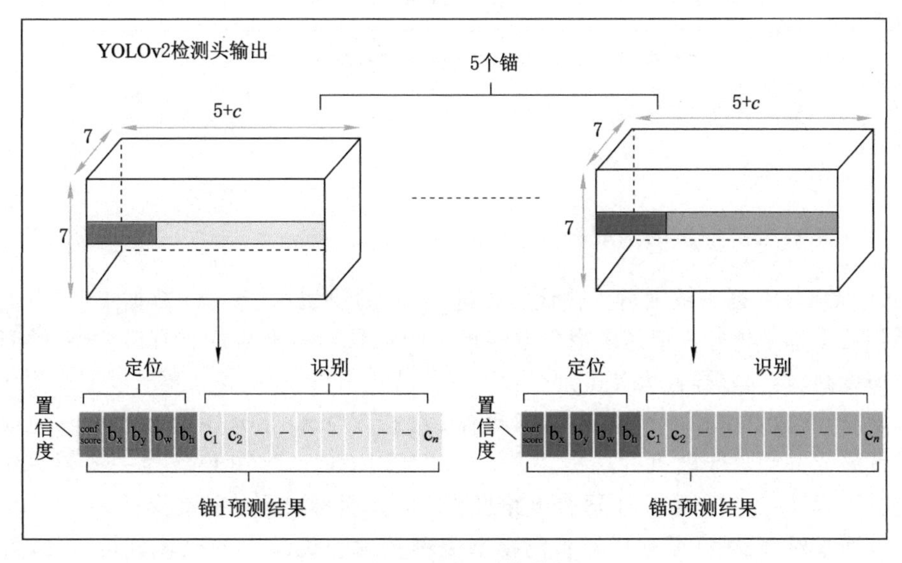

（b）YOLOv2一个检测头

图 2-14　YOLO 系列检测头部分

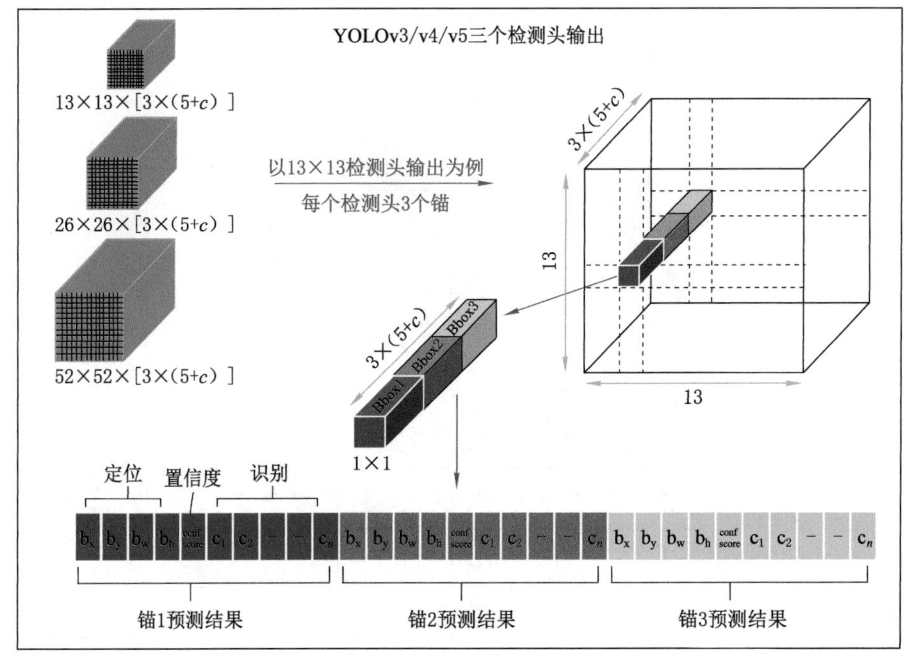

（c）YOLOv3/v4/v5三个检测头

图 2-14 （续）

2.4.4 基准模型框架的选取

YOLO 系列算法随着一代代的改进，较新的模型在 COCO 数据集[134]上的表现效果越来越好。但是考虑到电路板装配场景待检测目标具有尺寸小、类间相似度高、类内差异性大和类别个数不平衡特点，目标检测场景要求模型检测准确度高、参数量小和检测速度快，因此需要分析 YOLO 系列算法的优缺点，完成后续研究方法基准模型的选型。表 2-3 对 YOLOv1～YOLOv5 这一系列算法进行了优缺点分析，确定了适合电路板装配场景目标检测的基准模型。

通过对 YOLO 系列目标检测模型关键技术和优缺点的比较分析，可以发现，YOLOv3/v4/v5 整体网络结构相似。尽管 YOLOv4 和 YOLOv5 推出时间晚，分别有各自的优势，但由于 YOLOv4 设计时侧重于将当前改进技巧进行叠加，忽略带来的模型庞大和加剧不平衡问题，YOLOv5 设计时侧重于嵌入式设备上的移植而忽略检测准确度，因此，基于本书要研究电路板装配场景高准确度、轻量化和高速目标检测方法，选取性能稳定、通用性强和研究空间大的

YOLOv3 作为基准模型，YOLOv4 和 YOLOv5 作为对比模型。

表 2-3　YOLOv1～YOLOv5 优缺点分析

算法名称	优点	缺点	选型结果
YOLOv1	YOLOv1 在速度和精度方面的性能远超于其他同时期的一阶段目标检测算法[135]，通用性较强	YOLOv1 每个网格只能相应预测两组 bounding box 信息和一组 classes 信息，一个网格只能输出一个检测结果，当有大量物体的中心点都聚集在一个网格时，就会出现严重的漏检现象	不选取
YOLOv2	一个网格可以输出五个检测结果，从而能够改善 YOLOv1 对密集物体检测不佳的情况，提高目标检测的召回率	特征融合 passthrough 策略只考虑了主干网最后一个下采样前后提取的特征进行融合，浅层细粒度特征利用率低	不选取
YOLOv3	① 9 个先验框，更适合小目标检测； ② 3 个检测头，适合尺度变化目标； ③ 残差连接 resnet 网络的使用，避免梯度消失现象	模型通用型强，性能和检测速度有待提高	基准模型
YOLOv4	采用交叉迭代批量归一化技术解决小批量样本训练难拟合问题，采用路径聚合网络特征融合策略加强浅层位置信息的利用率等，执行效率更高	① 数据层面的 mosaic 数据增强，加剧了小尺寸样本类别的不平衡程度； ② 主干网的 CSPNet 通过一个跨阶段的层次结构虽然实现了更丰富的梯度组合，但增加了模型参数量	对比模型
YOLOv5	① 在主干网通过增加 depth_multiple、width_multiple 两个参数来控制模型的深度以及卷积核的个数，算法灵活性高且速度快； ② 在检测头部分定义了正负样本划分策略，增加了正样本个数，加快了收敛速度	检测准确度不占优势	对比模型

YOLOv3 目标检测模型的整体网络框架如图 2-15 所示，将数据集中的输入图像尺寸归一化为 416×416 后，经过主干网 Darknet-53 的五次卷积下采样后，将分别得到 208×208、104×104、52×52、26×26 和 13×13 这五种尺度的特征图，将后三种尺度的特征图经过特征金字塔结构进行级联特征融合，三种尺度的融合特征图进入三个检测头，每个检测头的每个网格被赋予三个锚，映射回原图实现多尺度目标检测的网络训练与测试。

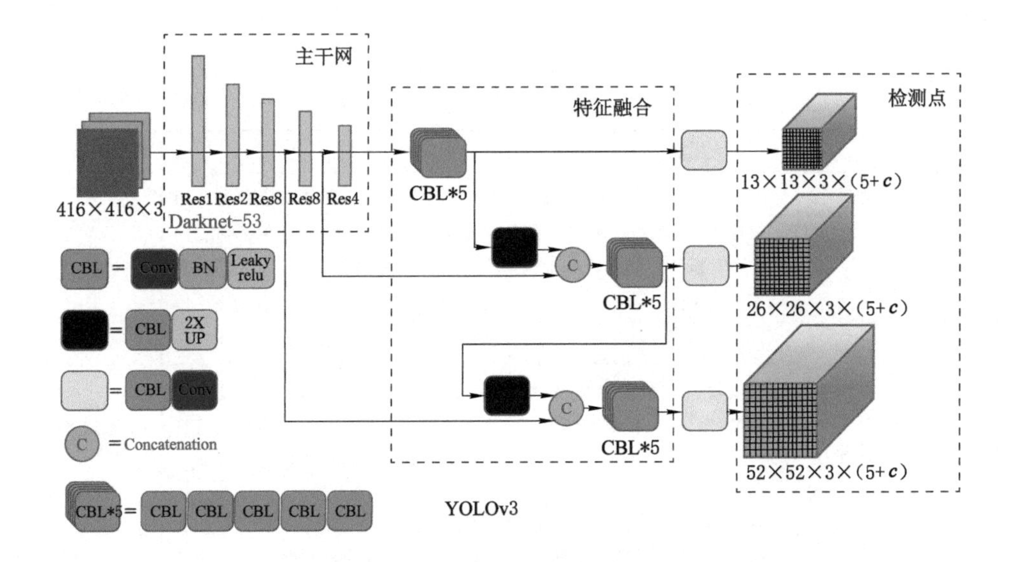

图 2-15　基准模型 YOLOv3 网络框架

YOLOv3 在损失计算方面[式(2-1)]，总的损失来源于三个方面。

$$L_{\text{total}}=\lambda_{\text{coord}}\times L_{\text{bbx}}+L_{\text{cls}}+L_{\text{conf}} \tag{2-1}$$

边界框损失 L_{bbx} 的计算见式(2-2)。YOLOv3 在 bounding box 的位置回归损失计算中加入了系数 $(2-w_i\times h_i)$，当预测的目标尺寸较大时，该值比较小；反之，该值比较大。这样能够降低大目标的边界框回归损失，相应提高小目标边界框回归损失的权重，最终起到提高小目标边界框回归精度的效果。

$$\begin{aligned}L_{\text{bbx}}=&\sum_{i=0}^{S^2}\sum_{j=0}^{B}\Gamma_{ij}^{\text{obj}}(2-w_i\times h_j)[(x_i-x'_i)^2+(y_i-y'_i)^2]+\\&\sum_{i=0}^{S^2}\sum_{j=0}^{B}\Gamma_{ij}^{\text{obj}}(2-w_i\times h_j)[(\sqrt{w_i}-\sqrt{w'_i})^2+(\sqrt{h_i}-\sqrt{h'_i})^2]\end{aligned} \tag{2-2}$$

除了边界框损失 L_{bbx} 之外，其他的损失采用二分类交叉熵函数，见下列公式：

$$\begin{aligned}L_{\text{conf}}=&\lambda_{\text{obj}}\sum_{i=0}^{S^2}\sum_{j=0}^{B}\Gamma_{ij}^{\text{obj}}[C'_i\log(C_i)+(1-C'_i)\log(1-C_i)]+\\&\lambda_{\text{noobj}}\sum_{i=0}^{S^2}\sum_{j=0}^{B}\Gamma_{ij}^{\text{obj}}[C'_i\log(C_i)+(1-C'_i)\log(1-C_i)]\end{aligned} \tag{2-3}$$

$$L_{\text{cls}}=\sum_{i=0}^{S^2}\Gamma_{ij}^{\text{obj}}\sum_{c\in\text{classes}}[p'_i(c)\log(p'_i(c))+(1-p'_i(c))\log(1-p'_i(c))] \tag{2-4}$$

2.4.5 目标检测评估指标

在目标检测任务中判断一个目标是否被正确预测出来，需要考虑预测的目标与真实物体间的交并比(IoU)是否大于设定阈值 IoU_{thresh} 且两者之间的类别是否相同。满足条件，则目标被正确预测，否则，为预测错误。目标检测的结果一共有四种情况：TP 代表网络将目标物体正确预测出来；FN 代表物体真实存在但网络没有将其预测出来；FP 代表网络预测出了不存在的物体；TN 代表网络没有将背景误判为目标，见表 2-4。

表 2-4 混淆矩阵

真实情况	预测情况	
	Positive(预测结果为正例)	Negative(预测结果为负例)
True(正例)	TP	FN
False(负例)	FP	TN

本书采用 mAP 作为目标检测任务的评价指标。由于 mAP 是在召回率和精确度的基础上得来的，所以接下来分别介绍一下召回率、精确度和 mAP 的定义[136]。

① 交并比(IoU)：表示产生的预测框与标注框两个矩形框面积的交集和并集的比值，如图 2-16 所示，计算公式为：

$$IoU = \frac{A \cap B}{A \cup B} \tag{2-5}$$

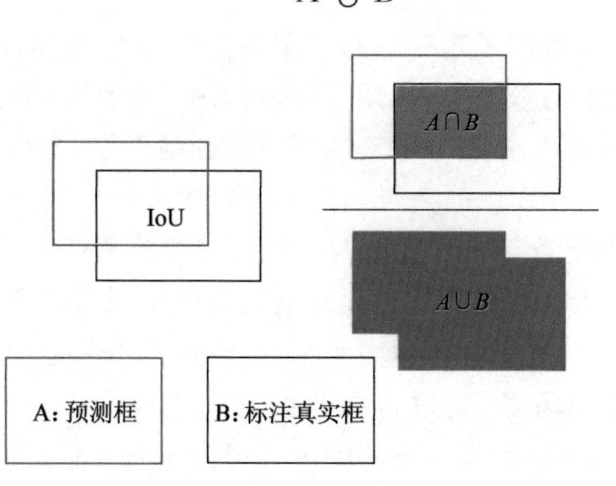

图 2-16 IoU 计算示意图

② 召回率(Recall)：表示正确预测出来的目标个数与所有真实物体的总数之比，计算公式为：

$$\mathrm{Recall}=\frac{\mathrm{TP}}{\mathrm{TP}+\mathrm{TN}} \tag{2-6}$$

③ 精确率(Precision):表示正确预测出来的目标个数与预测为目标的总数之比,计算公式为:

$$\mathrm{Precision}=\frac{\mathrm{TP}}{\mathrm{TP}+\mathrm{FP}} \tag{2-7}$$

④ mAP:在 YOLO 系列中,每个预测的目标会附带一个分数 score,score=confidence×P(Class|Obiect)。在 mAP 的计算过程中,首先设定 $\mathrm{IoU}_{\mathrm{thresh}}$ 按表中的情况对预测的目标进行分类,然后将取同一个类别的预测目标按从大到小的顺序排序,从个数为一开始依次选择预测的目标,直到选择所有目标,在每一次选择的时候,都能计算出对应的坐标点(Precision,Recall),将这些点在以 Recall 为横坐标、Precision 为纵坐标的坐标系下绘制出来,便能得到一条 P-R 曲线。P-R 曲线下方的面积即为平均精确度(AP),它也是 2012 年 VOC 数据集[136]上的评价指标,如果对多个类别求平均 AP 值,则得到 mAP 值。

本书采用目标检测的主要目的是给电路板装配场景下的目标赋予类别信息和位置信息,故本书选取 $\mathrm{IoU}_{\mathrm{thresh}}=0.5$ 时对应的 mAP 值作为评价指标,记为 mAP@0.5。

2.5 本章小结

本章结合电路板装配工艺对电路板装配场景目标检测任务进行了定义,构建了两种装配场景下的数据集,介绍了目标检测理论框架,详细分析了一阶段基于锚的 YOLO 系列算法并进行了基准模型的选型工作,介绍了常用目标检测评估指标。

① 明确电路板制造装配工艺中两个视觉目标检测任务场景,构建了包括虚拟电路板合成数据和电路板实物照片的电路板电子元器件联合数据集 OPCBA-29,设计了过孔装配场景图像数据采集平台,模拟了不断地向电路板进行电子元器件过孔装配的视觉场景,通过目标数据标注完成了电路板过孔装配数据集 OPCBA-21 的构建,为后续章节方法的展开提供了研究目标。

② 介绍了基于卷积神经网络的目标检测方法整体框架包含数据层面、主干网、特征融合和检测头,分析了一阶段基于锚的目标检测方法优势;通过对比分析 YOLOv1~YOLOv5 的优缺点,选取适合电路板装配场景目标检测的 YOLOv3 为基准模型,为后续章节方法和实验研究提供了理论依据。

第 3 章　基于多检测头的 PCB 电子元器件小目标检测方法

3.1　引言

基于 CNN 的目标检测算法已经取得了广泛的应用，但小尺寸物体检测仍然是目标检测任务中最具挑战性和最重要的问题之一[137]。在 CNN 的主干网中，图像特征逐渐由浅层传递到深层，相应的图像尺寸同时减小。由于小目标的语义位置信息通常在特征传输过程中消失，因此，建立目标尺寸-特征信息对应关系、设计对小尺寸目标敏感的特征融合策略和检测头是提升小目标检测准确度的关键。

3.2　方法整体设计流程

本章面向 PCB 表面贴装/混合装配场景下电子元器件目标检测任务，提出方法的目的是提高目标检测准确度。基于多检测头的 PCB 电子元器件小目标检测方法设计流程如图 3-1 所示。

首先，对数据集进行数据特征分析，研究检测目标的数据特征，明确影响检测准确度的问题关键；其次，以 YOLOv3 为基础框架，在主干网部分提出目标尺寸-特征信息量化分析方法，确定电子元器件目标在主干网特征中的分布比例；再次，在特征融合和检测头部分设计新增对小目标敏感的特征融合路径和检测头；最后，进行方法集成，形成基于多检测头的 PCB 电子元器件小目标检测方法。本章提出的方法旨在通过增加对小目标敏感的检测头解决小目标难检测问题，为了下面描述的方便，将本章方法称为 MDH-PCBEC。

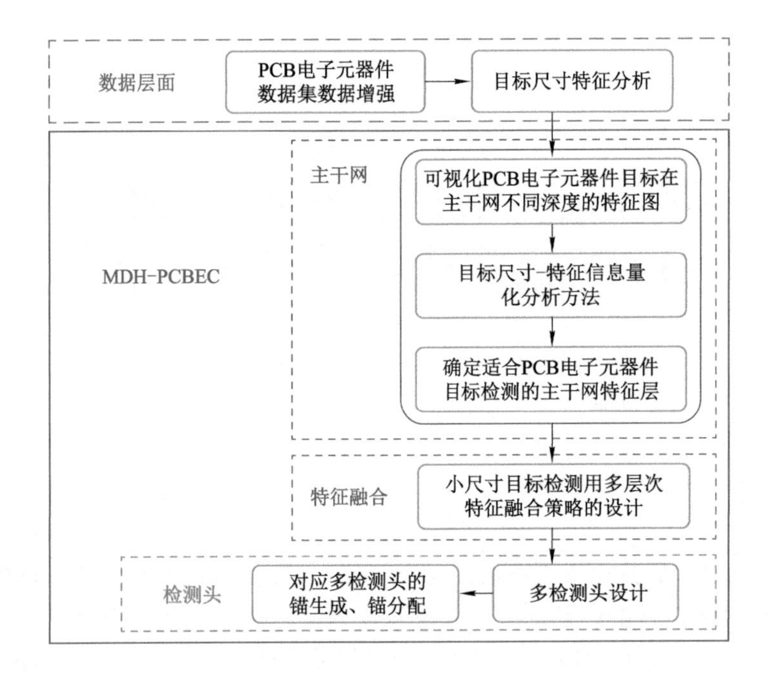

图 3-1　方法整体设计流程

3.3　PCB 电子元器件联合数据集的分析

3.3.1　图像的数据增强

图像数据增强[138]是一种通过在数据集中创建源本图像的修改版,人为扩增数据集大小的技术。在更多数据上训练卷积神经网络模型可以产生更成熟、鲁棒性强的模型,而图像增强技术通过创建图像的变体,来提高拟合模型将所学目标特征推广到新目标进行检测的能力。

在 2.2.2 小节中构建的 PCB 电子元器件联合数据集 OPCBA-29,包含真实环境下拍摄的 PCB 电子元器件照片和通过合成数据虚拟的 PCB 电子元器件图像。整个数据集为 PCB 表面贴装/混合装配场景,共包含 50 张图像、29 种电子元器件类别和 9 145 个电子元器件。通过将原始数据集中的模板图像中经过平移、旋转、缩放、直方图均衡化、随机遮挡、自适应亮度增强、压缩等操作,将当前数据集增强到原始数据集的 20 倍。经过数据增强后的 OPCBA-29 共包含目标

182 900 个，目标类别共 29 类。以数据集中的 ACM-109_Top.jpg 图像为例，图 3-2 中展示了数据增强前和增强后的图片效果。从图 3-2 中可以看出，经过数据增强后的图像形式多样，通过将这些数据增强技术应用于原始训练数据集，创建大量新的训练样本。

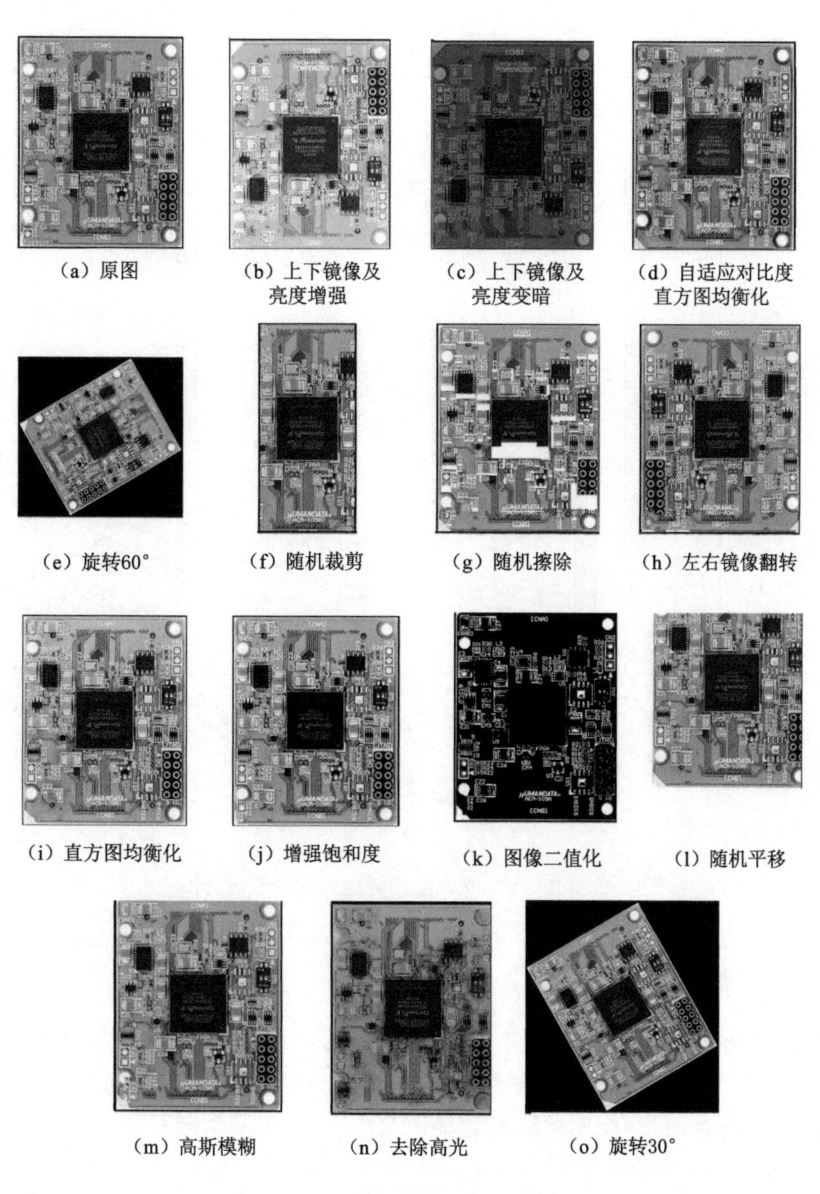

(a) 原图　(b) 上下镜像及亮度增强　(c) 上下镜像及亮度变暗　(d) 自适应对比度直方图均衡化

(e) 旋转60°　(f) 随机裁剪　(g) 随机擦除　(h) 左右镜像翻转

(i) 直方图均衡化　(j) 增强饱和度　(k) 图像二值化　(l) 随机平移

(m) 高斯模糊　(n) 去除高光　(o) 旋转30°

图 3-2　图像数据增强示例效果图

将完成数据增强后的 OPCBA-29 按照照片张数随机平均分成 10 份，选择其中 8 份数据作为训练数据，2 份数据作为测试数据。根据数据增强后的照片张数按照 8∶2 的比例随机划分为训练集/验证集。图像数据增强后电子元器件的类别数量统计如图 3-3 所示。

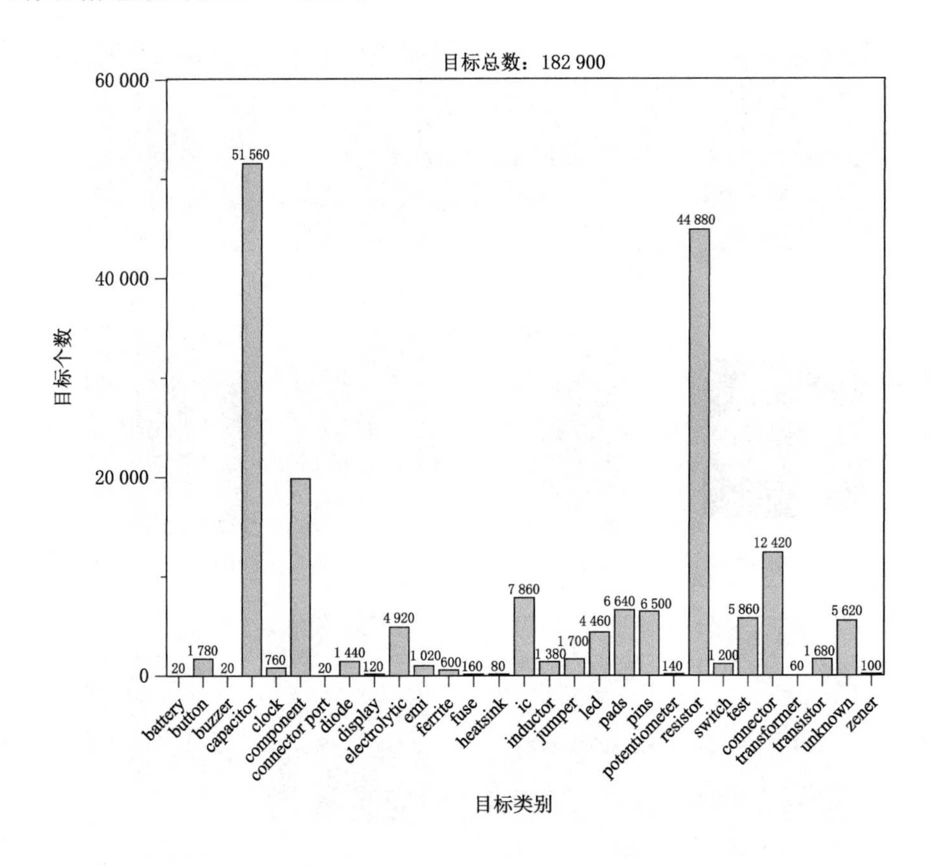

图 3-3　OPCBA-29 数据增强后类别数量统计图

3.3.2　数据集样本特征分析

PCB 电子元器件由于装配工艺不同，包括 SMD 和 PTD 两种。SMD 器件往往尺寸小而 PTD 器件尺寸较大。以图片 ML365_Top.jpg 为例，通过在图片上对标注目标进行切片，将原始图像和抽取其中 10 个不同类别标签电子元器件的名称、大小显示在表 3-1 中。

表 3-1　标注的 PCB 电子元器件图像尺寸统计分析表

ML365_Top.jpg	标注的电子元器件	
	Button 18 148×147	Display 0 661×1 466
	Ic 159 140×182	Connector 248 170×173
	led49 49×27	Switch 6 193×192
	Resistor 1096 30×13	Capacitor 1198 60×30
	Inductor 25 58×29	Potentiometer 0 191×188

观察表 3-1，可以看到不同类型电子元器件的大小差异很大。为了设计出 PCB 电子元器件高准确度目标检测器，需要进一步量化 PCB 电子元器件的尺寸分布特征。这里使用目标的宽度-高度散点图和不同类别目标的归一化面积图显示 OPCBA-29 的目标尺寸特点。目标宽度-高度散点图如图 3-4 所示。

从图 3-4 中可以看出，29 类目标的尺寸分布跨度大，宽度和高度从十几像素到 2 500 多像素不等，绝大多数目标呈矩形，少数目标的宽度和高度相近，为方形。整个图形越往左下角密度越大，越往右上角密度越小，说明绝大多数目标尺寸较小，只有少数目标尺寸较大。同时可以观察到，存在一些极端尺寸分布现象。例如 pins 这类目标，会出现长宽比和宽长比接近 10 的情况，说明这类目标为窄长的目标。对于 ic 目标，主要出现在该分布图的对角线位置上，说明该类目标的宽度、高度大致相同，为方形器件。还有一些类别尺寸呈扇形分布，说明该类别在图像中的放置有水平、垂直两种。

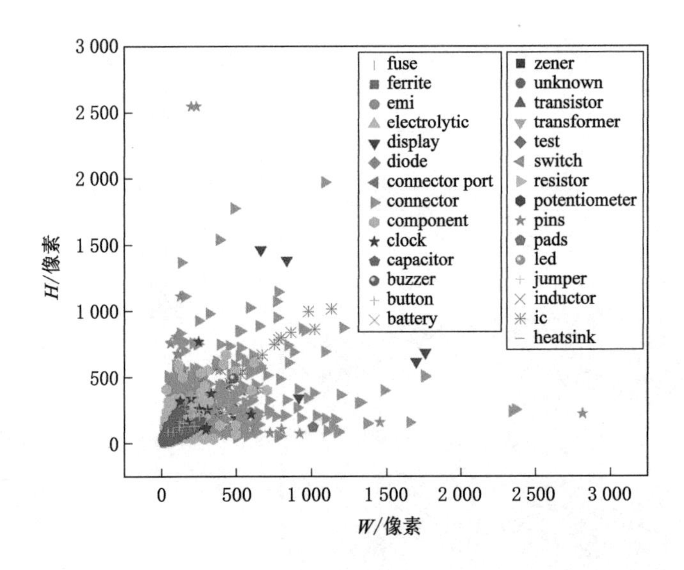

图 3-4 PCB 电子元器件目标宽度-高度分布图

为了进一步了解 PCB 电子元器件目标的尺寸特征，这里将目标按照类别进行了面积比例统计。假设目标在图片中的宽度为 w、高度为 h，该目标所在图片宽度为 W、图片高度为 H，以上所有宽度、高度的单位为像素，用 area_ratio 代表目标的面积比例，则目标的面积比例计算公式为：

$$\text{area\_ratio} = \frac{w \times h}{W \times H} \tag{3-1}$$

将 PCB 电子元器件数据集中所有目标的面积比例进行计算，可以发现，最小的目标面积比例值为 0.000 012 61，该目标占所处图像面积百分比仅为 0.001 261%，最大的目标面积比例值为 0.356 0，该目标占所处图像面积百分比为 35.60%。以类别为横坐标、面积比例值为纵坐标，以不同颜色的“×”代表数据集中每种类别的每个目标，整个数据集所有目标的面积比例如图 3-5 所示。

从图 3-5 中可以发现，绝大多数目标的面积比例在 10%以下，绝大多数类别目标的面积比例值比较集中，只有四类目标的面积比例跨度较大，其中 ic 类别目标面积比例值最分散，离散程度依次减小的是 connector、component 和 display。其他类别目标的面积比例离散程度较小，数值较集中。整个 PCB 电子元器件数据集共有 182 900 个目标，将不同目标面积比例下的目标个数进行分段统计分析，见表 3-2。

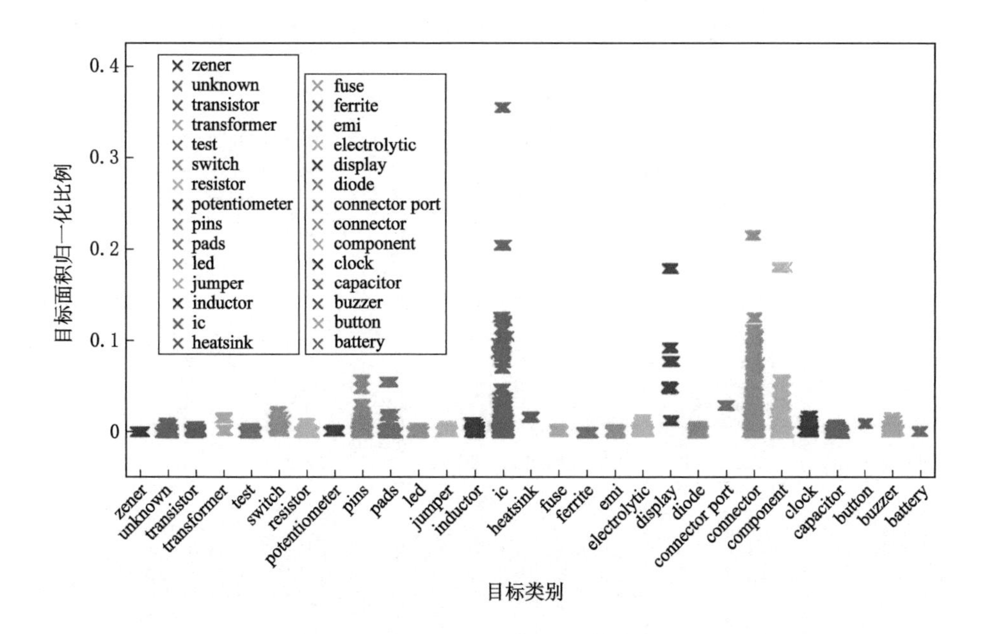

图 3-5　PCB 电子元器件目标面积比例统计图

表 3-2　不同面积比例分段区间下的目标个数统计表

面积比	目标个数	占总目标数百分比
area_radio≤0.01	176 340	96.41%
0.01< area_radio≤0.05	5 320	2.91%
0.05< area_radio≤0.1	920	0.50%
0.1< area_radio≤0.2	260	0.14%
0.2< area_radio≤0.3	40	0.02%
0.3< area_radio≤0.4	20	0.01%
area_radio>0.4	0	0.00%

从表 3-2 中可以发现，整个数据集中有 96.41%的目标面积占所在图像面积比例为 1%及以下。仅有 0.03%的目标面积占所在图像面积比例为 20%以上。

图像中不仅不同目标的面积比例差异较大，而且不同目标框的形状是多种多样的。这里用 $\max(w,h)$ 代表目标的长边、$\min(w,h)$ 代表目标的短边，用 ls_radio 代表任一目标边框长边除以短边的比值，则 Is_radio 计算公式为：

$$\text{ls\_radio}=\frac{\max(w,h)}{\min(w,h)} \tag{3-2}$$

ls_radio 可以作为描述目标框多样性的指标，这里将 OPCBA-29 中的目标 ls_radio 进行统计分析，见表 3-3。

表 3-3 目标长边除以短边分段区间目标个数统计表

分段区间	目标个数	占总目标数百分比
ls_radio≤1	2 620	1.43%
1<ls_radio≤2	107 160	58.59%
2<ls_radio≤3	65 040	35.56%
3<ls_radio≤4	3 820	2.09%
4<ls_radio≤5	1 560	0.85%
5<ls_radio≤6	740	0.40%
6<ls_radio≤7	620	0.34%
7<ls_radio≤8	300	0.16%
8<ls_radio≤9	220	0.12%
9<ls_radio≤10	140	0.08%
10<ls_radio	680	0.37%

从表 3-3 中可以发现，PCB 上电子元器件的长短边比值集中在(1,2]和(2,3]这两个范围，尤其是长短边比值为(1,2]的目标个数占到了总目标个数的 58.59%。极端情况下的大长短边目标(长短边比值＞10)的目标个数仅占总目标个数的 0.37%。

综合表 3-2 和表 3-3 中 PCB 电子元器件数据集的数据特征，发现该数据集主要包含小尺寸、长短边比正常的目标。

3.3.3 问题描述

基于卷积神经网络的目标检测算法之所以应用广泛，是因为它利用共享卷积核可以创建一些目标的抽象特征，如边缘、概貌等，然后将它们"迭代组合"成想要检测的目标。基于卷积神经网络的小尺寸目标之所以难检测，主要原因在于低像素占用、弱特征表示、缺乏对小目标敏感的检测头这三点。

① 低像素占用是小目标的主要特点之一。因为小目标只占用了图像中的小部分像素，基于卷积神经网络的目标检测器中，卷积过滤层和池化层降低了目标的空间信息，削弱了卷积神经网络对小尺寸目标的学习能力。同时，目标检测器的输入尺寸调整使得输入图像的分辨率进一步降低，主干网更深层的特征图会导致在图像中占据小区域的物体特征消失。

② 弱特征表示与小物体的低像素占用有关,但因为许多目标检测器不是为小目标设计的,通用目标检测器的网络架构设计更容易放大这个缺点。较深网络的主干网,会由于卷积引起的感受野扩大导致特征信息变弱。主干网的不同层包含了具有不同比例、大小和纵横比的目标不同类型的信息,采用合适的融合技术选择有效的位置信息和语义信息,代替不同层特征的直接流动可以解决弱特征表示带来的小目标难检测问题。

③ 检测头在目标检测中兼具分类和定位两大功能。而小目标的弱特征表示,既表现为图像中的位置信息少,其边界框定位相对于大、中尺寸目标具有更大的挑战性,也表现为图像中的语义信息少,其类别概率计算相对于大、中尺寸目标也同样具有更大难度。在检测头的回归过程中,回归边界框偏移一个像素点,对小目标的误差影响远高于大、中尺寸目标,在检测头的分类过程中,小目标预测框的偏移同样会影响网络对目标分类结果的判定。而基于卷积神经网络的检测头往往要对于特征信息更少的深层特征图进行分析,因此,增加对小尺寸目标敏感的检测头,同样能解决小目标难检测问题。

综上所述,量化小目标尺寸与主干网下采样中的特征关系是解决小目标低像素占用引起特征消失问题的关键,从小目标的弱特征中挖掘有效特征并选择有效的特征融合策略是解决小目标弱特征表示的关键,设计对小尺寸目标敏感的检测头是最终提升小目标分类和回归效果的关键。

3.4　多检测头小目标检测方法设计

3.4.1　整体框架设计

以 YOLOv3 为基准模型、PCB 上的电子元器件为检测对象,通过量化分析 PCB 电子元器件数据集不同尺寸目标在 Darknet-53 主干网中的特征消失情况,提出了目标尺寸-特征信息量化分析方法,研究了主干网不同深度特征层的对语义和位置信息的影响,提出了针对小目标的特征融合策略,设计新增了对小目标敏感的检测头,形成了一种多检测头 PCB 电子元器件小目标检测模型 MDH-PCBEC,解决了 PCB 电子元器件小目标难检测问题,提升了目标检测的准确度和速度。

MDH-PCBEC 的整体框架如图 3-6 所示,主要包括三个部分,即对 YOLOv3 主干网不同深度特征图进行目标尺寸-特征的映射关系建模;针对 PCB 电子元器件数据集进行主干网有效特征层的选择;根据确定的有效特征层确定特征融合策略，增加面向小尺寸目标敏感的检测头和生成对应锚。这三部分分别发生在卷积神经网络的主干网、特征融合和检测头部分。下面将详细描述这三部分的实现过程。

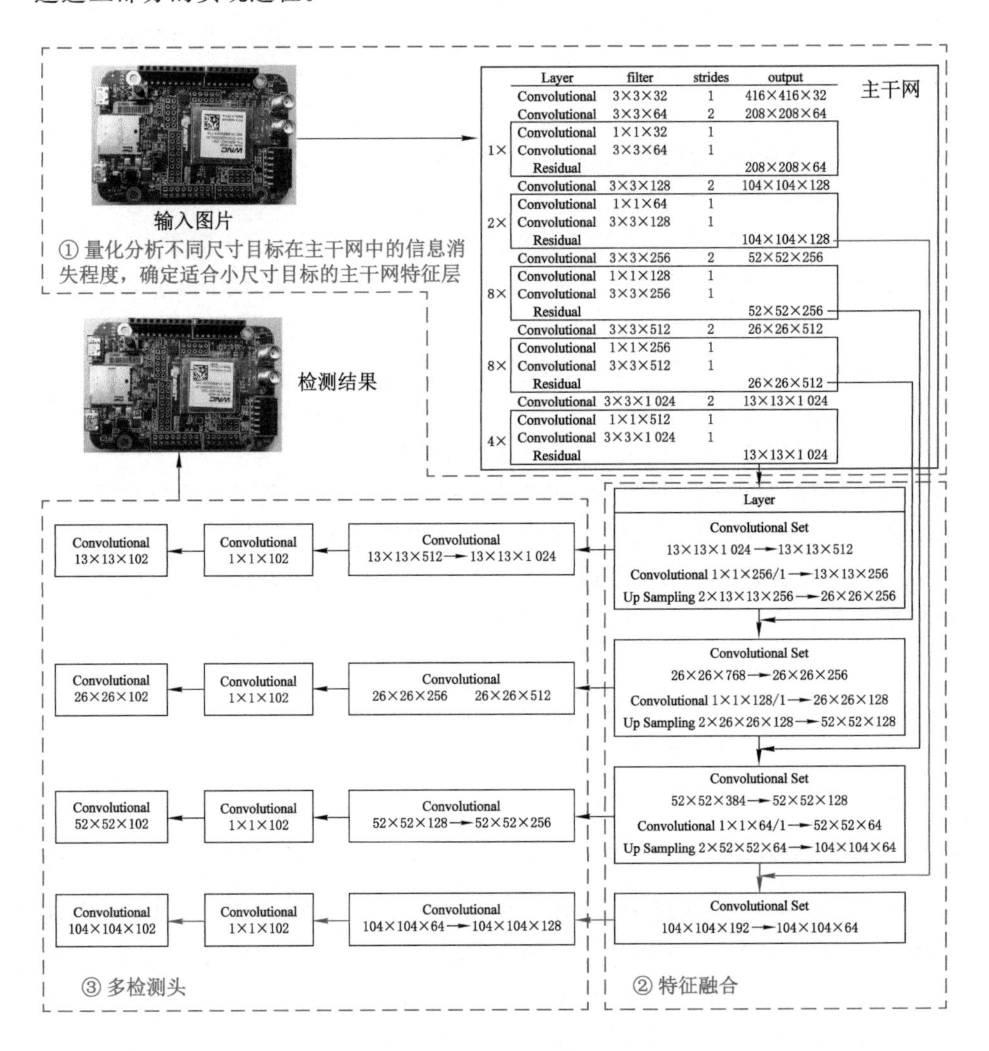

图 3-6 MDH-PCBEC 模型框架图

3.4.2 目标尺寸-特征信息量化分析方法

通常，在基于 CNN 的检测器中，主干网用于提取检测目标的基本特征，主干网提取的具有代表性的特征越多，其模型检测器的性能就越好。为了获得更高的检测准确度，主流的目标检测器利用了更深和更宽的主干网。同时，为了解决目标的多尺度问题，主干网采用金字塔结构，然而，在金字塔结构中，由输入图像提取的特征在金字塔的不同深度层中包含的信息不同。浅层特征对应的感受野小、位置信息丰富，适用于目标定位，深层特征对应的感受野大、语义信息丰富，适用于分类，这也就给目标检测要同时完成识别和定位两项子任务带来了矛盾。尽管特征融合可以将浅层位置信息和深层语义信息进行有机的结合，但小尺寸目标的低像素占用和弱特征表示给主干网带来了更大的挑战，本节重点介绍量化目标尺寸与主干网不同深度特征图位置、语义信息关系的方法，帮助主干网挖掘有用的特征层，高质量地完成 PCB 电子元器件目标检测任务。

(1) 主干网特征信息分析

YOLOv3 使用 Darknet-53 作为提取特征的主干网。Darknet-53 最重要的两个部分是卷积和残差结构 Resnet。其中，1×1 卷积可以压缩特征图通道的数量，减少模型计算和参数；多个 3×3 卷积层比大尺寸的卷积滤波器更具非线性特点，使决策函数更具决定性；Resnet 可以让网络更深、更快、更容易优化，可以让参数更少和复杂度更低，可以解决深度网络权重参数退化和难以训练的问题。Darknet-53 一共执行了 5 次下采样的降维提取特征操作，每次降维后，输出特征图的行数和列数减半，通道数是前一次的 2 倍。图 3-7 显示了整个 Darknet-53 针对输入图像进行不同降维模块后相应特征输出。通过 Darknet-53 的特征输出图，可以观察到主干网的降维操作越少，目标的位置信息越清晰，语义信息越模糊；降维操作越多，目标的语义信息越清晰，位置信息越模糊。同时，可以根据不同降维次数的特征图尺寸，计算出不同层的特征图上每个像素点代表的输入图像像素尺寸大小。例如，特征图像 104×104×128 中的每个像素代表了输入图像 416×416 中的 4×4 像素区域大小，以此类推，特征图像 52×52×256、26×26×512 和 13×13×1 024 分别代表了 416×416 输入图像中 8×8、16×16 和 32×32 的像素区域。

(2) 输入图像的尺寸调整

执行基于卷积神经网络的目标检测任务，要求输入图像的尺寸提前调整成统一的大小。这样操作的原因有两点：① 每一个卷积核中权值都是共享的，经过卷积运算，不同大小的输入图片提取出的卷积特征大小也是不同的，不便于后续的并行处理。② 对于网络中的全卷积或者全连接，如果不固定输入向量的维度，会造成网络的动态变化，导致权重矩阵无法使用或训练。因为 YOLOv3 的主干网共有 5 次下采样降维操作，每次降维操作后的特征图是输入特征图尺寸的一半，因此需要将原图调整尺寸为 32 的整倍数，如 320×320、416×416、

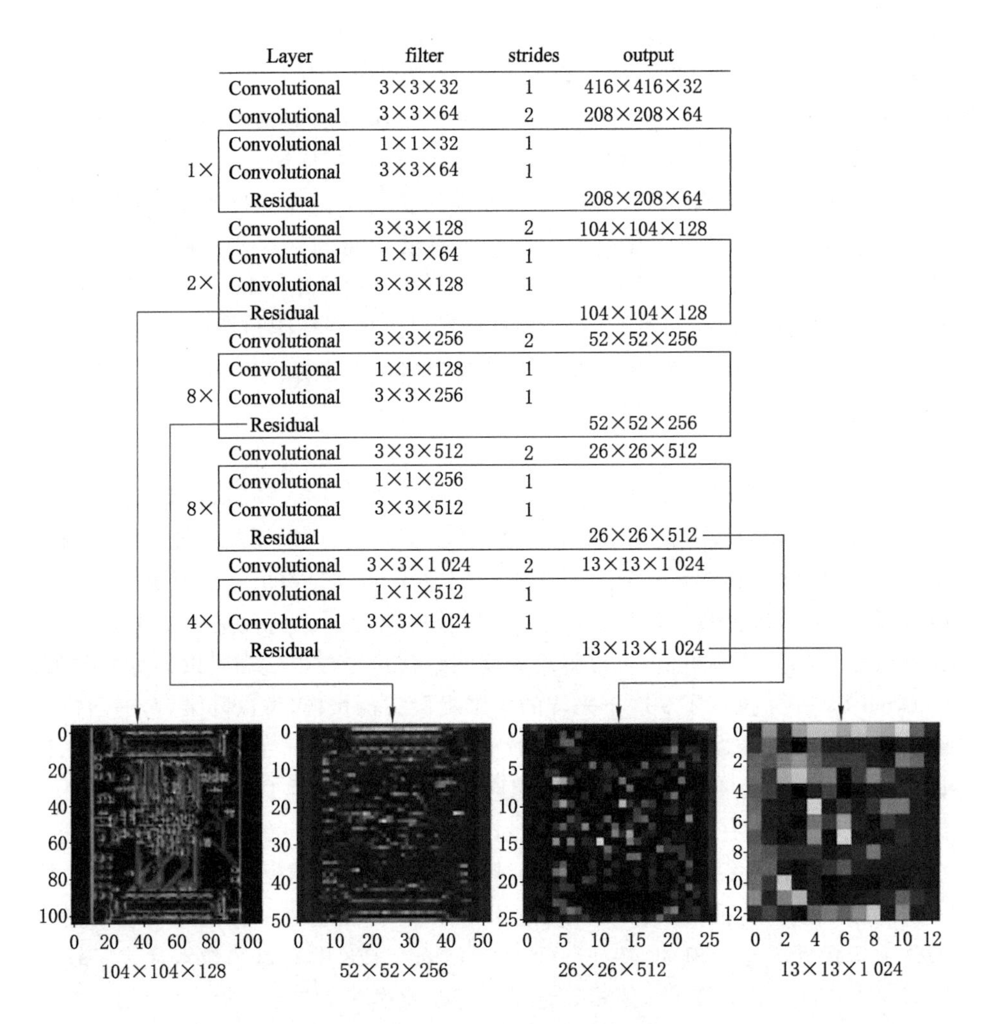

图 3-7　Darknet-53 特征输出示意图

544×544 和 640×640，本书选择 416×416 为输入图像调整后的尺寸大小。同时，YOLOv3 的图像尺寸调整充分考虑到了原图像的长宽比，在调整时以原图像最长边为基准边计算缩放系数，使其变换到长度为设定的尺寸，然后整张图像等比缩放。对于原图中的短边部分，用黑色背景来填充。图 3-8 显示了尺寸调整前和尺寸调整后的图像效果。

(3) 目标尺寸-特征信息保留对应关系量化方法

根据调整尺寸后的图像大小，依次可以分析求解出图像上对应目标的尺寸大小。而主干网对应的 5 次下采样操作会让不同尺寸分布的目标在 5 种尺寸特

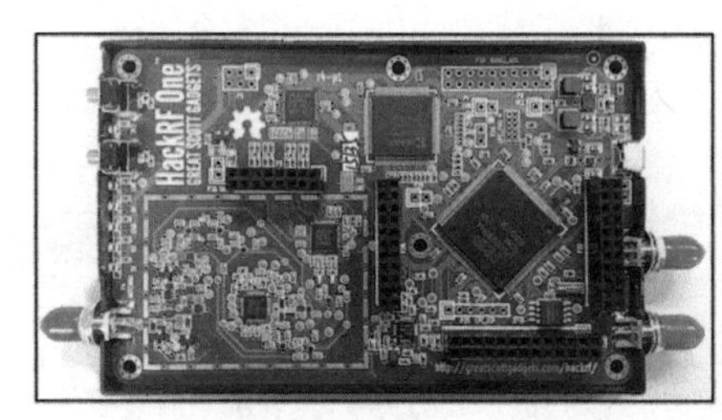

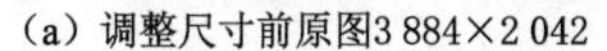
(a) 调整尺寸前原图3 884×2 042

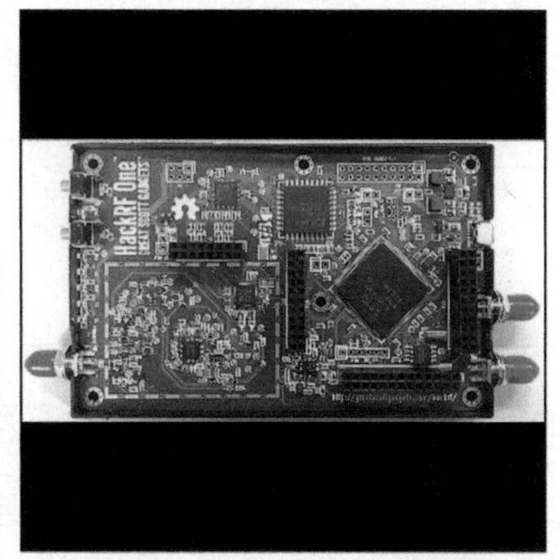

(b) 调整尺寸后416×416

图 3-8　输入图像尺寸调整示意图

征图中发生相应尺寸缩减，尤其是小尺寸目标，在深层特征图中，会发生消失现象。假设图片调整后的尺寸为 l_{resize}，原图片宽度为 W、高度为 H，$\max(W,H)$ 为原图片宽度和高度的最大值，图片中目标原宽度为 w、原高度为 h。图片调整尺寸后目标的宽度为 w_{resize}、高度为 h_{resize}。计算公式如下：

$$w_{\text{resize}} = \text{Floor}\left[\frac{w \times l_{\text{resize}}}{\max(W,H)}\right],\quad \text{Floor 表示向下取整} \tag{3-3}$$

$$h_{\text{resize}} = \text{Floor}\left[\frac{h \times l_{\text{resize}}}{\max(W,H)}\right],\quad \text{Floor 表示向下取整} \tag{3-4}$$

已知原图像要先尺寸调整成目标检测模型的输入图像，这里把这个过程定义为下采样 0 次。如果图像的宽或高大于输入图像尺寸，则图像进行尺寸调整后，会因为图像尺寸的压缩带来目标消失的可能，此时目标保留的条件为产生的目标宽度和高度都要大于 0。输入图像传入主干网后，要进行下采样，每次下采样后五组特征图的宽度和高度都会降为输入的一半，特征图中每个像素点代表的输入图像宽度和高度范围会扩大一倍。如果输入图像中目标的宽度或高度小于或等于该特征图中每个像素代表的输入图像中范围的宽度或高度，则目标在该特征图中的信息保留。因此，建立输入图像上目标尺寸与不同下采样深度特征图上的信息保留量化关系见表 3-4。

表 3-4　目标尺寸与下采样特征图上的信息保留量化关系表

下采样次数（单位：次数）	特征图尺寸（单位：像素）	特征图上每个像素点代表的输入图像尺寸范围（单位：像素）	输入图像目标尺寸-特征信息保留条件
0	$l_{\text{resize}} \times l_{\text{resize}}$	1×1	$(w_{\text{resize}} > 0) \cap (h_{\text{resize}} > 0)$
1	$(l_{\text{resize}}/2) \times (l_{\text{resize}}/2)$	2×2	$(w_{\text{resize}} \geqslant 2) \cup (h_{\text{resize}} \geqslant 2)$
2	$(l_{\text{resize}}/4) \times (l_{\text{resize}}/4)$	4×4	$(w_{\text{resize}} \geqslant 4) \cup (h_{\text{resize}} \geqslant 4)$
3	$(l_{\text{resize}}/8) \times (l_{\text{resize}}/8)$	8×8	$(w_{\text{resize}} \geqslant 8) \cup (h_{\text{resize}} \geqslant 8)$
4	$(l_{\text{resize}}/16) \times (l_{\text{resize}}/16)$	16×16	$(w_{\text{resize}} \geqslant 16) \cup (h_{\text{resize}} \geqslant 16)$
5	$(l_{\text{resize}}/32) \times (l_{\text{resize}}/32)$	32×32	$(w_{\text{resize}} \geqslant 32) \cup (h_{\text{resize}} \geqslant 32)$
n	$(l_{\text{resize}}/2^n) \times (l_{\text{resize}}/2^n)$	$2^n \times 2^n$	$(w_{\text{resize}} \geqslant 2^n) \cup (h_{\text{resize}} \geqslant 2^n)$

注：下采样 0 次表示原图像尺寸调整成模型输入图像尺寸；$\cup$ 表示或的关系，$\cap$ 表示与的关系。

3.4.3　适合小目标检测的特征融合策略

(1) 基于 YOLOv3 的 PCB 电子元器件目标尺寸-特征信息保留统计分析

根据目标尺寸-特征信息消失对应关系量化方法，已知 PCB 电子元器件图像尺寸和目标尺寸，选择输入图像尺寸为 416×416，针对 Darknet-53 主干网的 5 次下采样，OPCBA-29 中目标总数为 182 900，统计出 OPCBA-29 在主干网各个下采样特征层中保留的目标个数见表 3-5。

表 3-5　主干网下采样各个特征层中 PCB 电子元器件目标个数统计表

下采样次数（单位：次数）	消失的目标个数	保留的目标个数	保留的目标个数百分比
0	220	182 680	99.88%
1	240	182 440	99.75%
2	38 500	144 180	78.83%
3	103 640	79 040	43.21%
4	147 360	35 320	19.31%
5	169 480	13 200	7.22%

从表 3-5 中可以发现，当数据集中的原图像进行尺寸调整后，已经有 220 个目标消失。由于 OPCBA-29 中小尺寸目标过多，随着下采样次数的增多，对应特征层消失的目标个数随之增多，保留的目标个数随之减少。

YOLOv3 目标检测算法选择主干网的第 3、4、5 次下采样的特征图作为目标的有效表达进行特征融合。但从表 3-5 中可以发现,第 3 次下采样对应的特征图中只保留了 43.21%目标的特征信息,远远不能有效地代表目标的位置和语义信息。虽然第 1 次下采样后,特征图中可以保留 99.75%目标的信息,但过于浅层的特征图尺寸大,会因为卷积运算带来庞大的运算量和模型参数量,给计算机带来算力及内存负担,导致模型训练和推理速度减缓。权衡检测准确率和速度,本章选择下采样的 2、3、4 和 5 作为多尺寸且小目标占主导的 PCB 电子元器件目标检测算法的特征融合层。

(2) 适合小尺寸目标检测的特征融合策略

目标检测中的特征融合是指主干网深层低分辨率特征图经过上采样,与浅层高分辨率特征图进行通道级或空间级中特征信息优势互补的一种技术。特征图的上采样方法主要包括基于线性插值的上采样、基于深度学习的上采样和上池化三种方法。基于线性插值的上采样主要包含最近邻插值算法、双线性插值和双三次插值三种,其中最近邻插值算法是最易实现且速度最快的算法。基于深度学习的上采样实际上就是通过训练转置卷积核对图片的尺寸进行扩充,上池化主要通过简单的补零或者扩充操作实现尺寸扩充。本书采用最近邻插值算法实现低分辨率特征图的上采样。

对于特征融合,主要有通道拼接[139]、逐像素相加[140]和逐像素相乘[141]这三种方式,如图 3-9 所示。假设 $I_i(x,y)$ 和 $I_j(x,y)$ 分别代表了两组输入特征图中的特征信息,$I_k(x,y)$ 为特征融合后特征图的特征信息。则通道个数分别为 c_1 和 c_2 的两组输入特征图可以表示为 $\bigcup_{i=1}^{C_1} I_i(x,y)$ 和 $\bigcup_{j=1}^{C_2} I_j(x,y)$,特征融合后输出为 $\bigcup I_k(x,y)$。

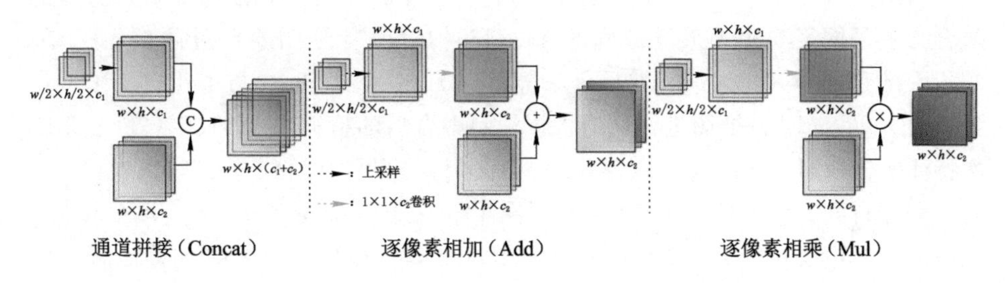

图 3-9　特征融合的三种方式

对于通道拼接特征融合模式,特征融合可用下式表示:

$$\bigcup_{i=1}^{C_1} I_i(x,y) \text{©} \bigcup_{j=1}^{C_2} I_j(x,y) = \bigcup_{k=1}^{C_1+C_2} I_k(x,y) \quad x \in [1,w], y \in [1,h] \tag{3-5}$$

从式(3-5)中可以看出,对于通道级联来讲,只是两组特征图在通道维度上的堆叠,融合后特征图的通道个数是融合前两组特征图的通道数之和,融合后的每个特征图保留了原来特征图的所有特征信息。

对于逐像素相加和逐像素相乘这两种特征融合方式,特征融合可分别用式(3-6)和式(3-7)表示:

$$\bigcup_{i=1}^{C1} I_i(x,y) \oplus \bigcup_{j=1}^{C1} I_j(x,y) = \bigcup_{k=i=j=1}^{C1} \left[I_i(x,y)+I_j(x,y)\right]_k \\ x\in[1,w],y\in[1,h] \tag{3-6}$$

$$\bigcup_{i=1}^{C1} I_i(x,y) \otimes \bigcup_{j=1}^{C1} I_j(x,y) = \bigcup_{k=i=j=1}^{C1} \left[I_i(x,y)+I_j(x,y)\right]_k \\ x\in[1,w],y\in[1,h] \tag{3-7}$$

从式(3-6)和式(3-7)中可以看出,对于逐像素相加和逐像素相乘这两种特征融合方式,要求对应通道特征图对应像素亮度值点点相加或点点相乘,两组输入和一组输出的通道个数必须相等。

针对小尺寸目标敏感的浅层特征图,位置信息丰富,与经过上采样的深层特征图在进行点点运算时,对目标的位置要求严格,一旦发生微小的位置偏差,就会带来融合后特征信息的噪声,影响目标检测的识别和定位效果。因此,本章提出适合 PCB 电子元器件小尺寸目标检测的通道拼接特征融合策略。

(3) 特征融合模块设计

根据适合 PCB 电子元器件小尺寸目标检测的主干网第 2、3、4 和 5 下采样特征层,利用适合浅层特征信息保留的通道拼接特征融合策略。PCB 电子元器件目标检测模型的特征融合模块如图 3-10 所示。

从图 3-10 中可以看出,特征融合模块中包含了三次特征融合。第一次特征融合为主干网第 5 次下采样得到的 13×13×1 024 特征图要经过两次 1×1 的卷积降维变成 13×13×256,然后上采样得到 26×26×256,再与第 4 次下采样得到的 26×26×512 特征图进行通道拼接得到融合后的特征图 26×26×768。第二次特征融合为第一次的特征融合结果先经过 1×1 的卷积降维成 26×26×128,然后上采样得到 52×52×128,再与主干网第 3 次下采样得到的 52×52×256 特征图进行通道拼接,得到融合后的特征图 52×52×384。以上两次特征融合为 YOLOv3 原有的融合方式,因为 PCB 电子元器件数据集中有 78.83%的目标保留在主干网的第 2 次下采样特征图中,因此,必须完成第三次特征融合的设计与实现。将第二次特征融合的结果先经过 1×1 的卷积降维成 52×52×64,然后上采样得到 104×104×64,再与主干网第 2 次下采样得到的 104×104×128 特征图进行通道拼接,得到融合后的特征图 104×104×192。

三次特征融合,不仅实现了主干网深层特征图语义信息与浅层特征图位置

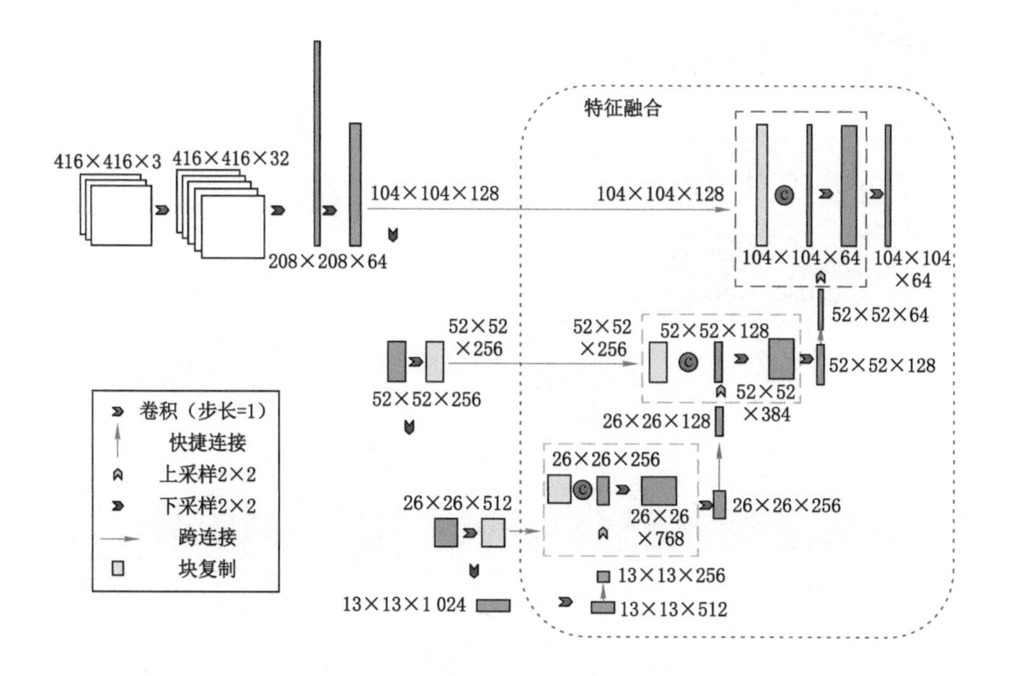

图 3-10　MDH-PCBEC 的特征融合模块

信息的有效结合，而且结合目标尺寸-特征信息的量化关系，在权衡准确度和算力后，找到了适合小尺寸目标检测的有效下采样特征图，通过通道拼接，实现了适合小目标检测的特征融合模块设计。

3.4.4　多检测头设计

为了解决目标的多尺度问题，从 YOLOv3 开始，采用了三种尺度的网格来实现目标检测。但这三种尺度网格在对目标进行推理、预测时，并未考虑目标的尺寸分布和对应目标有效特征图。本章结合目标尺寸-特征量化关系和针对小尺寸目标的第 2 次下采样融合特征，设计了针对小尺寸目标敏感的检测头，如图 3-11 所示。

将新增对小目标敏感的检测头与原检测头进行结合，形成 PCB 电子元器件目标检测多检测头，如图 3-12 所示。

从图 3-12 中可以看到，新增的检测头（Head1）是由主干网第 2 次下采样、浅层、高分辨率的特征图生成的，对小尺寸目标更加敏感。增加检测头后，虽然增加了计算和存储成本，但对于针对 PCB 电子元器件的小目标检测准确度可以得到很大提高。

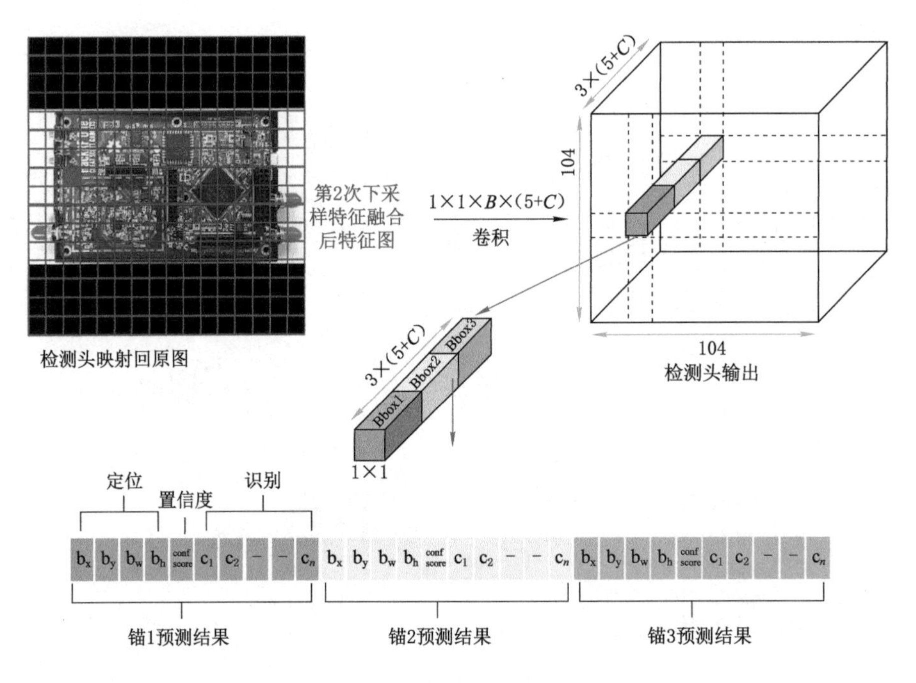

图 3-11　对小尺寸目标敏感的检测头

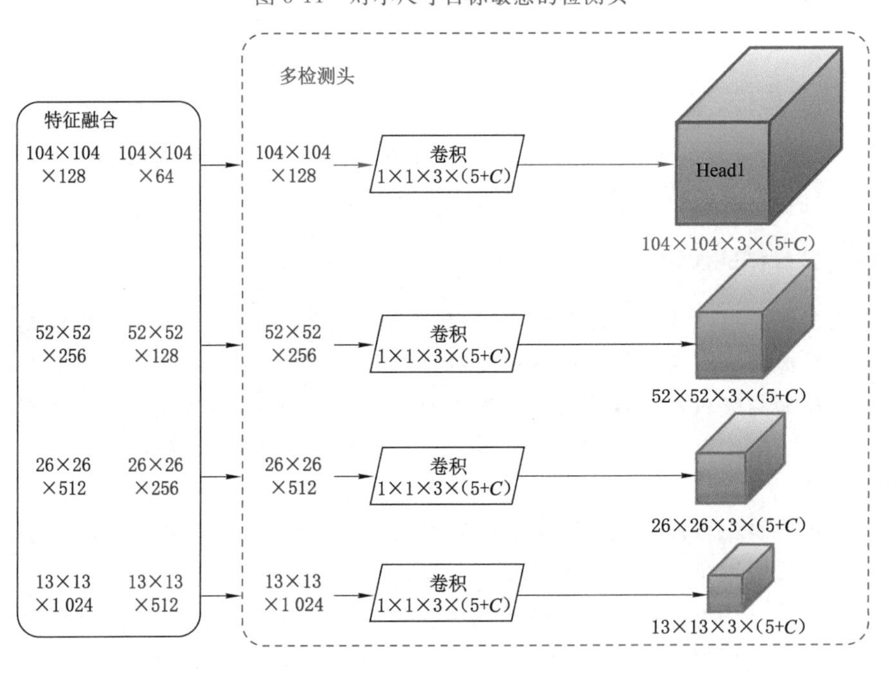

图 3-12　多检测头

3.4.5　基于多检测头的锚

YOLOv3 中使用 K-means 聚类法生成的锚框放置在网络中产生预测框。原 YOLOv3 使用 COCO 数据集聚类产生了 9 个锚框，这 9 个锚分别是：(10×13)、(16×30)、(33×23)、(30×61)、(62×45)、(59×119)、(116×90)、(156×198)和(373×326)。检测头的网格单元个数越多，每个网格单元对应的感受野越小，对小尺寸物体越敏感；检测头的网格单元个数越少，每个网格单元对应的感受野越大，越可以检测尺寸大的物体。因此，对于 YOLOv3 的三个检测头来讲，COCO 数据集的 9 个锚的大小和分配如图 3-13 所示。

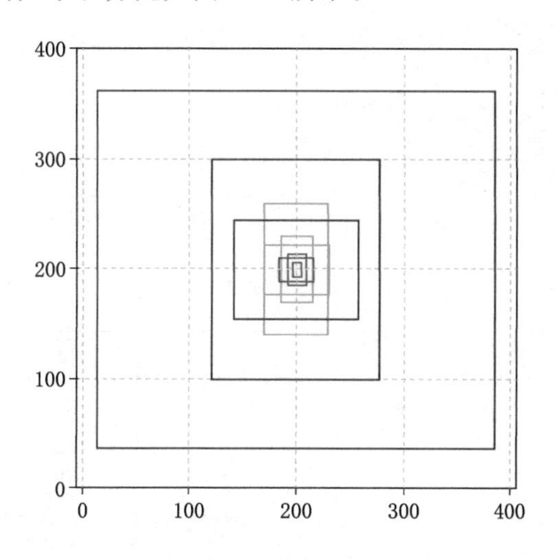

图 3-13　COCO 数据集 9 个锚的尺寸和分配图

YOLOv3 虽然可以使用任意一组合理的锚进行模型收敛，但除了已知 COCO 数据集聚类产生的锚，还可以通过分析检测目标训练数据集的训练样本有针对性地根据检测目标选择锚，从而实现更有效的训练收敛。为了适应 PCB 电子元器件的检测目标，这里根据原 YOLOv3 的三个检测头和本书提出的多检测头，使用 K-means++算法生成了 9 个和 12 个锚框。通过计算得到基于 PCB 数据集的 9 个锚分别为：(13×31)、(21×42)、(31×15)、(34×58)、(51×29)、(57×98)、(78×48)、(150×118)和(255×323)。基于 PCB 数据集得到的 12 个锚分别为：(13×24)、(14×34)、(19×10)、(24×14)、(28×54)、(33×15)、(35×33)、(47×23)、(54×87)、(69×45)、(146×118)和(255×323)。这里用蓝色、绿色、红色和黑色分别代表分配到 13×13、26×26、52×52 和 104×104 检测头的锚框。整个锚的产生和在检测头的分配如图 3-14 所示。

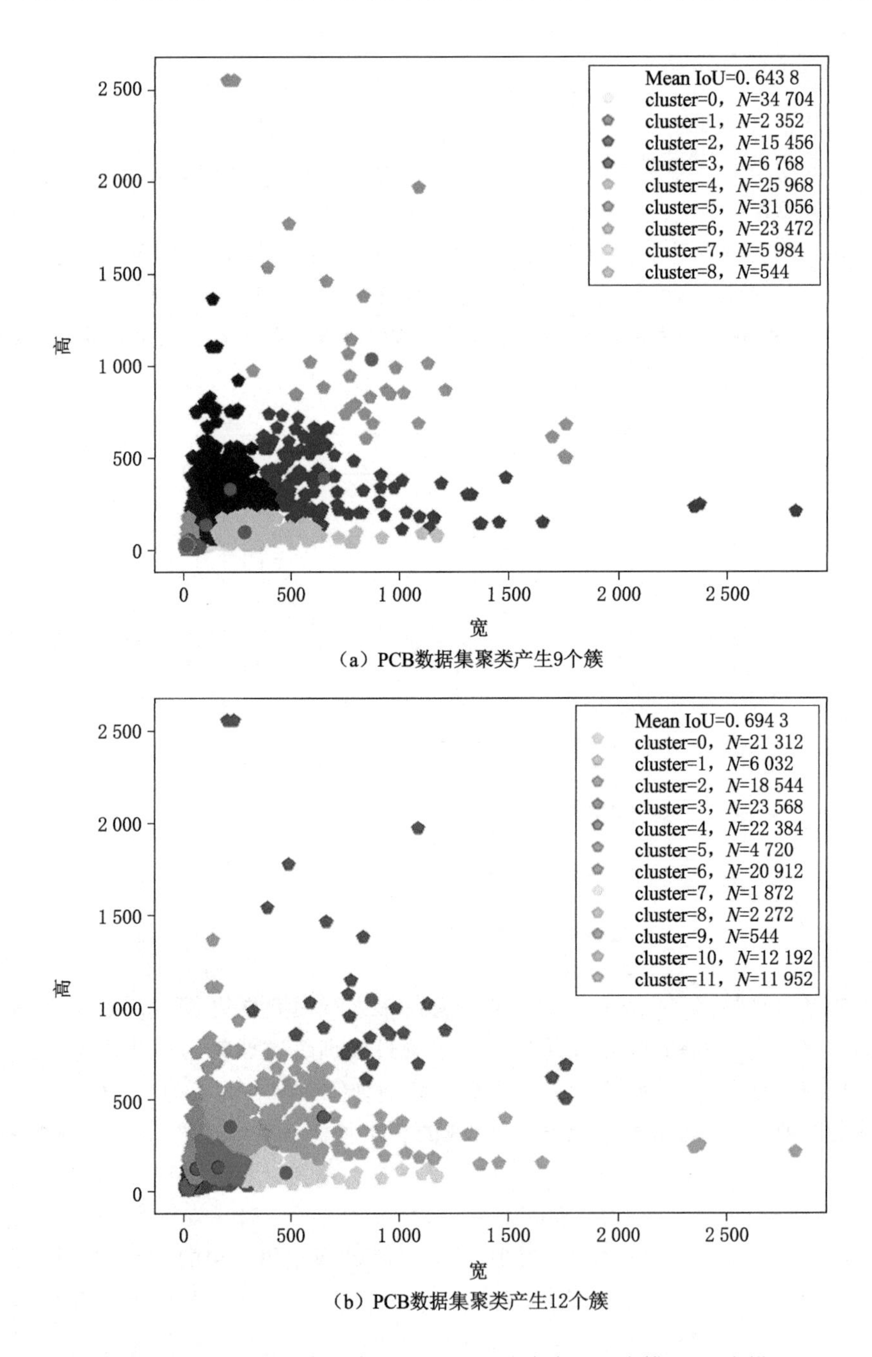

图 3-14　基于 PCB 数据集的 K-means 聚类产生 9 个锚和 12 个锚

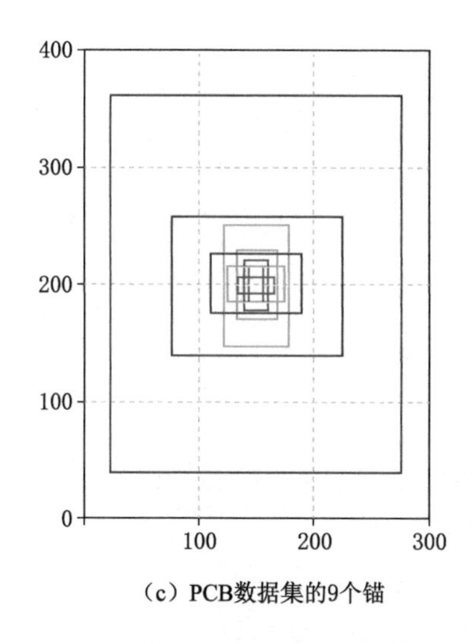

(c) PCB数据集的9个锚

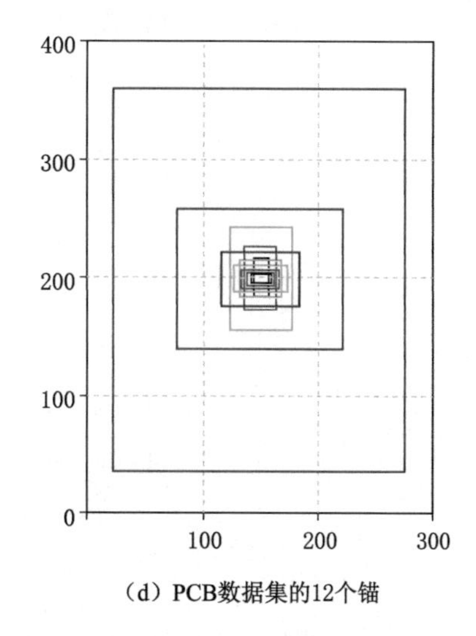

(d) PCB数据集的12个锚

图 3-14　(续)

3.5　实验结果与分析

为了测试提出方法的有效性,本节在 OPCBA-29 上进行一系列实验和消融研究,以显示每个设计模块的功能。

3.5.1　实验平台与参数设置

整个实验平台的操作系统为 Windows 10,核心处理器(CPU)为 Intel(R) Xeon(R) Gold6132CPU @ 2.60 GHz 双处理器,显卡(GPU)为 NVIDIAQuadroP5000,显存为 16 GB,硬盘空间为 512 G SSD+2 T SATA,内存为 192 GB,模型开发环境为 Python 3.7 和 TensorFlow 2.0。

在分析 OPCBA-29 数据集每张照片上的电子元器件数量时发现,不同照片上,最少的目标个数为 17 个,最多的目标个数为 783 个。因此,实验中分别测试了单张照片预测 120 个目标框和 800 个目标框两种情况。

本节共进行了四组实验进行性能比较,以证实所提方法的有效性。四组算法实验分别命名为:YOLOv3 + COCO dataset 9 anchors、YOLOv3 + PCB dataset 9 anchors、YOLOv3 + PCB dataset 9 anchors 800 bounding box 和 MDH-PCBEC(YOLOv3 + 4 outputs PCB dataset 12 anchors 800 bounding box)。四组实验算法的具体参数见表 3-6。

表 3-6　四组实验执行参数

算法	参数名	参数值
四组实验相同参数设置	Train image size in pixels (height×width)	416×416
	Number of categories	29
	Training steps	70 000
	Learn_rate_init	0.000 1
	Learn_rate_end	0.000 001
	Weight decay	0.000 5
	Gradient Descent	Adam Optimizer
	Train mode	GPU
YOLOv3+COCO dataset 9 anchors	self.max_bbox_per_scale	120
	anchors	(10×13)、(16×30)、(33×23)、(30×61)、(62×45)、(59×119)、(116×90)、(156×198)、(373×326)
	outputs	3
YOLOv3+PCB dataset 9 anchors	self.max_bbox_per_scale	120
	anchors	(13×31)、(21×42)、(31×15)、(34×58)、(51×29)、(57×98)、(78×48)、(150×118)、(255×323)
	outputs	3
YOLOv3+PCB dataset 9 anchors 800 boarding boxes	self.max_bbox_per_scale	800
	anchors	(13×31)、(21×42)、(31×15)、(34×58)、(51×29)、(57×98)、(78×48)、(150×118)、(255×323)
	outputs	3
MDH-PCBEC (YOLOv3+4 outputs PCB dataset 12 anchors 800 boarding boxes)	self.max_bbox_per_scale	800
	anchors	(13×24)、(14×34)、(19×10)、(24×14)、(28×54)、(33×15)、(35×33)、(47×23)、(54×87)、(69×45)、(146×118)、(255 ×323)
	outputs	4

注：self.max_bbox_per_scale 代表每个尺度检测头可以放置的最多预测框个数；anchors 代表该算法所用的锚框；outputs 代表算法的检测头。

3.5.2　可视化检测结果分析

以上四种算法可以在一张图像中实现多目标检测，这里用这些算法测试了 200 张图像。检测对象在不同的预测框中匹配，部分检测结果如图 3-15、图 3-16 和图 3-17 所示。每组图中的四个子图分别代表了表 3-6 中四个算法实验的检测效果。

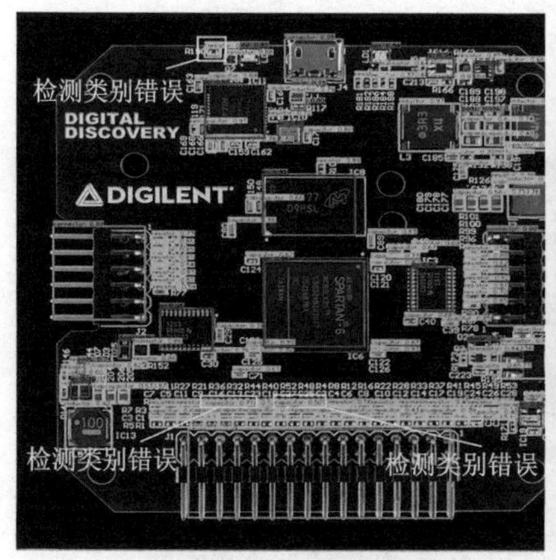

(a) YOLOv3+COCO dataset 9 anchors算法检测结果

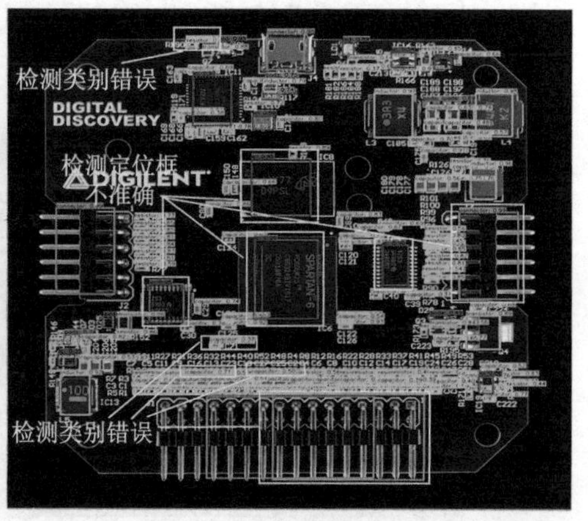

(b) YOLOv3+PCB dataset 9 anchors算法检测结果

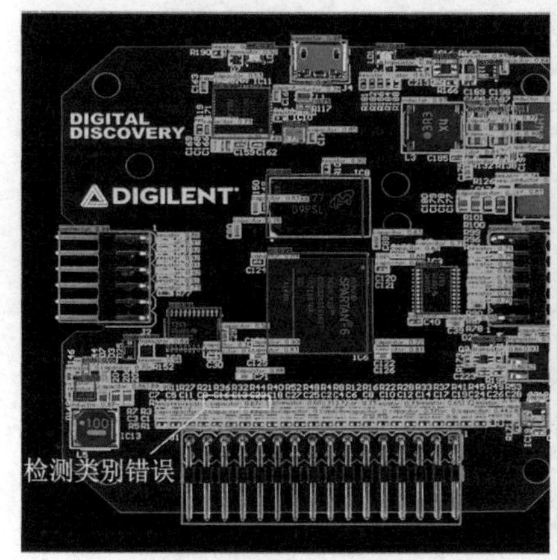

(c) YOLOv3+PCB dataset 9 anchors 800 boarding boxes算法检测结果

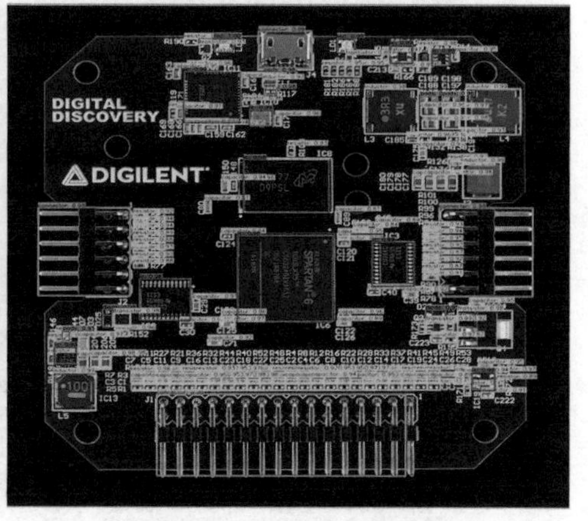

(d) MDH-PCBEC算法检测结果

图 3-15　四种算法小物体检测结果对比

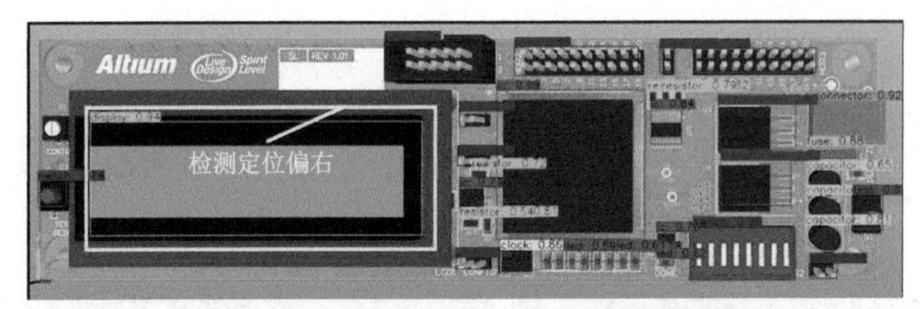

（a）YOLOv3+COCO dataset 9 anchors算法检测结果

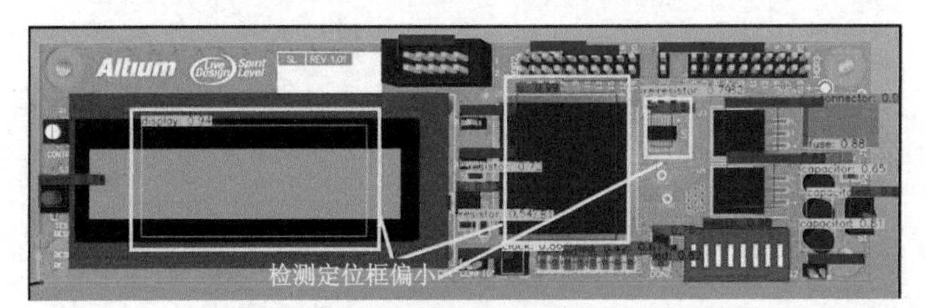

（b）YOLOv3+PCB dataset 9 anchors算法检测结果

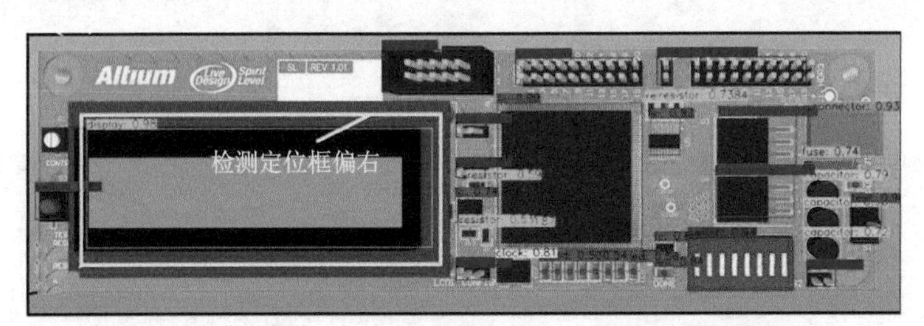

（c）YOLOv3+PCB dataset 9 anchors 800 boarding boxes算法检测结果

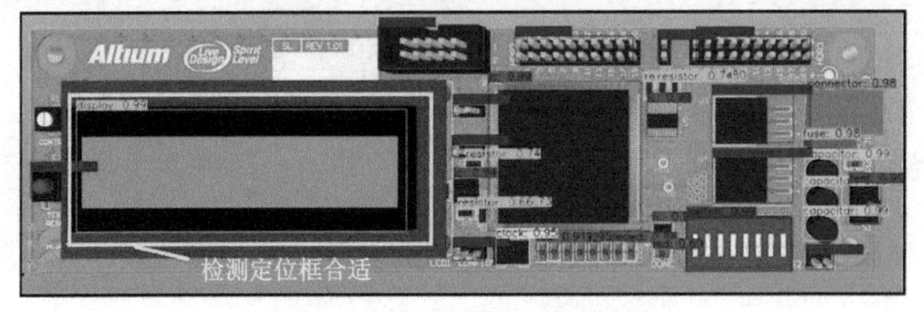

（d）MDH-PCBEC算法检测结果

图 3-16　四种算法在虚拟图像上的目标检测结果比较

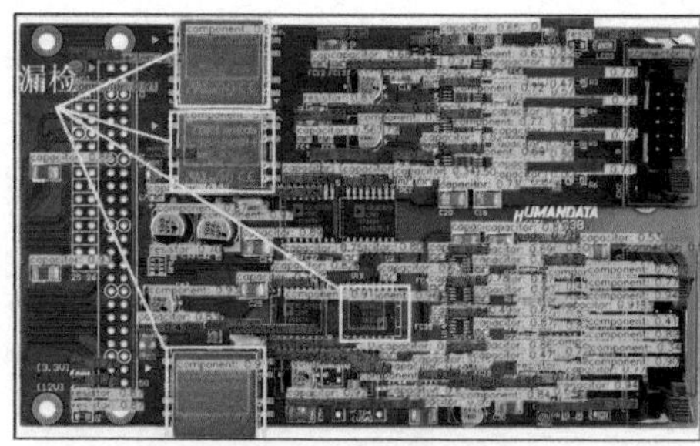

（a）YOLOv3+COCO dataset 9 anchors算法检测结果

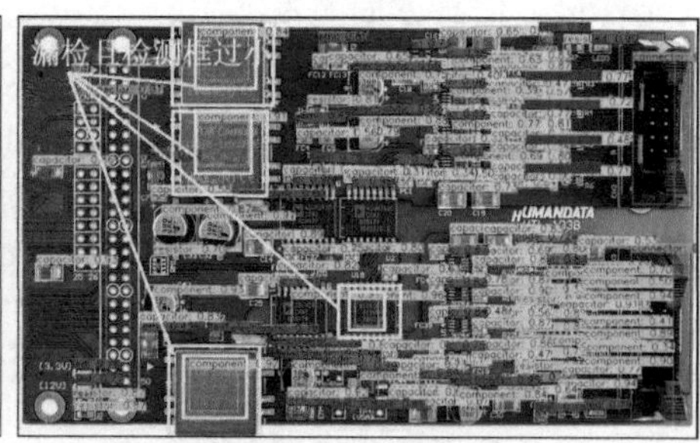

（b）YOLOv3+PCB dataset 9 anchors算法检测结果

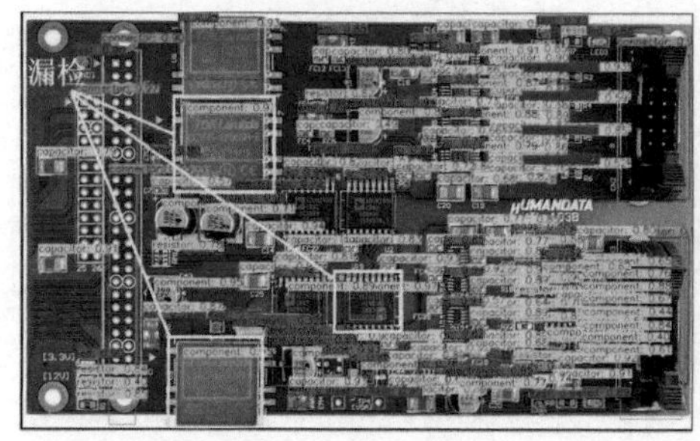

（c）YOLOv3+PCB dataset 9 anchors 800 boarding boxes算法检测结果

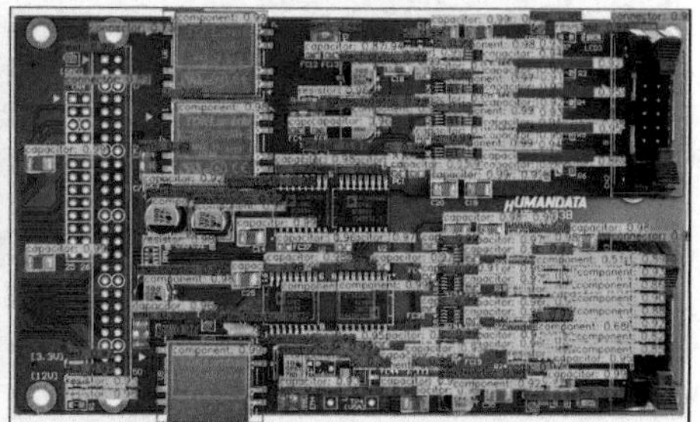

（d）MDH-PCBEC算法检测结果

图 3-17　基于四种算法大目标检测结果对比

图 3-15 突出显示了四种算法对检测小物体的效果。PCB 上的小物件主要是指电阻、电容、LED 等体积较小的电子元器件。因此，重点对图片中下方的三排电阻和电容检测结果进行。

由图 3-15(a)可以观察到，无论是电阻还是电容都存在明显的检测误差。由图 3-15(b)可以看到，大部分检测到的边界框大小都发生了变化，但并没有显著提高小目标检测的准确性。图 3-15(c)中的算法基于图 3-15(b)中的算法考虑了在每个 PCB 图片上要检测的电子元件的数量。在检测算法中，每张图片需要检测多达 783 个目标，因此设置了 800 个检测框。可以看到，电阻的检测精度在图 3-15(c)中得到了提高。由图 3-15(d)可以看出，最终设计的算法不仅可以正确检测出电阻、电容等小元件，而且可以检测到的目标边界框在尺寸上更适合实际目标。

OPCBA-29 是用合成数据虚拟图片和真实照片形成的联合数据集。图 3-16 显示了使用训练结果来检测 PCB 虚拟图片上电子元器件的测试结果。可以看到，四种算法都实现了对电子元件的正确检测，但第四种算法[图 3-16(d)]在检测元件位置信息方面更准确。

图 3-17 显示了四种算法对检测较大尺寸目标的效果。PCB 上的 IC 器件普遍尺寸偏大。由图 3-17(a)可以看出，左侧的三个 IC 都没有被检测到，图 3-17(b)没有显示出明显的变化。增加每张图片的检测框数量后，可以观察到图 3-17(c)中已经检测到了一些 IC，图 3-17(d)显示所有 IC 都准确地显示在检测框中。

从三组检测结果图中可以发现，MDH-PCBEC 在小尺寸目标、虚拟图像目标和大尺寸目标检测上都性能优越。

3.5.3 实验结果量化分析

对于包含 29 个类别的 PCB 电子元件的检测，在表 3-7 中用每个类别元件检测到的 AP(Average Precision)来表征四种算法的性能。

表 3-7 四种算法中每类电子元器件的平均准确度统计表

类别	算法的平均准确度(AP)			
	YOLOv3＋COCO dataset 9 anchors	YOLOv3＋PCB dataset 9 anchors	YOLOv3＋PCB dataset 9 anchors＋bbox800	MDH-PCBEC
resistor	0.41	0.41	0.38	**0.48**
capacitor	0.58	0.58	0.56	**0.72**
test	0.82	0.81	0.81	**0.96**
unknown	0.74	0.74	0.72	**0.87**
emi	0.91	0.93	0.94	**0.99**
ferrite	0.78	0.75	0.75	**0.88**
pads	0.55	0.53	0.55	**0.74**
led	0.88	0.89	0.87	**0.94**
zener	1.00	1.00	0.80	**1.00**
component	0.49	0.50	0.52	**0.56**
transistor	0.88	0.92	0.85	**0.99**
diode	0.80	0.83	0.82	**0.94**
jumper	0.71	0.77	0.75	**1.00**
inductor	0.74	0.75	0.62	**0.96**

表 3-7(续)

类别	算法的平均准确度(AP)			
	YOLOv3+COCO dataset 9 anchors	YOLOv3+PCB dataset 9 anchors	YOLOv3+PCB dataset 9 anchors+bbox800	MDH-PCBEC
fuse	0.59	0.51	0.44	**1.00**
electrolytic	0.67	0.65	0.53	**0.99**
transformer	1.00	1.00	1.00	**1.00**
potentiometer	0.71	0.54	0.61	**1.00**
pins	0.91	0.93	0.93	**0.98**
clock	0.60	0.61	0.55	**1.00**
battery	0.12	1.00	0.75	**1.00**
button	0.98	0.99	0.99	**1.00**
ic	0.74	0.77	0.75	**0.98**
switch	0.78	0.78	0.76	**1.00**
connector	0.94	0.96	0.95	**1.00**
connector port	1.00	1.00	1.00	**1.00**
buzzer	1.00	1.00	1.00	**1.00**
heatsink	1.00	1.00	1.00	**1.00**
display	1.00	1.00	1.00	**1.00**

注:粗体表示该算法的结果优于或等于其他算法。

从表 3-7 中可以观察到,MDH-PCBEC 在所有类别的目标检测中都提高了检测准确度。

3.5.4　实验过程分析

为了综合对比分析本章提出方法的优缺点,图 3-18 中绘制了四条实验过程曲线进行对比分析。

四条曲线中,用黄色代表 YOLOv3+COCO dataset 9 anchors 算法、绿色代表 YOLOv3+PCB dataset 9 anchors 算法、红色代表 YOLOv3+PCB dataset 9 anchors+bbox800 算法、蓝色代表 MDH-PCBEC 算法。

以精确率为 y 轴、召回率为 x 轴,可以得到精确召回(P-R)曲线。P-R 曲线

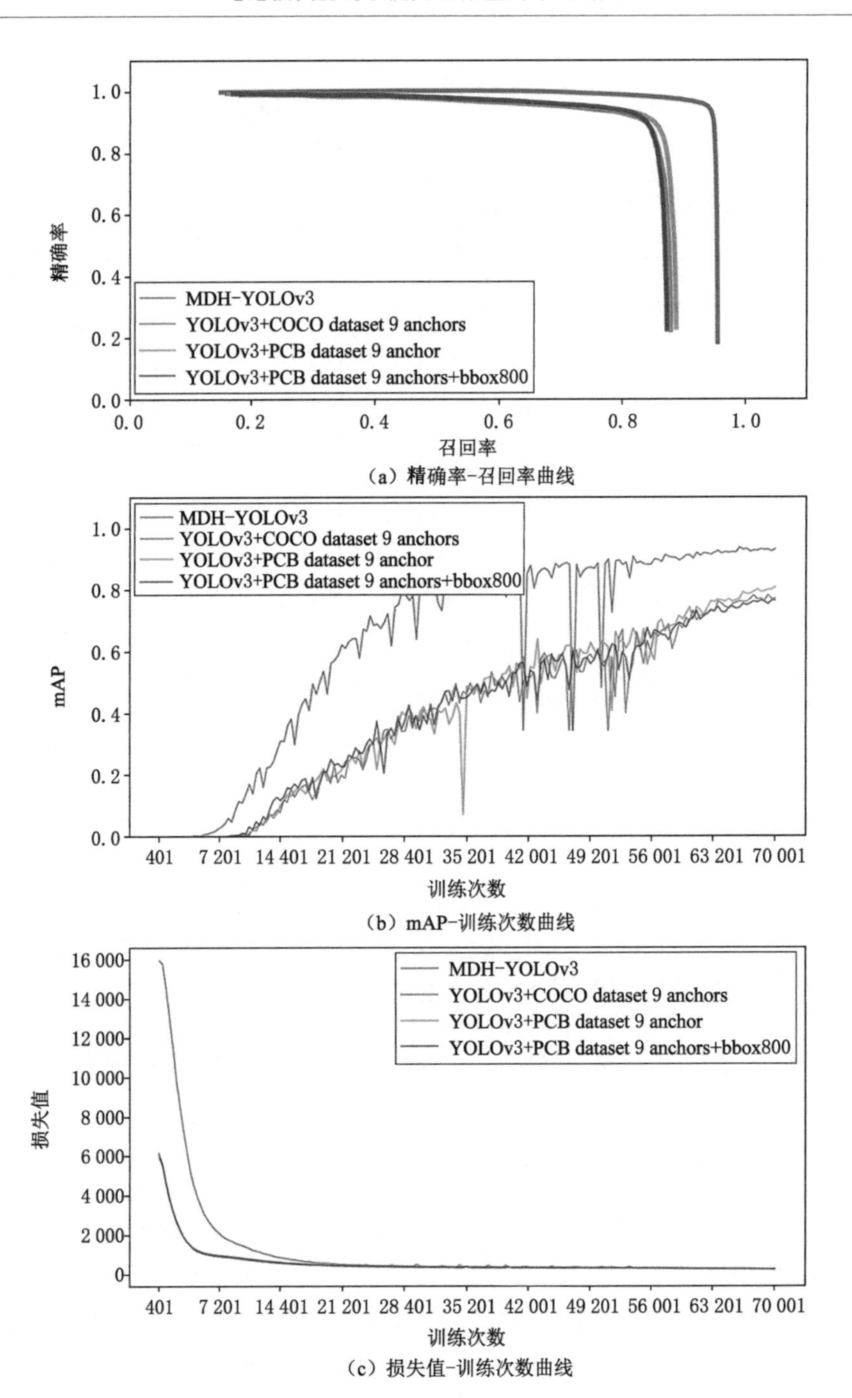

（a）精确率-召回率曲线

（b）mAP-训练次数曲线

（c）损失值-训练次数曲线

图 3-18　四种算法的评估曲线

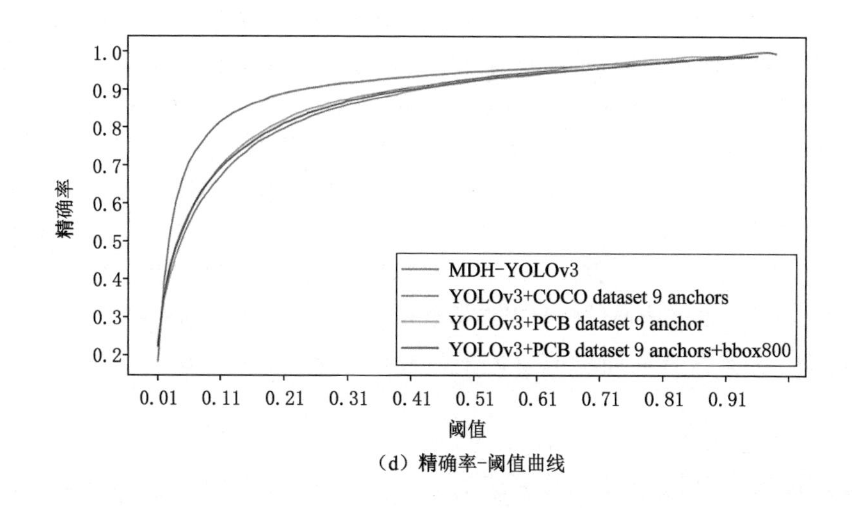

（d）精确率-阈值曲线

图 3-18　（续）

显示了不同阈值下精确率和召回率之间的权衡关系。精确率越高，召回率越高，即绘制的 P-R 曲线越靠近右上角，算法也就越有效。如图 3-18(a)所示，蓝线最靠近右上角，并包围了其他三个算法曲线，说明本章所提出的方法在召回率提升的同时，在精确率也逐步保持提升方面表现最佳。

在本章实验中，算法模型训练共迭代了 70 000 次。这里以 mAP 值为 y 轴，范围从 0 到 100%；迭代次数为 x 轴，范围从 0 到 70 000。从图 3-18(b)中可以看出，当训练步数达到 50 000 时，本章所提方法 mAP 曲线已达到稳定值，且最大值为 93.07%。

图 3-18(c)显示了算法损失函数值随着四种算法的训练迭代而变化的曲线。可以看出，黄色、红色和绿色曲线对应的算法在前 7 000 次迭代中快速拟合，然后损失迅速变小，然后在 20 000 次迭代后逐渐稳定。蓝色曲线的损失值在起点较高，但在 21 200 次迭代后也能达到与其他三条曲线相同的稳定值。

图 3-18(d)显示了目标检测的精确率和阈值之间的关系。由图 3-18(d)可知，随着阈值的提高，目标检测的精确率也会提高。同时，在不同的阈值下，蓝线算法的精确率明显高于或等于其他三种算法，体现了 MDH-PCBEC 算法的优越性。

3.5.5　与其他先进方法的检测性能对比

将上述四种算法与 Faster R-CNN 和 SSD 及其他基于锚的先进目标检测方

法进行性能比较分析。其中，YOLOv3＋mosaic 数据增强算法是将 OPCBA-29 进行马赛克图像数据增强后形成的方法。马赛克图像数据增强是 Bochkovskiy 等[131]在 2020 年提出的一种高效的数据增强方式。简单来说，就是随机抽取训练数据集中四张样本图像，然后对这四张样本图像进行随机翻转、平移、缩放等操作后裁剪并拼接成一张图片，裁剪位置、长宽比例缩放大小随机变化。马赛克图像数据增强丰富了检测物体的背景，增加了小尺寸目标的样本个数。SPN-T-W-GN-GF 方法是 Kuo 等[15]提出的一种先进的基于图网络的三阶段电子元器件目标检测方法。Tiny-YOLOv4 是 Guo 等[23]提出的一种实时性电子元器件目标检测方法，该方法通过修改损失函数和网络结构，使算法适应电子元器件的检测，尤其在中级特征部分增加了空洞卷积模块，加强了电子元器件的特征提取。

训练和检测在单个 NVIDIA Quadro P5000 显卡上进行评估。这些不同算法的 mAP、模型参数量和检测速度见表 3-8。由表 3-8 可以看出，相较于其他方法，MDH-PCBEC（YOLOv3 ＋ 4 outputs ＋ PCB dataset 12 anchors ＋ bbox800）的检测准确度 mAP 最高，为 93.07％，Faster R-CNN 的检测时间最长，Tiny-YOLOv4、YOLOv4 和 YOLOv5-l 的检测时间较短。MDH-PCBEC 由于增加了适合小目标的检测头、特征融合策略和锚，检测速度并不占完全优势。

表 3-8　PCB 数据集上不同方法的 mAP、参数量和检测速度

方法	mAP/％	参数/M	检测时间/(s/张)
Faster R-CNN	80.25	43.44	0.55
SSD	83.16	28.52	0.32
YOLOv4	38.88	64.09	0.036
YOLOv5-l	54.46	46.26	0.036
YOLOv3＋mosaic 数据增强	50.92	61.63	0.385
SPN-T-W-GN-GF[15]	65.31	107.92	1.13
Tiny-YOLOv4[23]	63.91	8.73	0.031 2
YOLOv3＋COCO dataset 9 anchors	77.14	61.63	0.39
YOLOv3＋PCB dataset 9 anchors	79.88	61.63	0.385
YOLOv3＋PCB dataset 9 anchors＋bbox800	76.43	62.09	0.395
MDH-PCBEC	93.07	63.27	0.41

对于 VOC*，训练集和测试集的不同类别样本个数分布和对目标进行面积归一化后的统计结果如图 3-19、图 3-20 所示。从图 3-19 中可以了解到，VOC* 数据集中类别 person 个数最多，为 26 639 个，类别为 bus 的个数最少，为 980 个。从图 3-20 中可以了解到，每个类别的目标存在大、中、小各种尺度，经统计，面积归一化占比为 10% 以下的目标有 31 123 个，占所有目标个数比例为 50.91%；占比为 10%～20% 的目标个数为 9 279 个，占所有目标个数比例为 15.18%；占比为 10%～20% 的目标个数为 9 279 个，占所有目标个数比例为 15.18%；占比大于 60% 的目标个数为 5 562 个，占所有目标个数比例为9.10%。由以上分析可得到，VOC* 数据集为目标类别不平衡且小尺寸目标占比达到一半的目标检测数据集。

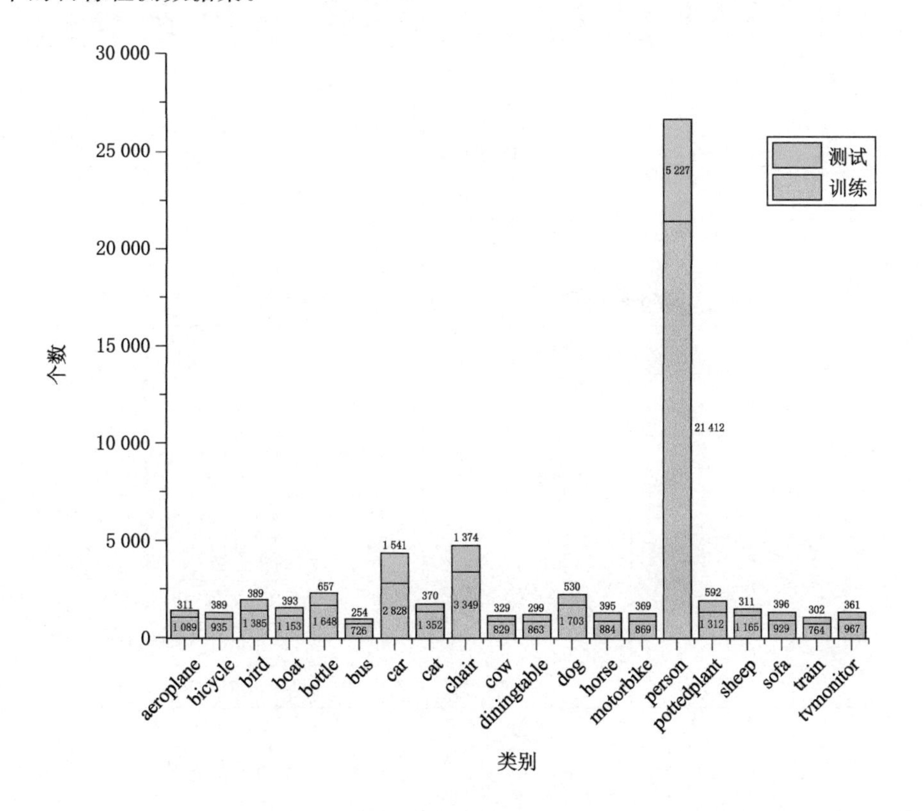

图 3-19 VOC* 数据集的类别-个数统计图

对于公共数据集 VOC*，在进行基于基准模型和多检测头的目标检测方法实验后，实验参数和测试结果见表 3-9。

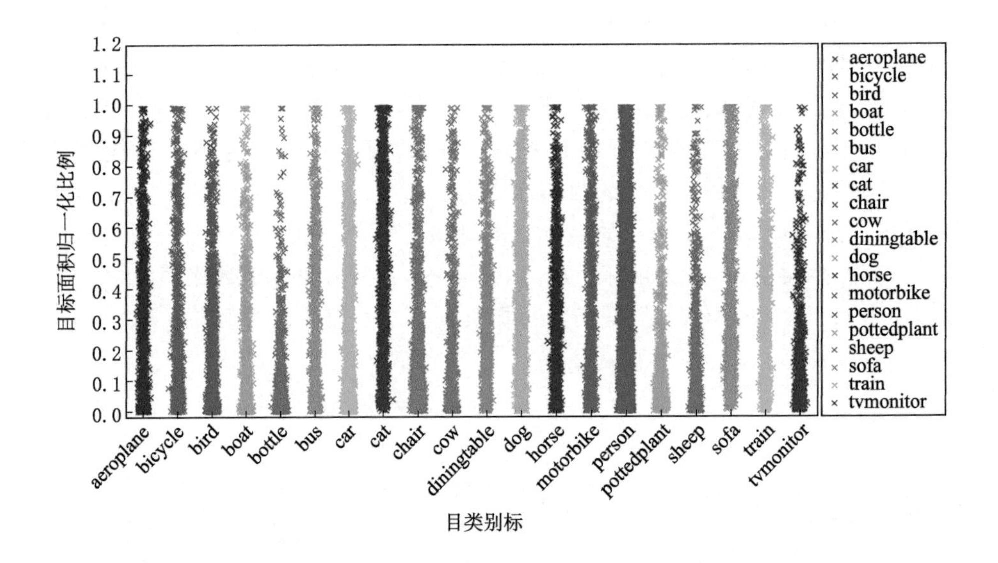

图 3-20　VOC* 数据集目标面积归一化比例图

表 3-9　VOC* 数据集目标检测结果对比表

方法	mAP/%	检测时间/(s/张)	批次	锚
YOLOv3	71.84	0.0247	100	[10,13,16,30,33,23]
				[30,61,62,45,59,119]
				[116,90,156,198,373,326]
MDH-PCBEC	75.09	0.0312	100	[5,7,8,15,16,11]
				[10,13,16,30,33,23]
				[30,61,62,45,59,119]
				[116,90,156,198,373,326]

基于以上 MDH-PCBEC 的 VOC* 数据集目标检测混淆矩阵如图 3-21 所示。

综合以上实验过程、结果分析，与现有算法相比，基于多检测头的 PCB 电子元器件目标检测算法在目标检测精确度方面具备优势，在小目标检测精确度上提高显著。

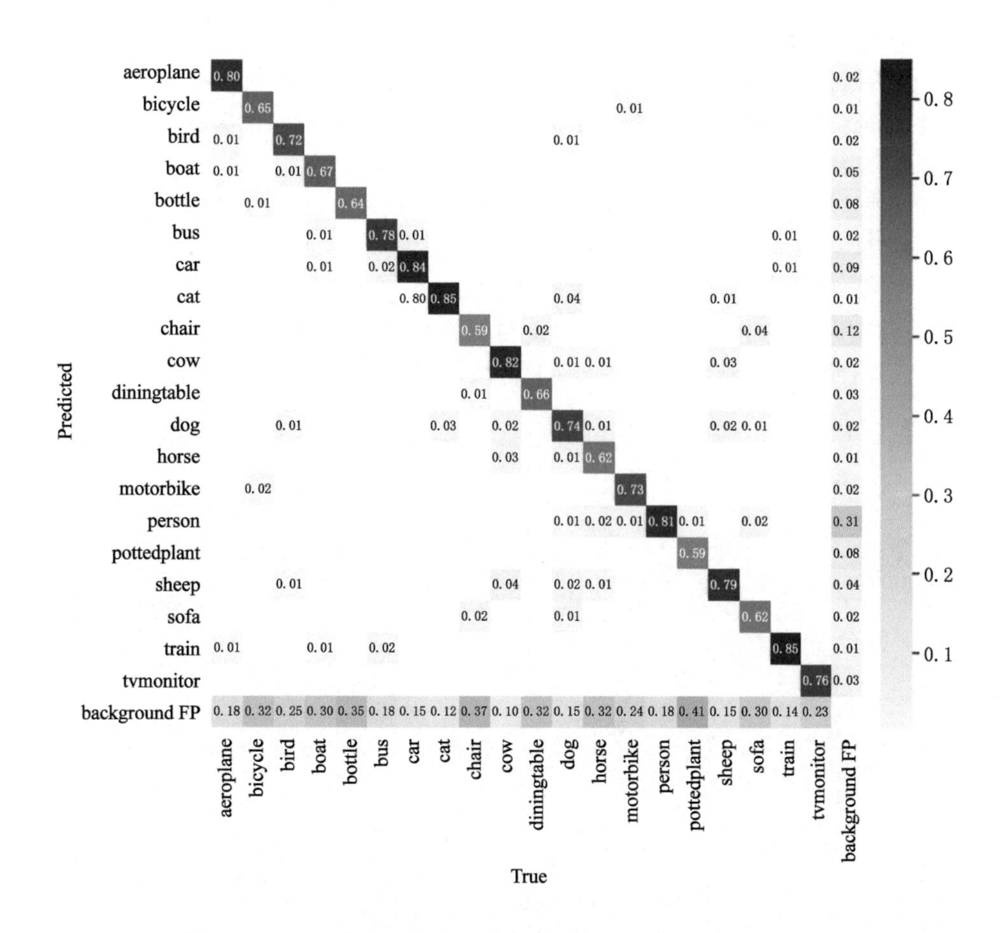

图 3-21　基于 MDH-PCBEC 的 VOC* 数据集目标检测混淆矩阵

3.6　本章小结

本章系统地研究了 OPCBA-29 增强数据集中的目标特征，确定 PCB 电子元器件具有类别多、个数多、空间密集、尺寸分布不均且尺寸小特点，目标面积占所在图像面积比例为 1%及以下的目标占总目标数高达 96.41%，以 YOLOv3 为基准模型，系统地分析了主干网提取的图像特征信息。在实验过程中，综合考虑检测图片上的目标个数，通过设定合适的检测框参数和生成对应多检测头的锚框，最终形成了基于多检测头的 PCB 电子元器件小尺寸目标检测方法。本章方法的主要贡献有以下三点：

① 针对小尺寸目标特征信息易丢失、难检测的问题，创新性地提出了目标尺寸-特征信息量化分析方法，为不同尺寸目标的有效特征融合提供了依据。

② 在算力和检测精确度的权衡下，设计了对小尺寸目标敏感的检测头，同时新增对应检测头的锚和特征融合路径，最终形成适合小尺寸目标检测的多检测头算法。

③ 一系列的实验证明，该方法通过增加对小尺寸目标特征信息敏感的检测头，重构 YOLOv3 特征融合，基于多检测头的 PCB 小尺寸目标检测方法在检测电子元器件时，与基准模型相比，mAP 值从 77.08%提升到了 93.07%。

第 4 章　基于有效感受野-锚匹配的轻量化 PCB 电子元器件目标检测方法

4.1　引言

在第 3 章研究 PCB 电子元器件小目标检测方法中，主要提出了目标尺寸-特征信息量化分析方法，根据不同尺寸目标在不同深度主干网中保留的特征信息不同，对主干网小目标的弱特征进行了有效挖掘，通过增加对小目标敏感的检测头实现了 PCB 电子元器件尤其是小尺寸目标检测准确度的提升。然而，作为产品生命周期短、更新换代快的电子产品制造行业，随着产品的不断更新换代和精密化，在对准确度要求逐步提高的同时，还需要模型参数少、计算复杂度低和场景适应度高的智能视觉目标检测算法。这也就给算法模型轻量化提出了要求。

YOLOv3 模型为各种目标检测任务提供了一个开放的结构，研究者可以在 YOLOv3 的基础上，通过裁剪、加深、变宽、组合等方式，对自主提取的目标特征进行融合，这为各种轻量化、实时检测目标提供了很大的应用空间。但是，大多数卷积神经网络模型是由数据驱动的黑盒模型，研究其“内部可解释性机理”旨在通过一种人类能够理解的方式描述其内部推理决策过程，对于目标检测模型轻量化而言，如果从有效视觉感知范围角度深入研究 YOLOv3 检测头的识别定位可解释性机理，将带来高可靠性的目标类别位置决策，在保证检测准确度的同时，寻找模型轻量化的方法。本章以 YOLOv3 作为基准模型，以 PCB 上的电子元器件为检测目标，以检测头有效感受野（Effective Receptive Field，ERF）的计算与可视化为切入点，以主干网的模块化解构重组为实现模型轻量化的核心路线，以锚与其所在检测头的有效感受野匹配为约束条件，最终实现轻量化的 PCB 电子元器件目标检测方法。

4.2 方法整体设计

本章提出方法的目的是解决基于 CNN 的目标检测算法在追求高精确率时带来的网络参数量过多、模型庞大的问题，对于 PCB 电子元器件目标检测任务，在保持尽可能高精确率的同时，实现算法轻量化。整个方法的设计流程如图 4-1 所示。首先，对数据集进行图片尺寸调整，基于尺寸调整后的样本标签聚类生成 9 个锚；其次，设计 CNN 不同深度特征图像素点对应有效感受野大小计算与可视化方法，并量化三个检测头对应锚分配层的有效感受野尺寸；再次，设计主干网模块化解构与组合方法，提出有效感受野-锚匹配策略，利用锚尺寸和匹配策略对主干网模块进行保留、删减组合；最后，集成主干网、特征融合和检测头，形成基于有效感受野-锚匹配的 PCB 电子元器件轻量化目标检测方法。

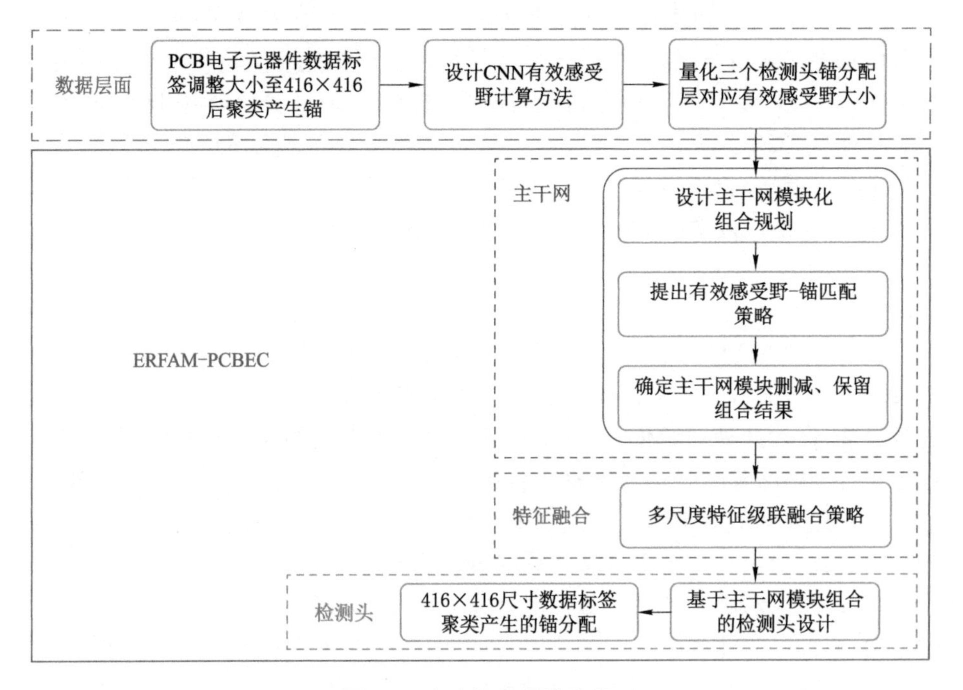

图 4-1　方法整体设计流程

本章方法关键在于提出有效感受野-锚匹配策略，对模型主干网进行删减压缩，解决模型参数量过大的问题，为了下面描述的方便，基于有效感受野-锚匹配的轻量化 PCB 电子元器件目标检测方法称为 ERFAM-PCBEC。

4.3　卷积神经网络中的感受野理论

感受野是当感受器官受刺激兴奋时，通过感受器官中的向心神经元将神经冲动(各种感觉信息)传到上位中枢，一个神经元所反映(支配)的刺激区域就叫作神经元的感受野(Receptive Field,RF)[142]。视觉感受野是指视觉神经元受到刺激时，它能激活的视网膜上一定区域或范围[143]。卷积神经网络中的感受野指输入图像到 CNN 中，特定特征图某像素正在查看(即受其影响)的区域。

感受野作为卷积神经网络中的基本概念之一，特征输出受感受野区域中的像素影响[144]。CNN 之所以可以完成计算机视觉的各种任务，正是利用了局部特征的空间连接可表达图像。像人类通过局部感受野看到目标图像一样，每个神经元不需要感受全局图像，只需感受局部图像区域，然后在更高的视觉神经层次上，可以合成不同位置神经元的感知以获得全局信息[145]。随着对感受野研究的深入，多伦多大学的 Luo 等[146]发现并非感受野中的所有像素对输出特征的贡献都相同，位于感受野中心的像素对输出特征的贡献最大。相比之下，位于感受野周围边缘的像素对输出特征的贡献较小，因此感受野的概念被细化为理论感受野和有效感受野。接下来讨论涉及卷积神经网络内部可解释性机理的理论感受野和有效感受野，以进一步分析神经网络架构的内部运作，设计适合 PCB 电子元器件目标检测高准确度、轻量化任务的新模型。

4.3.1　理论感受野

理论感受野是指卷积神经网络某一层特征图中的某一个位置，在输入图片上映射的区域大小。在 CNN 中，每个卷积核相当于一个滤波器，多个卷积核叠加就是卷积层，多个卷积核利用权值共享“扫视”输入图像的每一个像素点，可以得到一组特征图。随着网络的加深，获取特征图的尺寸越来越小，每个特征图上像素对应的理论感受野也越来越大，因此，理论感受野的分析和计算对于理解 CNN 的内部机制十分重要。理论感受野的分析和计算如图 4-2 所示。

假设输入卷积神经网络的图像为 P_{in}，P_k 是第 k 层特征图上的一个像素点，它映射到第 $l(l<k)$ 层特征图的区域表示为 R_{kl}(R_{kl} 内有 l 个像素点)，它映射回输入图像上的理论感受野为 R_k。因为 R_k 的感受野满足逐层递推的关系，取决于 P_k 映射回第 l 层感受野内所有像素点对应感受野的并集。因此，R_k 的计算公式为：

$$R_k = \bigcup_l R_{kl} \tag{4-1}$$

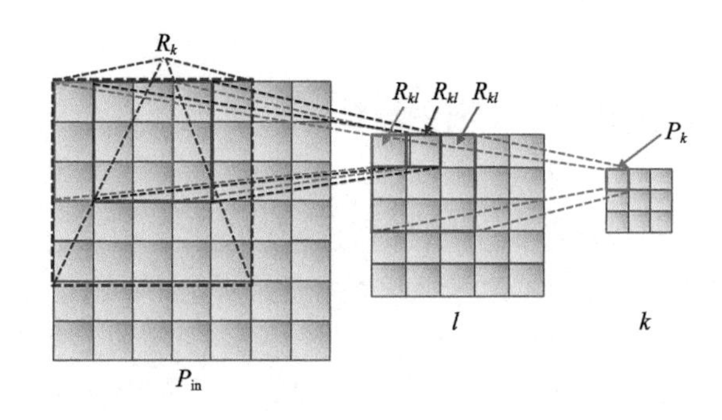

图 4-2 理论感受野分析示意图

理论感受野的值可以用来粗略判断卷积神经网络中每一层对于特征信息的抽象程度：感受野越大表示其能感知到的原始图像范围就越大，也意味着可能蕴含更全局、语义层次更高的特征，感受野越小则表示其所包含的特征越趋向于局部和细节。一般来说，在基于卷积神经网络的视觉任务中，要求感受野越大越好。

4.3.2 有效感受野

有研究表明，可以使用不同的方法来增加 CNN 特征图上的感受野，如堆叠更多层（深度）、子采样（池化、跨步）、过滤扩张（扩张卷积）等。理论上，当堆叠更多层可以线性增加感受野，但是在实践中，正如 Luo 等[146]提出的并非感受野中的所有像素都对输出单元的响应做出同等贡献，在进行前向传递时，感受野中央像素可以使用多条不同的路径将其信息传播到输出层，这也就导致感受野不同位置的像素贡献不同。

有效感受野概念的提出与人眼的中央凹视力特性类似，人类视网膜眼底具有高密度的视锥细胞，人类视觉中心感应强烈，周边视觉感应迅速衰减。图 4-3 直观地展示了感受野范围内的像素对输出有着不同影响。

对于输入卷积神经网络的图像 P_{in} 来讲，($x_{11} \sim x_{55}$)区域经过 3×3 的卷积运算后，得到第一层特征图里($x'_{11} \sim x'_{33}$)的区域，同理，再次经过 3×3 的卷积运算后，得到第二层特征图里 x''_{11}。也就是第一层特征图里每个像素点的理论感受野是 3×3，第二层特征图里每个像素点的理论感受野是 5×5。从图 4-3(a)中可以看出，x_{11} 只能通过($x_{11} \sim x_{33}$)一条路径影响 x''_{11}，x_{12} 可以通过($x_{11} \sim x_{33}$)和($x_{12} \sim x_{34}$)两条路径影响 x''_{11}，x_{13} 可以通过($x_{11} \sim x_{33}$)、($x_{12} \sim x_{34}$)和($x_{13} \sim x_{35}$)三条路径影响 x''_{11}，甚至 x_{33} 可以通过 9 条路径影响 x''_{11}。显然，x_{11} 与 x_{33} 对 x''_{11} 的影响相差很大，并且越靠近中间的像素对输出特征图影响越大。

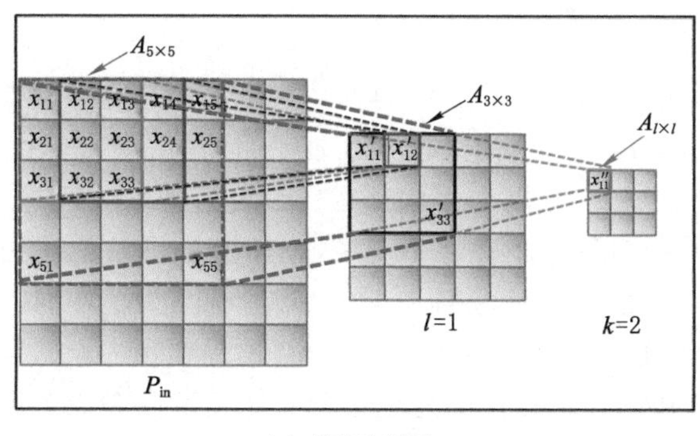

(a) 推理分析图

(b) 高斯分布示意图

图 4-3　有效感受野分析示意图

有效的感受区域被定义为有效感受野。因为越靠近感受野中心的像素值被使用次数越多，越靠近边缘的像素值使用次数越少，因此，实际有效感受野与理论感受野差距较大，有效感受野呈高斯分布，如图 4-3(b)所示。

在设计执行目标检测任务的 CNN 时，既需要考虑网络每一层的学习能力，即特征提取层学习目标复杂特征的能力，还需要考虑网络层数过深，最底层网络对应的感受野要大于目标尺寸且不能相差太大的问题。以往的 CNN 设计只考虑了理论感受野，认为网络深度越深，检测头的感受野越大，提取到的目标语义信息就越精准，而忽略了有效感受野可能会远小于图像大小，会因为有效感受野太小导致网络学习能力不高。下面以有效感受野为网络轻量化设计动力，结合锚的功能，以有效感受野和锚尺寸匹配为准则，提出了基于有效感受野-锚匹配的 PCB 电子元器件轻量化目标检测方法。

4.4　有效感受野-锚匹配轻量化目标检测模型设计方法

本方法主要通过减少和删除主干网模块，提出了一种适用于 PCB 电子元器件小尺寸目标检测的轻量化高精准度模型设计方法。提出的 ERFAM-PCBEC 主要包括四个部分，即图像调整尺寸后聚类锚的生成、设计有效感受野计算方法、提出主干网模块化解构重组策略和有效感受野-锚匹配算法。

4.4.1 数据集调整大小后聚类生成锚

YOLOv3 在做边界框预测时需要使用锚，锚的意义在于它预先定义了待检测目标的高度和宽度大小。在 YOLOv3 的数据预处理中，使用 K-means 对训练集中的目标大小进行聚类，生成 9 个锚，每个锚都有自己的宽度和高度。

需要注意的是，数据集中的图片大小往往不统一，但所有的图片无论是在 YOLOv3 中训练还是测试，都需要调整尺寸到 416×416。因此，为了在同一尺度下进行有效感受野和锚的匹配，在 ERFAM-PCBEC 中，锚是在预先调整训练集图像大小为 416×416 后生成的。这样做的好处是预先调整所有输入图像尺寸以满足网络规定输入大小的要求，并且可以直接将锚的宽度或高度作为三个锚分配层中有效感受野调整大小的阈值。对于 OPCBA-29* 训练数据集，直接利用 K-means 聚类生成 9 个锚的尺寸为(24×14)、(16×32)、(37×21)、(55×29)、(28×57)、(72×46)、(48×106)、(136×60)和(212×211)。将图片调整大小为 416×416 后生成的锚尺寸为(1×3)、(3×1)、(2×5)、(5×2)、(5×5)、(4×9)、(10×4)、(14×12)和(31×31)。图 4-4 中分别展示了两种锚。

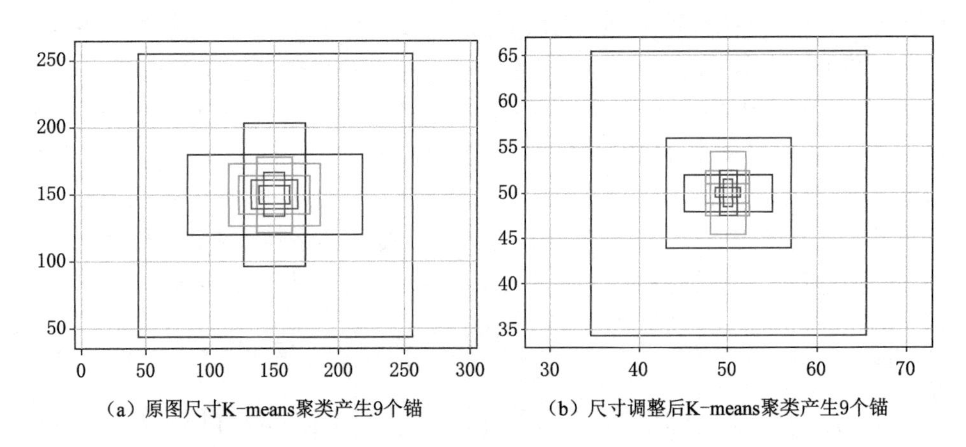

图 4-4 K-means 聚类产生锚示意图

本章基于有效感受野-锚匹配中的锚，采用图 4-4(b)中的锚作为目标识别和定位的先验框。图中蓝色、绿色和红色锚是平均分配给小、中和大检测头进行训练和验证的。

4.4.2 有效感受野分析计算方法

在 ERF 中，尽管感受野中的所有像素都会影响最终结果，但它们的权重是不同的，中心像素的权重最大，边缘像素的权重最小。这里需要将ERF大小量化为特定值，这个特定值就是CNN特征层中单个像素可以看到的原始图像有效区域的大小。本章设计了使用梯度反向传播作为ERF大小的求解方法。完整的分析和求解过程分为五个步骤：

① 加载模型。对于想要分析ERF的任何算法模型，必须首先加载它，并将其置于训练模式。这样做是为了保证后期能够顺利地将梯度传播回原图。

② 随机设置权重。CNN之所以可以完成视觉任务，是因为神经网络在学习过程中不断调整前向和反向传播中的权重，使损失函数不断下降，达到训练效果。ERF关心的是当CNN特征层中的像素值发生变化时，在输入图片中可以看到哪些活动区域，因此，将权重设置为随机值。为了避免计算的ERF大小的随机性，本章最终取20次随机参数分配后的ERF的平均值。

③ 输入和输出。ERF的求解过程就是将特定特征层上的单个像素作为输入，利用梯度反向传播推断在原始模型输入图像尺寸下对应的激活像素区域作为输出。因此，若解决某一层的ERF大小，需将这一层的通道数作为输入图片的数量，这层图片的宽度和高度由模型由前到后的算法顺序决定，输出是加载原始图像三个通道的图像尺寸。

④ 梯度反向传播。针对某个像素的ERF，将输入对应像素梯度值设置为1，其他区域像素都设置为0。当采用梯度反向传播到输出层时，能够产生这个梯度值的像素会被激活，不能产生该梯度值的其他像素不被激活。

⑤ 可视化ERF并计算ERF大小。ERF满足高斯分布，假设μ为均值，σ为标准差，利用2σ原则，数值分布在$(\mu-2\sigma,\mu+2\sigma)$中的概率为0.954 5，本章设定任何值大于原图激活区域最大值(1－95.45%)的像素都被认为是ERF区域。ERF的大小由ERF内像素数的平方根表示。

在图4-5中，以分析YOLOv3中主干网Darknet-53最后一层$13\times13\times1\,024$的ERF为例，示意ERF大小的求解过程。任何特征层ERF大小的计算方法类似。

需要注意的是，因为YOLOv3内部包括卷积积分、Batch Normalization、Leaky ReLU和多通道处理，以上操作的数学表达形式和梯度反向传播公式如下所示。

作为激活函数，Leaky ReLU可表示为：

$$\text{Leaky ReLU}(x)=\begin{cases}x, & x>0\\ \alpha x, & x\leqslant 0,\alpha=0.1\end{cases}\tag{4-2}$$

Leaky ReLU对应第l层的梯度反向传播公式为：

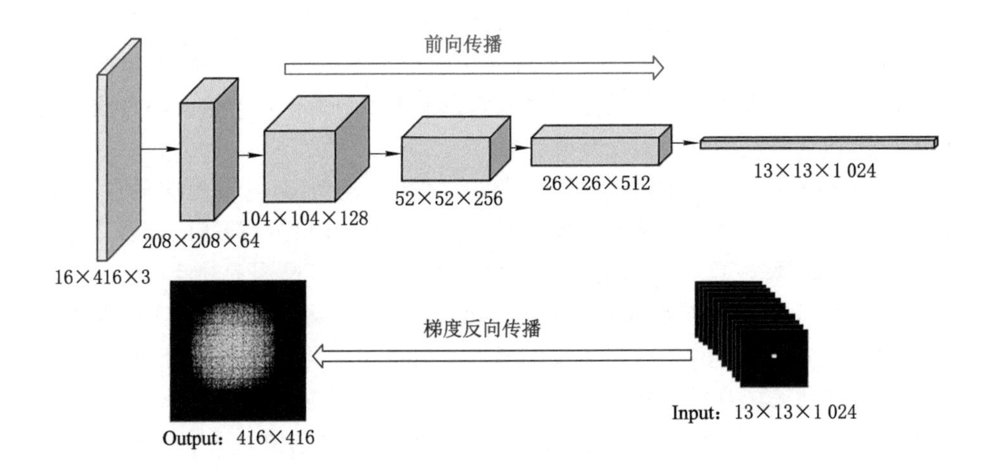

以 Darknet-53 的最后一个特征层作为输入，给整个网络随机权重，
并使用梯度反向传播来解决 ERF 求解问题。

图 4-5　ERF 分析计算示例图

$$\frac{\partial L}{\partial x^l}=\delta^l=\begin{cases}\delta^{l+1}, & x^l>0\\ \alpha\delta^{l+1}, & x^l\leqslant 0,\alpha=0.1\end{cases} \tag{4-3}$$

Batch Normalization 是将一层的每个节点的 m 个输出归一化，然后输出。将输入为 x 的一个批次定义为 $B=\{x_1,x_2,\cdots,x_m\}$，该批次的均值为 $\mu_B=\frac{1}{m}\sum_{i=1}^{m}x_i$，方差为 $\sigma_B^2=\frac{1}{m}\sum_{i=1}^{m}(x_i-\mu_B)^2$，$\hat{x}_i=\frac{x_i-\mu_B}{\sqrt{\sigma_B^2+\varepsilon}}$，归一化后的输出为 $y_i=BN_{\gamma,\beta}(x_i)=\gamma\hat{x}_i+\beta$，其中 γ 和 β 是网络要学习的参数。

Batch Normalization 的梯度反向传播公式为：

$$\frac{\partial L}{\partial x_i}=\frac{\partial L}{\partial\hat{x}_i}\cdot\frac{1}{\sqrt{\sigma_B^2+\varepsilon}}+\frac{\partial L}{\partial\sigma_B^2}\cdot\frac{2(x_i-\mu_B)}{m}+\frac{\partial L}{\partial\mu_B}\cdot\frac{1}{m} \tag{4-4}$$

对于多通道梯度反向传播问题，假设损失函数 L 是 m 个输入通道的信息，表示为 $L=g(y_1,y_2,\cdots,y_m)$，n 个通道的输出为 $y_i=f_i(x_1,x_2,\cdots,x_n)$。多通道处理的梯度反向传播公式为：

$$\frac{\partial L}{\partial x_i}=\sum_{j=1}^{m}\frac{\partial L}{\partial y_j}\cdot\frac{\partial y_j}{\partial x_i} \tag{4-5}$$

虽然 YOLOv3 包含了大量的卷积积分、BN、Leaky ReLU 和多通道处理，但利用 CNN 梯度反向传播中的链式法则和上述 ERF 分析计算方法，可以实现 YOLOv3 任意特征层的 ERF 可视化和 ERF 大小结果计算，这是从有效视觉感知范围角度对卷积神经网络的一种可解释性分析方法。

4.4.3　模块化解构组合设计方法

ERFAM-PCBEC 的模块化解构组合设计方法是对整个 YOLOv3 目标检测框架进行拆解。整个方法的核心思想是：不同的算法模块，在组合过程中，针对不同大小的目标，在保留原有核心模块的基础上，通过删除或添加一些下采样模块，减少或增加可重复模块的数量，实现调节 ERF 大小，使最终的检测头在实现目标分类和定位时，既可以准确地适应目标尺寸，又可以减少参数量，实现模型轻量化。

根据执行顺序，定义了 5 个模块实现对 YOLOv3 的解构，它们分别是 DBL1、DBL2、Res-*n*、DBL SET、Route，图 4-6 显示了 5 个模块的组成。DBL1 是一个普通的卷积模块，卷积步长 stride=1。DBL2 是一个下采样模块，stride=2，当输入图像通过 DBL2 时，输出图像的大小会减少到输入的一半，通道数会增加一倍。Res-*n* 模块是一个可以重复 *n* 次的残差网络。DBL SET 模块通过一系列 3×3 和 1×1 卷积为特征融合做准备。Route 模块实现了不同尺度特征的融合，形成了三个不同尺度的检测头。三个检测头通过执行锚分配、目标分类和位置回归，最后实现目标检测。ERFAM-PCBEC 的模块化设计方法包括三点规则：首先，需要保留作为核心模块的特征融合和三个检测头模块；其次，在主干网 Darknet-53 中，可以去除或保留最左边的 DBL1 和最右边的两个下采样模块组 DBL2 和 Res-*n*；最后，Res-*n* 每次出现可以重复 *n* 次，*n* 为大于 0 的整数。

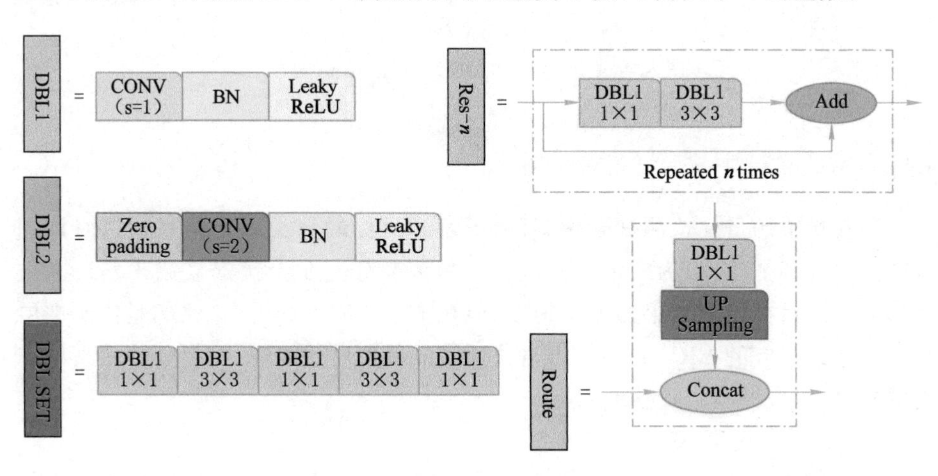

图 4-6　YOLOv3 结构中的模块组成

根据模块化解构组合设计方法，可以对 YOLOv3 进行模块化解构分析。ERFAM-PCBEC 的难点在保留核心模块的基础上，确定需要移除哪些模块，并统计可重复模块的数量，通过将三个检测头上分配的锚大小与对应 ERF 大小匹配，达到高精确度和轻量化目标检测的目的。这样，ERFAM-PCBEC 的设计问题就转化为如何得到 Darknet-X，代替原来的 Darknet-53 的问题。即是否需要去掉部分模块，得到 X1、X2、X3、X4、X5 数值的问题。ERFAM-PCBEC 结构如图 4-7 所示。

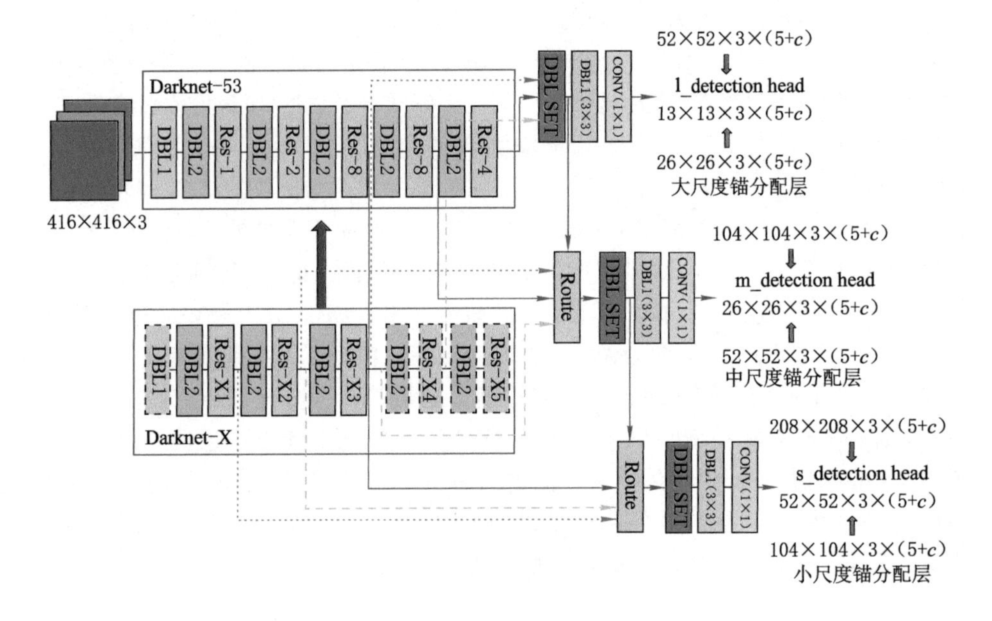

图 4-7　ERFAM-PCBEC 模块化解构组合

4.4.4　有效感受野-锚尺寸匹配策略

在基于锚的目标检测框架中，可以了解到目标的分类和定位是通过对训练数据的连续特征学习，为三个不同尺度的检测头分配 9 个预定义锚来实现。虽然影响最终目标检测效果的因素很多，但在本章研究方法中，关注的是锚所在层特征图像素对应的 ERF 大小是否与分配锚的最大尺寸匹配，在保证检测高精准度的同时，实现模型轻量化的目标。

（1）有效感受野-锚匹配的概念

将 YOLOv3 三个尺度检测头每个网格映射回原图的尺寸，按照从大到小的顺序排列，分别定义为大尺度检测头、中尺度检测头和小尺度检测头，对应三个检测头的有效感受野尺寸分别用 ERF_l、ERF_m 和 ERF_s 表示。假设预定义的锚宽用 W_{anchor} 表示，高用 H_{anchor} 表示，9 个锚要按照从大到小的顺序依次平均分配到大尺度、中尺度和小尺度检测头，三个检测头进行匹配的锚阈值分别为 a_{maxl}、

a_{maxm}和a_{maxs}。则：

$$a_{maxl}=\max_{n=1}^{3}(W_{anchor\_n},H_{anchor\_n}) \tag{4-6}$$

$$a_{maxm}=\max_{n=4}^{6}(W_{anchor\_n},H_{anchor\_n}) \tag{4-7}$$

$$a_{maxs}=\max_{n=7}^{9}(W_{anchor\_n},H_{anchor\_n}) \tag{4-8}$$

定义有效感受野-锚匹配值为d，$d=ERF-a_{max}(d\geqslant 0)$，匹配值越小，匹配程度越高。所谓有效感受野-锚匹配，就是通过增加或减少可重复性模块，去掉一些下采样模块来最小化匹配值。对于三个检测头来讲，最理想状态是三个锚分布层的ERF大小，分别等于每层分配三组锚宽度及高度的最大值。有效感受野-锚匹配方法提出的本质是：有效的感受野尺寸和对应分配锚尺寸越匹配，越可以提高检测能力。如果对应特征层的ERF尺寸远大于分配锚最大尺寸，那么就如同大海捞针，训练和检测容易被过多的上下文干扰；如果ERF尺寸远小于分配锚最小尺寸，那么训练和检测就像盲人摸象，只识别局部特征，不能准确检测到整个目标。

(2) 有效感受野-锚匹配流程

对于CNN模型，模块越多，网络越深，检测头对应的ERF尺寸就越大。因此，在X1＝X2＝X3＝X4＝X5＝1的前提下，以a_{maxs}、a_{maxm}和a_{maxl}为阈值，通过移除一些模块或增加可重复的Res-n的数量来最小化三个检测头有效感受野-锚匹配值。有效感受野-锚匹配算法的流程图如图4-8所示。

(3) 有效感受野-锚匹配策略

在有效感受野-锚匹配策略中，会出现以下两种情况。

情况一：在计算d_l、d_m和d_s三个数值时，只要出现1个或多个数值小于0，也就是三个检测头中至少有一个有效感受野小于对应分配锚最大尺寸，那就说明主干网的深度不够，也就不需要移除任何模块，只需要根据流程图中增加或者保留可重复模块的个数，找到X1到X5的值。

情况二：d_l、d_m和d_s三个数值同时大于或等于0，也就是三个检测头中三个有效感受野均大于对应分配锚最大尺寸。此时，为了尽可能地缩小d的数值，需要通过移除最右侧的DBL2、RES-X5和RES-X4来缩短主干网深度，同时检测头上移，减小有效感受野和锚的差距，保证锚在有效范围内预测的同时减少无效网络模块，实现模型算法轻量化。在具体操作过程中，会出现两个分支：① 移除最右侧的DBL2和RES-X5后，即出现d_l、d_m和d_s三个数值中至少有1个小于0，三个检测头即由(13×13)、(26×26)和(52×52)变为(26×26)、(52×52)和(104×104)，此时，只需要通过增加可重复RES-n模块的个数，调整

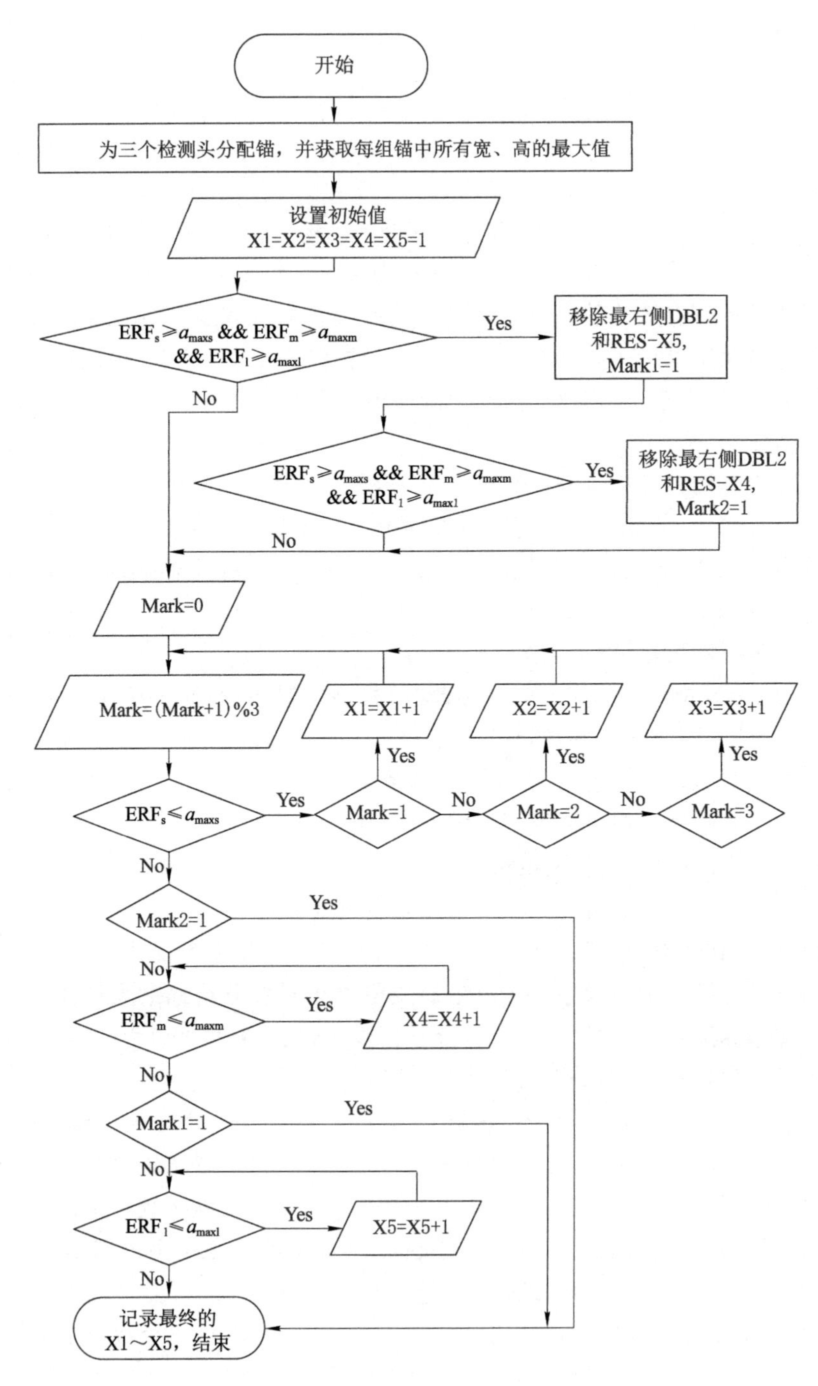

图 4-8　有效感受野-锚匹配流程图

X1～X4 的数值，即可实现有效感受野-锚匹配。② 移除最右侧的 DBL2 和 RES-X5 后，仍然出现 d_l、d_m 和 d_s 三个数值全部大于或等于 0，此时，需要继续移除最右侧的 DBL2 和 RES-X4，三个检测头即由(26×26)、(52×52)和(104×104)变为(52×52)、(104×104)和(208×208)，需要计算 X1～X3 的值就可以完成有效感受野-锚匹配。

有效感受野-锚匹配策略是通过在主干网中增加、减少、移除模块，最小化锚分配层有效感受野大小与对应组锚宽、高最大值的差异，达到目标检测时预测框与实际目标的最佳匹配，在保证目标检测准确度的同时降低模型参数量。

4.4.5　从 YOLOv3 到 ERFAM-PCBEC 有效感受野的分析

(1) YOLOv3 有效感受野的计算与可视化

要得到 YOLOv3 的每个特征层的 ERF 尺寸，首先要加载 YOLOv3 模型，每个卷积操作都有权重和偏差两个参数，设置每一层的权重为随机值，偏差为 0。每个 BN 操作有权重、偏差、running_mean 和 running_var 四个参数，这里将权重设置为随机值，偏差为 0，running_mean 为 0，running_var 为 1。

有效感受野-锚匹配关心的是检测头锚分配层特征图的有效感受野尺寸是否与锚尺寸匹配的问题。图 4-9 显示了 YOLOv3 三个检测头锚分配层单个像素激发图像参与的区域，即从输入特征层的一个像素点反馈回原图，找到激活度最强的点，求激活度在最强点值 95.45%以内所有像素点个数的平方根，得到该层的有效感受野大小。

(2) 基于 PCB 电子元器件数据集的有效感受野-锚匹配

通过第 3 章对 PCB 电子元器件数据集进行特征分析发现，存在大量小尺寸目标，因此，对所有图片经过尺寸调整成 416×416 后，经过 K-means 聚类生成的锚普遍尺寸小。表 4-1 显示了三组锚在 YOLOv3 三个检测头中的分布情况以及每组锚宽度和高度的最大值。通过对比相应输出层的 ERF 大小，发现每个检测头的锚尺寸要小很多。由于检测头网格对应原图的感知范围过大，在目标检测时容易忽略目标而出现遗漏目标的问题。

根据有效感受野-锚匹配策略，首先，需要去掉主干网 Darknet-53 中的第 5 个下采样模块 DBL2 和 RES-X5；其次，去掉第 4 个下采样模块 DBL2 和 Res-X4；再次，经过分析计算，发现只有当 X1＝X2＝X3＝1 时，三个检测头的有效感受野尺寸和对应分配锚组的匹配值最低，匹配程度最高。原主干网 Darknet-53 中的 53 是指主干网共由 53(2＋1 * 2＋1＋2 * 2＋1＋8 * 2＋1＋8 * 2＋1＋4 * 2＋1＝53)个卷积层构成，移除原主干网最深的两个下采样模块且 X1＝X2＝X3＝1 后，卷积层个数为 11(2＋2＋1＋2＋1＋2＋1＝11)个，即用 Darknet-11 代替原来的 Darknet-53。同

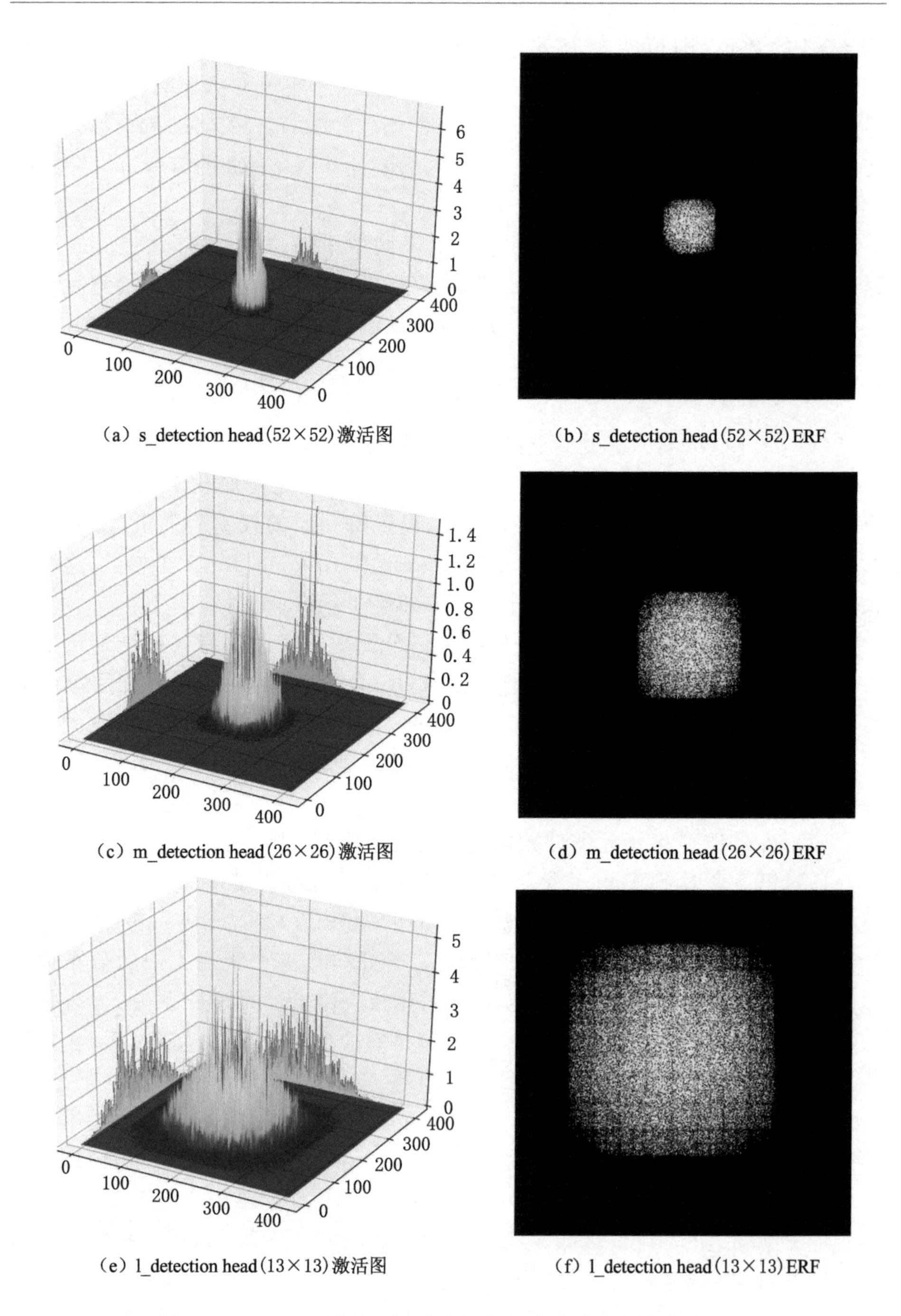

（a）s_detection head(52×52)激活图

（b）s_detection head(52×52)ERF

（c）m_detection head(26×26)激活图

（d）m_detection head(26×26)ERF

（e）l_detection head(13×13)激活图

（f）l_detection head(13×13)ERF

图 4-9　YOLOv3 锚分配层对应单像素激活图和有效感受野

时，原来的l_detection head由13×13变为52×52，m_detection head由26×26变为104×104，s_detection head由52×52变为208×208。ERFAM-PCBEC的网络结构如图4-10所示。

表4-1　YOLOv3和ERFAM-PCBEC中三个检测头的锚和ERF大小统计表

锚	每组锚宽和高的最大值	YOLOv3 (Darknet-53)		ERFAM-PCBEC (Darknet-11)	
		检测头	ERF尺寸	检测头	ERF尺寸
(10×4)	31	l_detection head (13×13)	174	l_detection head (52×52)	47
(14×12)					
(31×31)					
(5×2)	9	m_detection head (26×26)	95	m_detection head (104×104)	23
(5×5)					
(4×9)					
(1×3)	5	s_detection head (52×52)	49	s_detection head (208×208)	13
(3×1)					
(2×5)					

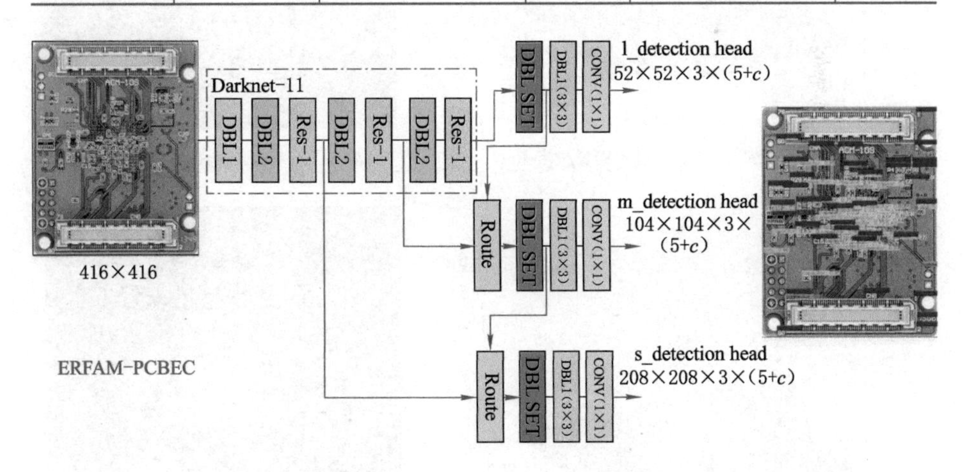

图4-10　ERFAM-PCBEC网络结构图

(3) ERFAM-PCBEC有效感受野的计算与可视化

在完成了基于PCB电子元器件数据集的ERFAM-PCBEC目标检测框架的设计之后，再次使用ERF分析计算方法，对ERFAM-PCBEC三个锚分配层单像素点对应模型输入图像的激活区域和ERF计算分析，如图4-11所示。

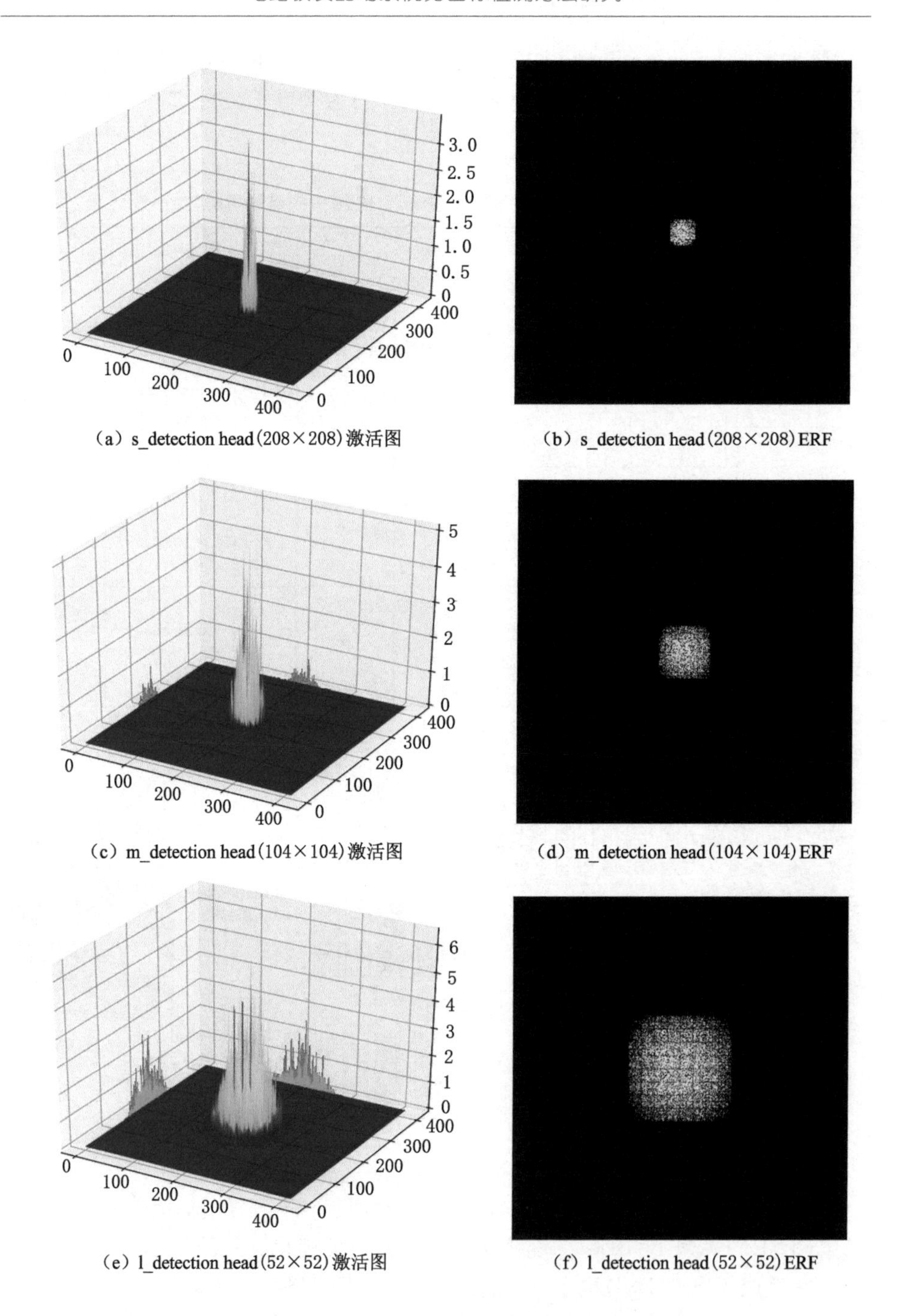

（a）s_detection head（208×208）激活图

（b）s_detection head（208×208）ERF

（c）m_detection head（104×104）激活图

（d）m_detection head（104×104）ERF

（e）l_detection head（52×52）激活图

（f）l_detection head（52×52）ERF

图 4-11　ERFAM-PCBEC 锚分配层对应单像素激活图和有效感受野

（4）YOLOv3 和 ERFAM-PCBEC 的 ERF 分析与讨论

对比图 4-9 和图 4-11，可以直观地看到，对于三个检测头的有效感受野激活值，YOLOv3 普遍高于 ERFAM-PCBEC；针对三个检测头的有效感受野尺寸，YOLOv3 网络中原始图像比 ERFAM-PCBEC 原始图像中有更多像素参与计算。

表 4-1 统计了三个检测头分别在 YOLOv3 和 ERFAM-PCBEC 中的锚尺寸和 ERF 尺寸。从中可以发现，ERFAM-PCBEC 中每个 detector head 对应的 ERF 比 YOLOv3 小很多。前面的分析表明，主干网网络越深，对应像素的激活程度和区域就越大。通过计算表 4-1 中每个 detector head 的 ERF 尺寸与锚宽、高最大值的差值，可以发现：l_detector head 的匹配值在 YOLOv3 中为 143，在 ERFAM-PCBEC 中为 16；m_detector head 的匹配值在 YOLOv3 中为 86，即 ERFAM-PCBEC 中为 14；而 s_detector head 的匹配值在 YOLOv3 中为 44，在 ERFAM-PCBEC 中为 8。

通过上述 YOLOv3 和 ERFAM-PCBEC 的对比分析可以发现，对于目标整体尺寸偏小的 OPCBA-29*，聚类后整体锚尺寸偏小，在去除一些模块并减少可重复数 Res-n 后，确实可以显著减小三个检测头 ERF 和锚之间的尺寸差异。在有效感受野-锚匹配策略中，明确定义了有效感受野尺寸与锚尺寸的差异越小，它们之间的匹配度就越高。因此，ERFAM-PCBEC 可以有效提高有效感受野与锚的匹配度，解决了基准模型检测头网格对应原始图像视野过大易误检漏检目标，且主干网过深、模型参数过大的问题。

4.5　ERFAM-PCBEC 实验结果与分析

为了更好地说明所提方法的有效性，本节将通过展示 Faster R-CNN、SSD、YOLOv3、YOLOv4、YOLOv5-l 和 ERFAM-PCBEC 的可视化检测结果、量化的检测准确度统计表、一系列训练测试曲线、消融实验和模型轻量化参数来评估所提出的方法。

4.5.1　数据集统计分析

OPCBA-29* 中有 1 000 张图像、29 种目标类别和 366 700 个目标。整个数据集的类别及个数统计如图 4-12 所示。

整个 OPCBA-29* 按图片张数 8∶2 随机划分，即随机选取 8 份图片进行训练、2 份图片作为检测数据。整个训练集中共有 293 725 个样本，测试集中共有

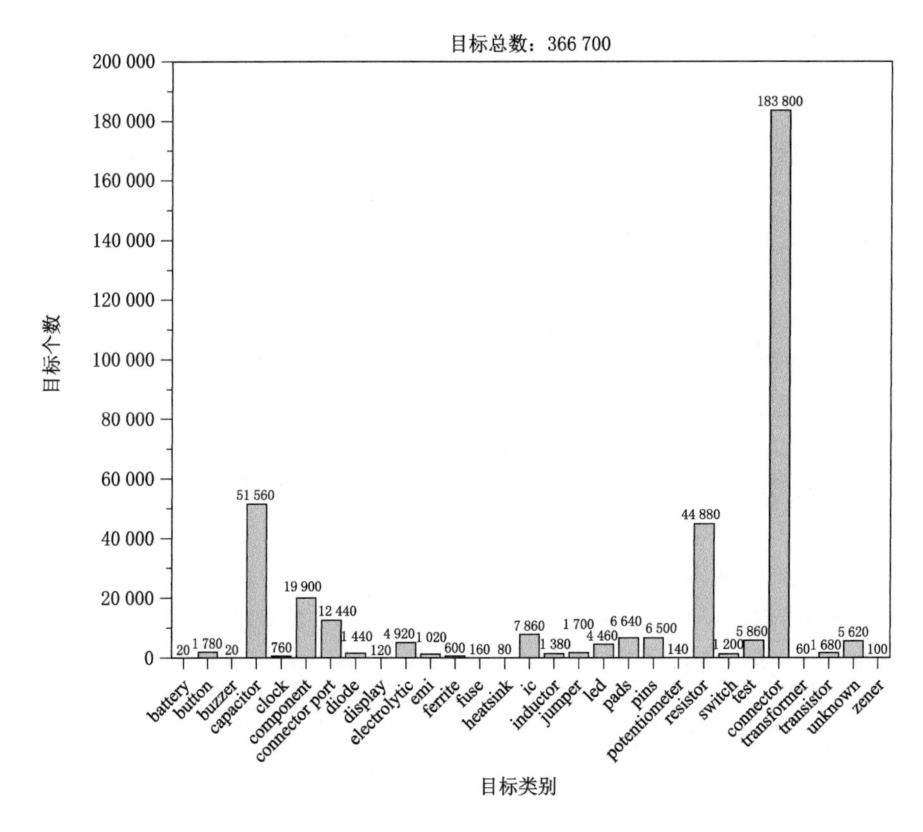

图 4-12　OPCBA-29* 类别数量统计图

72 975 个样本。对整个数据集进行目标类别的数据特征分析，可以得到表 4-2。从统计表中可以发现，29 种目标类别中，只有 5 种目标的面积占比平均值超过了 1%，其中 24 种目标的面积占比平均值都在 1%以下，说明该数据集中目标普遍为小尺寸目标。同时，对比同一类别目标面积占比最大值和最小值发现，绝大多数目标的面积占比跨度大，这说明需要多尺度的检测头来完成尺寸分布不均的目标检测。对于目标类别个数来说，最多的头三位是 text、capacitor 和 resistor，这三类目标的总个数占到 29 类目标总个数的 76.43%，而这三类目标的面积占比平均值均在 0.05%以下。在对所有图片进行样本个数统计时发现，1 000 张图片中，1 张图片最多包含 1 432 个目标、最少包含 37 个目标。根据以上统计数据特征，OPCBA-29* 具有类别多、目标尺寸小、样本空间分布密集的特点。这和表 4-1 中聚类产生的小尺寸锚完全契合，同时证明减小主干网的深度，浅层下采样的特征更适合对 OPCBA-29* 进行目标检测。

表 4-2　OPCBA-29* 目标类别数据特征及训练集/测试集统计表

类别	目标面积占比平均值	目标面积占比最大值	目标面积占比最小值	训练集个数	测试集个数
battery	0.150 8%	0.150 8%	0.150 8%	17	3
button	0.371 7%	1.601 5%	0.104 1%	1 455	325
buzzer	1.005 7%	1.005 7%	1.005 7%	16	4
capacitor	0.038 4%	0.936 2%	0.002 1%	41 769	9 791
clock	0.388 2%	1.838 0%	0.027 5%	607	153
component	0.138 5%	18.093 3%	0.001 3%	15 868	4 032
connector	1.130 8%	21.547 3%	0.003 8%	9 926	2 514
diode	0.143 0%	0.704 0%	0.010 3%	1 176	264
display	7.728 1%	17.974 0%	1.321 3%	91	29
electrolytic	0.154 1%	1.447 3%	0.025 9%	3 914	1 006
emi	0.110 2%	0.343 7%	0.020 7%	790	230
ferrite	0.027 6%	0.056 8%	0.008 6%	485	115
fuse	0.190 8%	0.347 4%	0.085 7%	129	31
heatsink	1.689 8%	1.752 1%	1.636 1%	64	16
ic	0.980 0%	35.600 8%	0.007 9%	6 381	1 479
inductor	0.185 5%	1.146 5%	0.012 7%	1 085	295
jumper	0.125 4%	0.651 1%	0.026 0%	1 325	375
led	0.059 5%	0.521 1%	0.006 5%	3 639	821
pads	0.100 7%	5.597 4%	0.003 4%	5 342	1 298
pins	0.321 8%	5.809 7%	0.012 3%	5 214	1 286
potentiometer	0.208 4%	0.290 3%	0.128 2%	106	34
resistor	0.026 6%	0.997 5%	0.002 3%	35 872	9 008
switch	0.581 9%	2.337 7%	0.134 5%	930	270
test	0.045 7%	0.523 6%	0.005 9%	4 877	983
text	0.039 3%	2.657 5%	0.001 3%	146 471	37 329
transformer	1.121 8%	1.622 9%	0.220 3%	48	12
transistor	0.112 0%	0.729 7%	0.019 5%	1 354	326
unknown	0.096 8%	1.106 7%	0.002 6%	4 707	913
zener	0.068 4%	0.095 3%	0.032 5%	67	33

4.5.2 实验平台与参数设置

实验平台的操作系统为 Windows 10,核心处理器(CPU)为 Intel Xeon6132×2 2.60 GHz,图形处理器(GPU)为 NVIDIA Titan RTX(24 G),硬盘空间为512 G SSD+2T SATA ,内存为 192 GB。程序开发框架为 Python 3.7、TensorFlow 2.0 和 CUDA 10.1。

4.5.3 可视化检测结果分析

本章用 Faster R-CNN、SSD、YOLOv3 和 ERFAM-YOLOv3 这四种算法分别测试了 200 张图像。识别出的目标在图中用矩形框框出,图 4-13(a)～(e)所示分别为 Arty_Bottom.jpg 原始图像及对应算法的检测效果,图 4-13(f)～(j)所示分别为 Zybo.jpg 原始图像及对应算法的检测效果。

在图 4-13 关于 Arty_Bottom.jpg 的 5 张图片中,图 4-13(a)是原始图像,从图中可以看出,PCB 底板颜色较浅,电路板上有电阻、电容、二极管、过孔、焊盘、电位器等器件等待检测。图 4-13(b)所示为 Faster R-CNN 模型的检测效果。在这张检测效果图中,只检测出几个边界框,检测出的目标位置不够准确,大量目标无法识别。图 4-13(c)所示为 SSD 模型的检测效果。这张图显示基于 SSD 的目标检测效果要优于 Faster R-CNN,检测出的目标框的数量比 Faster R-CNN 多,而且框的位置也可以紧紧围绕目标,但是仍然有很多目标无法识别。通过基于 YOLOv3 和 ERFAM-PCBEC 的图 4-13(d)和图 4-13(e)可以看出,大多数目标都可以被识别,并且检测框的位置可以准确地包围目标。为了进一步比较 YOLOv3 和 ERFAM-PCBEC 的优缺点,图 4-13(d)和图 4-13(e)中添加了局部放大效果。通过将图 4-13(d)和图 4-13(e)中相同位置的黑色圆圈区域进行放大为红色的圆形区域,可以发现 YOLOv3 检测的目标框少,且相对稀疏,而 ERFAM-PCBEC 可以准确检测出密集的目标。

在图 4-13 关于 Zybo.jpg 的 5 张图片中,图 4-13(a)显示出原图 PCB 底板颜色较深,电路板上目标数量多、种类多、目标大小不一。与 Arty_Bottom.jpg 的检测效果类似,Faster R-CNN 模型检测效果最差,检测出的目标数量少且存在定位误差。虽然 SSD 模型的检测准确率明显优于 Faster R-CNN,仍有许多目标无法识别。YOLOv3 和 ERFAM-PCBEC 对该图片的目标检测效果都有显著提升,但从局部放大图仍可以看出,ERFAM-PCBEC 在识别目标数量和定位精度上都优于 YOLOv3。

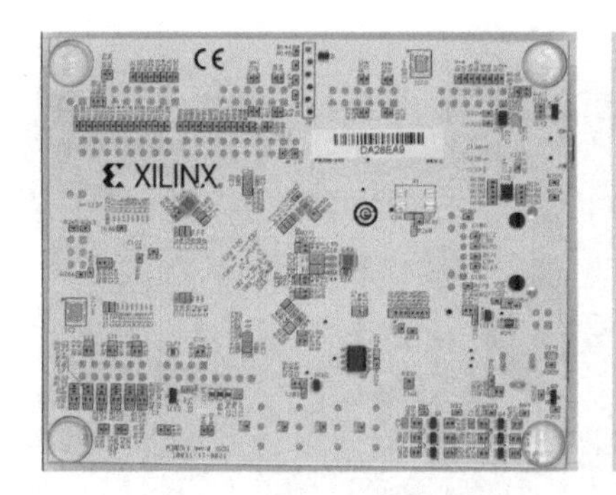

（a）Arty_Bottom.jpg的原始图像

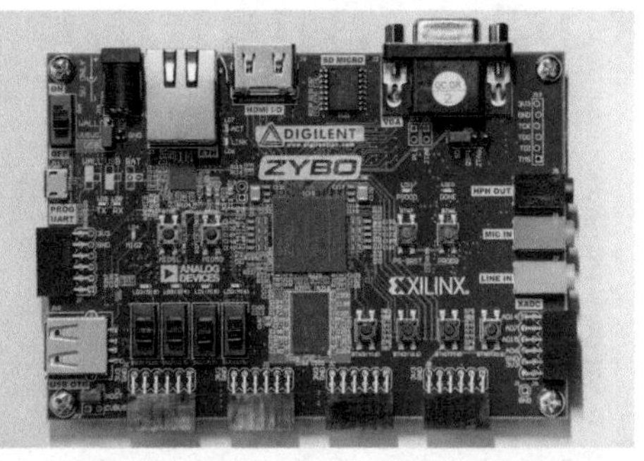

（b）Arty_Bottom.jpg的Faster R-CNN目标检测效果

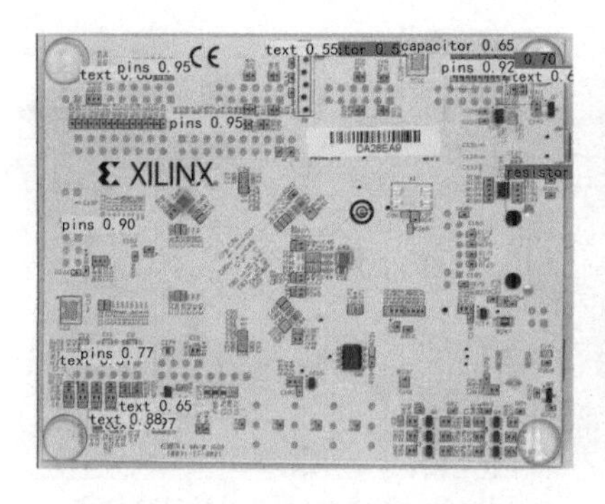

（c）Arty_Bottom.jpg的SSD目标检测效果

（d）Arty_Bottom.jpg的YOLOv3目标检测效果

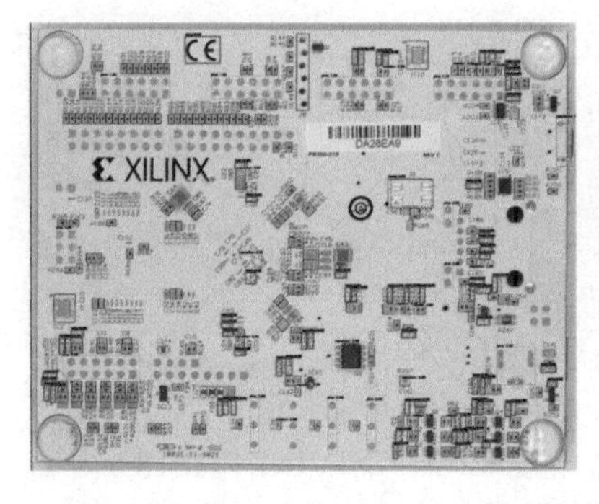

（e）Arty_Bottom.jpg的ERFAM-PCBEC目标检测效果

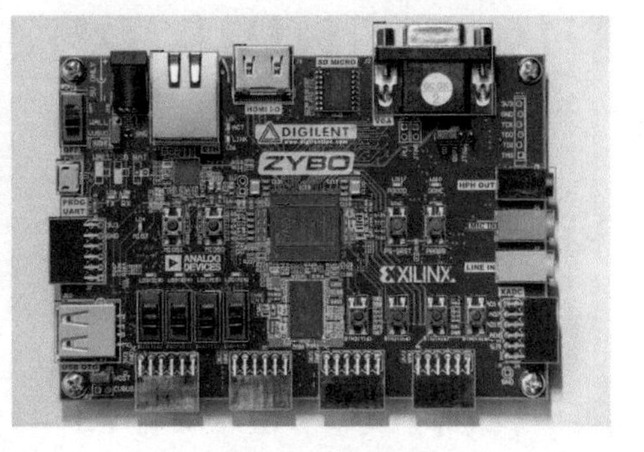

（f）Zybo.jpg的原始图像

图 4-13　四种算法的目标检测结果比较

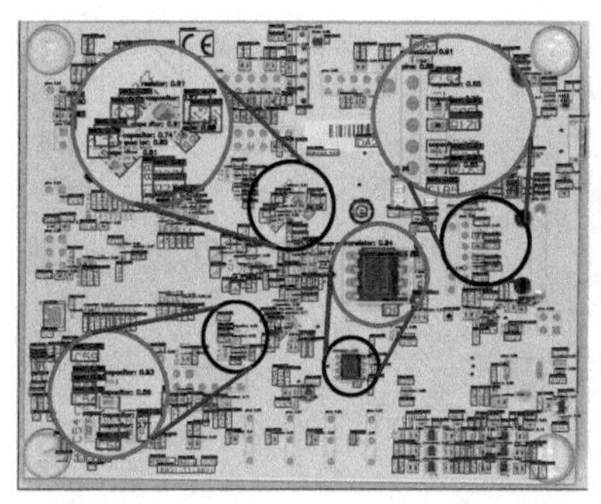

（g）Zybo.jpg的Faster R-CNN目标检测效果

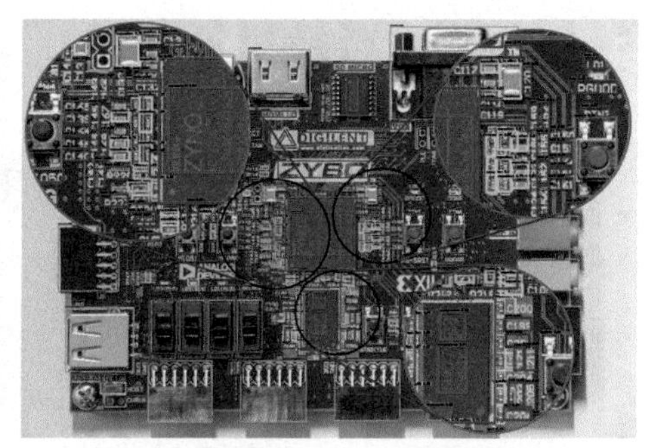

（h）Zybo.jpg的 SSD 目标检测效果

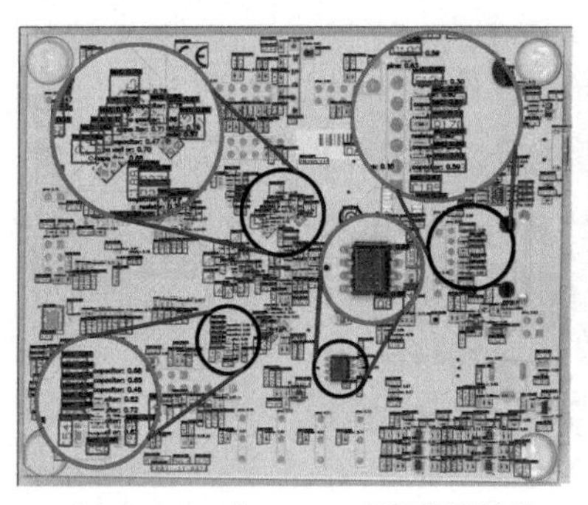

（i）Zybo.jpg的YOLOv3目标检测效果

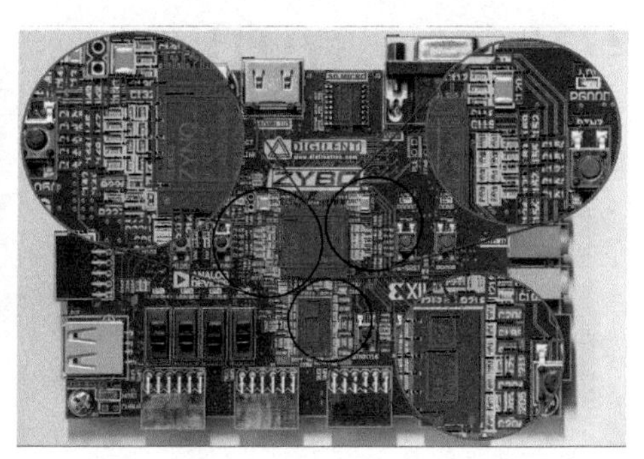

（j）Zybo.jpg的ERFAM-PCBEC目标检测效果

图 4-13 （续）

4.5.4 实验结果量化分析

对于检测包含 29 种类别目标的 OPCBA-29*，这里使用每一类目标的 AP（平均精确度）来量化表征四种算法的性能。在表 4-3 中，用粗体表示该算法的结果优于或等于其他算法。从表 4-3 中可以观察到，ERFAM-PCBEC 在 28 个类别中提高了检测精确度，检测效果优于其他三种检测模型。结合表 4-1，这一结果主要得益于基于有效感受野-锚匹配思想的主干网模块化结构改进，主干网变浅后，检测头 ERF 尺寸和锚尺寸的匹配度增加，切实提高了电子元器件的检测精确度。

表 4-3　基于四种算法的 OPCBA-29* 每类目标平均检测准确度统计表

类别	AP(平均精确度)值			
	Faster R-CNN	SSD (512)	YOLOv3 (Darknet-53)	ERFAM-PCBEC (Darknet-11)
resistor	28.07%	15.89%	23.89%	**91.29%**
capacitor	14.75%	16.08%	39.87%	**93.91%**
text	14.90%	16.72%	51.74%	**95.15%**
unknown	22.84%	43.06%	72.62%	**97.41%**
emi	17.63%	36.36%	93.84%	**100.00%**
ferrite	23.81%	37.24%	60.89%	**97.39%**
pads	21.09%	16.92%	48.79%	**89.06%**
led	13.51%	17.18%	68.95%	**99.36%**
zener	21.80%	75.00%	**100.00%**	78.79%
component	16.99%	17.02%	47.05%	**72.97%**
transistor	25.21%	18.00%	93.49%	**99.94%**
diode	26.62%	27.11%	78.76%	**100.00%**
jumper	23.26%	27.27%	80.55%	**99.73%**
inductor	23.54%	27.27%	77.76%	**90.33%**
fuse	25.73%	27.27%	**100.00%**	**100.00%**
electrolytic	25.19%	27.05%	63.01%	**89.25%**
transformer	28.24%	97.73%	**100.00%**	**100.00%**
potentiometer	23.45%	9.09%	55.88%	**70.59%**
pins	19.14%	54.55%	99.00%	**98.90%**
clock	16.76%	45.45%	84.31%	**96.08%**
battery	29.85%	54.55%	**100.00%**	**100.00%**
button	27.43%	90.43%	99.08%	**100.00%**
ic	20.02%	54.55%	95.12%	**97.52%**
switch	24.73%	81.82%	**100.00%**	**100.00%**
test	55.02%	17.21%	74.54%	**98.88%**
connector	31.00%	54.52%	95.73%	**99.43%**
buzzer	34.69%	**100.00%**	**100.00%**	**100.00%**
heatsink	32.35%	**100.00%**	**100.00%**	**100.00%**
display	26.64%	**100.00%**	**100.00%**	**100.00%**

注：粗体表示该算法的结果优于或等于其他算法。

4.5.5 消融实验

(1) 主干网不同模块对 mAP 的影响分析

为了分析主干网不同深度的模块组合对检测效果的影响程度，本节进行了详细的消融实验，以 YOLOv3 为基准模型、mAP 为评估指标，mAP 值越高，代表检测效果越好。针对 OPCBA-29*，基准模型 YOLOv3 的 mAP 值为 79.48%。表 4-4 显示了移除主干网不同模块后对 mAP 的影响。

表 4-4 主干网不同模块对 mAP 的有效性

移除第五个下采样模块 DBL2、Res-X5，X1=X2=X3=X4=1	移除第四个 DBL2、Res-X4，X1=1，X2=2，X3=8	移除最左侧 DBL1，X1=1 X2=2，X3=8	X1=X2=X3=1	mAP@0.5
√	×	×	×	$86.65\%^{+7.17}$
√	√	×	×	$89.88\%^{+3.23}$
√	√	√	×	$87.18\%^{-2.70}$
√	√	×	√	$95.03\%^{+5.15}$

注："√"表示采用表头对应操作，"×"表示未采用。

消融实验共包含四种情况：

① 移除主干网 Darknet-53 第五次下采样 DBL2 和 Res-X5，令 X1=X2=X3=X4=1。由于此时目标检测模型的三个检测头来自特征融合得到的主干网第二、三、四次下采样输出，因此将该模型命名为 234(1-1111)-YOLOv3。括号中的第一个 1 表示保留 Darknet-53 最左边的 DBL1，后面四个数字表示 X1～X4 的值分别为 1。234(1-1111)-YOLOv3 与 YOLOv3 相比，mAP 提升了 7.17%。

② 基于情况①的操作，继续移除第四个下采样 DBL2 和 Res-X4，让 X1=1，X2=2，X3=8，此时模型的三个检测头来自 Darknet-53 第一、二和三个下采样模块的特征融合层，将其命名为 123(1-128)-YOLOv3。123(1-128)-YOLOv3 与 234(1-1111)-YOLOv3 相比，mAP 增加了 3.23%。

③ 基于情况②的操作，继续移除最左边的 DBL1 模块，结果发现 mAP 不仅没有提高，反而降低了 2.70%。这个操作说明 DBL1 在目标检测任务中是有用的，不能移除。此模型称为 123(0-128)-YOLOv3。括号中的第一个 0 表示移除了 Darknet-53 中最左边的 DBL1，对应 X1、X2 和 X3 的值为 1、2 和 8。

④ 最后，基于情况①和②，设置 X1=X2=X3=1，这也是有效感受野尺寸

和锚尺寸匹配度最高的模型，将其命名为 ERFAM-PCBEC。ERFAM-PCBEC 的 mAP 相比 123(1-128)-YOLOv3 提升了 5.15%。

(2) 匹配度对比分析

表 4-5 还统计了表 4-4 中移除 Darknet-53 中不同模块时，四种情况下三个检测头 ERF 尺寸和锚尺寸的匹配值。

表 4-5　移除不同模块后的匹配值

有效感受野-锚匹配值	YOLOv3	234(1-1111)-YOLOv3	123(1-128)-YOLOv3	ERFAM-PCBEC
d_l	143	63	18	**16**
d_m	86	43	17	**14**
d_s	44	19	10	**8**

注：粗体表示该方法的有效感受野-锚匹配度最高。

综合分析表 4-4 和表 4-5 可知，对于 PCB 上密集、小尺寸目标检测模型，在去掉第五和第四个下采样模块 Res-X5 和 Res-X4 的情况下，对应有效感受野-锚的匹配值越来越小，也意味着模型有效感受野-锚匹配度越来越高，相应检测到的 mAP 也越来越高。

(3) 实验过程分析

为了全面比较上述消融实验中移除主干网不同模块后，目标检测算法的优缺点，这里绘制了五条模型实验过程曲线进行对比分析，如图 4-14 所示。五条曲线中，用红色代表 ERFAM-PCBEC、绿色代表 123(1-128)-YOLOv3、蓝色代表 123(0-128)-YOLOv3、灰色代表 234(1-1111)-YOLOv3、黑色代表 YOLOv3。

图 4-14(a)是以准确率为 y 轴、召回率为 x 轴的精准-召回(P-R)曲线。P-R 曲线显示了不同阈值的精准率和召回率之间的权衡。在精准率高的同时，召回率越高，即绘制的 P-R 曲线越靠近右上角，模型或算法也就越有效。从图 4-14(a)中可以看出，红线最靠近右上角，包围了其他四个 YOLOv3 的算法曲线。因此，红色表示的 ERFAM-PCBEC 在 P-R 曲线上表现出最佳性能。

在本章的实验中，设置的训练次数为 350 epoch，即 70 000 步。将 mAP 值作为 y 轴，范围是 0 到 100%；x 轴为训练迭代周期，范围从 0 到 350。从图 4-14(b)中可以看出，虽然 234(1-1111)-YOLOv3 首先达到稳定，但 ERFAM-PCBEC 的 mAP 爬升得最高，最终达到 95.03%，说明 ERFAM-PCBEC 模型在目标检测的准确度方面表现最好。

图 4-14(c)显示了损失函数值随五种算法的训练迭代而变化的曲线。从图

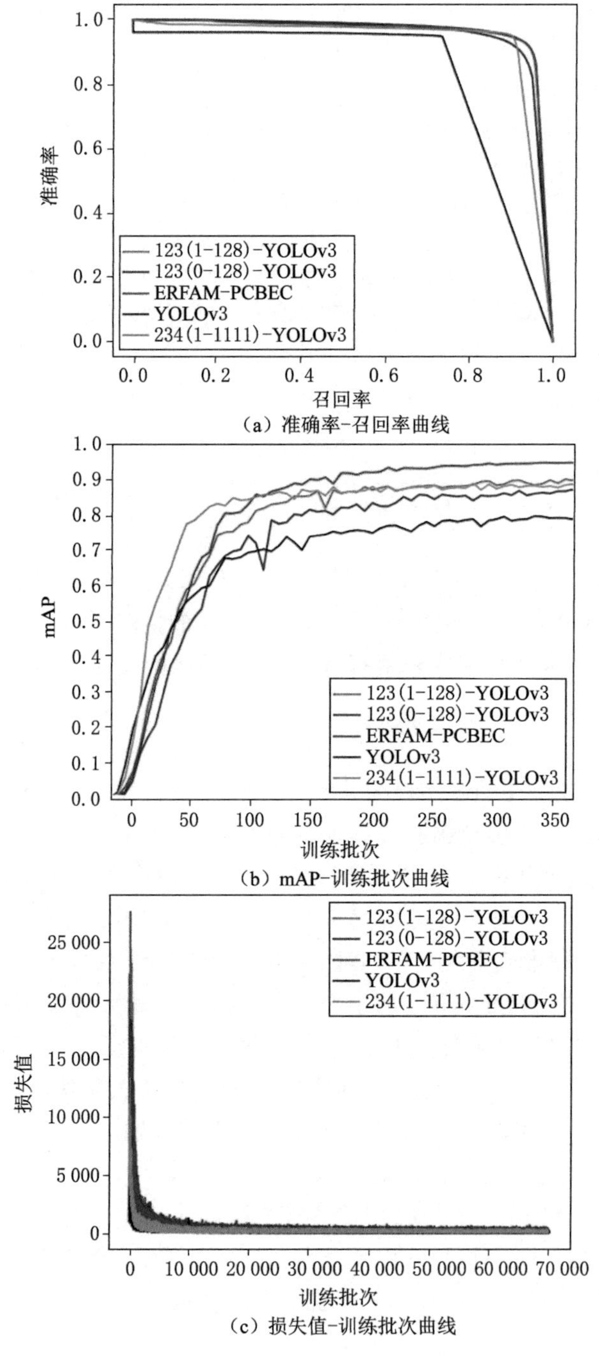

(a) 准确率-召回率曲线

(b) mAP-训练批次曲线

(c) 损失值-训练批次曲线

图 4-14　五种算法的评估曲线

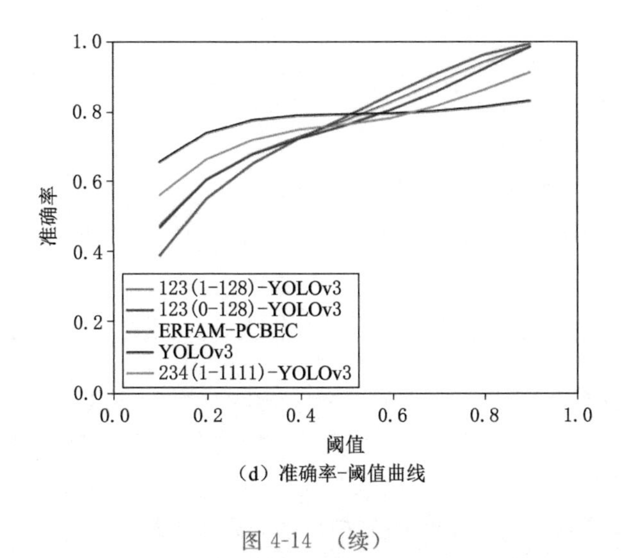

(d) 准确率-阈值曲线

图 4-14 (续)

中可以看出,五种算法在前 8 000 步快速拟合,然后损失迅速变小,12 000 步后逐渐稳定。ERFAM-PCBEC 的损失值在起点最高,但经过 15 000 步后也能达到与其他四种算法相同的稳定值。

图 4-14(d)显示了目标检测的准确率和阈值之间的关系。从图 4-14(d)中可以看出,随着阈值的增加,目标检测的准确率也会增加。在检测过程中,红线模型显示同一阈值下的准确率高于其他四种算法,体现了 ERFAM-PCBEC 算法的优越性。

4.5.6　模型轻量化评估分析

模型轻量化旨在保持模型检测准确率的基础上进一步减少模型参数量和运算复杂度。因此,常常使用以下两个评价指标来衡量模型的轻量级,一个是模型参数量大小,另一个是衡量模型复杂度的浮点运算数(Floating-point Operations,FLOPs,s 表示复数),也就是计算量。模型参数量代表了所需的内存,FLOPs 代表所需的计算能力。模型的参数量越大,需要训练学习的参数就越多,导致训练时间就越长。表 4-6 统计了针对 OPCBA-29*,完成 PCB 电子元器件目标检测任务的 Faster R-CNN(Resnet-50)、SSD(VGG16,512×512)、YOLOv4(CSPDarknet53)、YOLOv5-l(BottleneckCSP,Depth_multiple=1,Width_multiple=1)、YOLOv3(Darknet-53)和 ERFAM-PCBEC(Darknet-11)的 mAP、FLOPs 和参数量。

表 4-6 六种算法的 mAP、参数量和计算量统计表

模型算法	mAP/%	Params/M	FLOPs/G
Faster R-CNN(Resnet-50)	24.63	43.435	742.473
SSD(VGG16,512×512)	45.01	28.516	91.545
YOLOv4(CSPDarknet53)	30.42	64.09	141.94
YOLOv5-l(BottleneckCSP)	48.62	46.26	108.3
YOLOv3(Darknet-53)	79.48	61.727	65.685
ERFAM-PCBEC(Darknet-11)	95.03	21.98	69.784

从表 4-6 中可以观察到，ERFAM-PCBEC 的 mAP 最高，为 95.03%，比 YOLOv3 高出 15.55 个百分点，比 SSD 高出 50.02 个百分点，比 Faster R-CNN 高出 70.4 个百分点，比 YOLOv4 高出 64.61 个百分点，比 YOLOv5-l 高出 46.41 个百分点。ERFAM-PCBEC 的参数量是六种算法中最少的一种，尤其是与基准模型 YOLOv3 相比，参数量仅为基准模型参数量的 35.61%。从 FLOPs 的角度来看，算法所需的计算量越低越好。表 4-6 显示 ERFAM-PCBEC 的计算量虽然不是最低的，但只比最低的 YOLOv3 多了 4.099 G，相比较其他四种算法，ERFAM-PCBEC 的计算量还是低的。

对于公共数据集 VOC*，通过对目标尺寸归一化后的数据进行分析，可以得到，最小的目标归一化占比为 0.008 1%，最大的目标归一化占比为 99.60%，所有目标的平均归一化占比为 19.825 0%，目标归一化占比的方差为 5.664 9%，整个数据集中大、中和小目标均有。以 VOC* 三组锚[10，13，16，30，33，23]、[30,61,62,45,59,119]和[116,90,156,198,373,326]中的宽、高最大值为阈值，大尺寸目标检测头对应的主干网部分不需要进行模块删减，中等尺寸和小尺寸目标检测头对应的主干网部分需要进行轻微删减。采用基于有效感受野-锚匹配的方法，对基准模型进行主干网解构组合，得到适合 VOC* 三个检测头的主干网为 Darknet-47，与原基准模型对比，实验参数和测试结果见表 4-7。

表 4-7 VOC* 数据集目标检测结果对比表

方法	mAP/%	参数量	批次	主干网
YOLOv3	71.84	61.727 M	100	Darknet-53
ERFAM-PCBEC	72.89	59.623 M	100	Darknet-47

基于以上 MDH-PCBEC 的 VOC* 数据集目标检测混淆矩阵如图 4-15 所示。

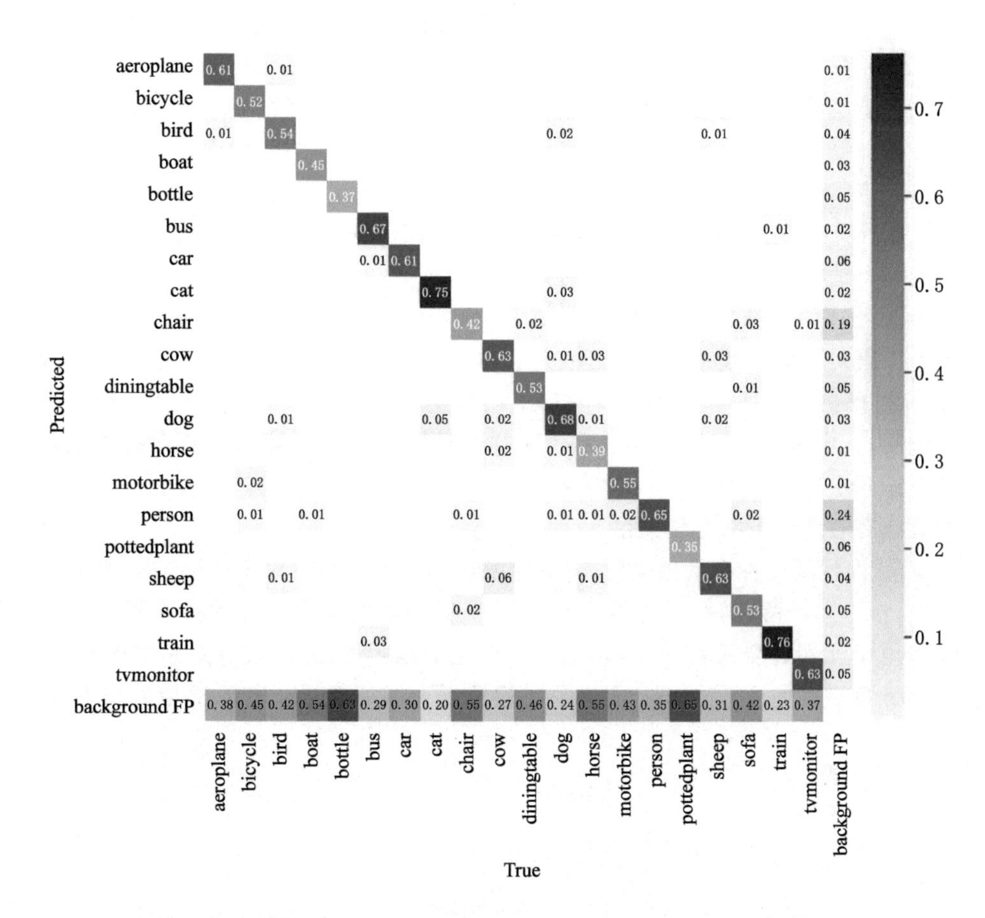

图 4-15　基于 ERFAM-PCBEC 的 VOC* 数据集目标检测混淆矩阵

综上所述，ERFAM-PCBEC 的检测准确度最高，模型参数量最小，计算量低，实现了保持模型检测准确度的基础上模型轻量化的目标。

4.6　本章小结

本章受生物神经科学中感受野的启发，以 YOLOv3 为基准模型，研究了检测头锚分配层中某个像素受到激励后，通过随机赋予模型权重的梯度反向传播回原始图像区域，计算并可视化出能够产生刺激的有效区域大小(ERF)。本章以 PCB 表面贴装/过孔装配场景下的电子元器件为检测目标，以输入图像调整大小为416×416后每组锚的最大宽、高为阈值。通过有效感受野-锚匹配策略对主干网进行了模块化解构与重组，与原基准模型相比，在29类目标检测上的平均检测准确度值达到95.03%，模型参数量仅为原参数量的35.61%，最终实现了在保持高准确度检测的同时模型轻量化的设计。本章方法的主要贡献有以下三点：

① 设计了基于梯度反向传播的CNN不同深度层有效感受野尺寸的计算和可视化方法。该方法解决了传统有效感受野计算时未解决的多通道和非线性模块无法处理的问题，通过这种CNN的可解释性分析，发现不同深度的特征层，单个像素对应的有效感受野尺寸变化大。

② 提出了一种模块化的YOLOv3解构组合方法。YOLOv3模型由五个模块组成，其中可重复的残差模块和下采样模块可以添加和删除，特征融合模块和三个检测头模块必须保留。特别研究了主干网的模块数量与三个检测头锚分配层对应有效感受野的变化关系。

③ 设计了一种有效感受野-锚匹配策略。该策略通过对主干网的模块进行添加、移除和保留，确保了为检测头的锚产生最接近大小的有效感受野。因为PCB电子元器件普遍尺寸小，导致聚类产生的锚尺寸小，经过有效感受野-锚匹配策略删减后的主干网，既可以保证检测精准度，又可以实现模型轻量化的目标。

第 5 章　基于有效感受野-锚分配的 PCB 过孔装配场景目标检测方法

5.1　引言

在 PCB 的自动化装配中，用于电子元器件的 THT 是人工操作最后的劳动密集型堡垒之一。THT 电子元器件具有线“腿”，通常需要用手费力地将其插入准备焊接的 PCB 过孔中。因此，基于过孔技术的装配流程成为电子产品制造业劳动最密集的环节，利用人工智能的机器视觉技术，完成对 PCB 过孔装配场景的目标检测，提升电子产品生产自动化工艺，是摆脱劳动力短缺、提高生产力、增强竞争优势、完成产业转型升级的必然选择。

PCB 过孔装配场景目标检测方法的研究主要面临三大问题。问题一：待装配电子元器件的杂乱无序放置，相同类别目标呈现特征差异大，识别易发生错误。问题二：过孔装配场景中存在大量外观相似度高的待装配过孔和已装配过孔，即使是训练有素的操作员利用人眼在识别这些相似度高的目标时，都极易发生错误。问题三：大量类间相似度高及类内差异性大目标兼具尺寸小特性，难检测[147]。

本章以 YOLOv3 为基准模型，针对装配前、装配中和装配后三种场景，5 种待插装电子元器件、5 种待装配过孔和 5 种已装配过孔共计 21 种目标类别的 OPCBA-21 过孔装配目标检测数据集，设计了目标类内方差及类间方差量化方法，利用该方法对数据集进行特征分析时发现该数据集的目标检测难点在于类内方差大和类间方差小。对于 PCB 过孔装配场景目标类间差异性特征及类内紧凑型特征难挖掘问题，利用第 4 章提出的有效感受野计算与可视化方法，提出了对检测头进行精细化有效感受野分析的方法，根据每个检测头的有效感受野范围，提出了基于有效感受野的锚分配规则，这是对卷积神经网络可解释性机理的深入研究；针对部分类别目标兼具尺寸小难检测的问题，设计了联合上下文信息和注意力的联合模块，最终集成设计了基于有效感受野-锚分配的 PCB 过孔装配场景目标检测方法。

5.2 方法整体设计

对于 PCB 过孔装配场景目标检测中目标类间方差小及类内方差大难检测的问题，本方法致力于通过精细化的锚分配层有效感受野分析，将聚类生成的锚精准地分配到视觉感知有效区域，以期发现类间可分离特征和类内紧凑型特征。同时，在类间相似度高和类内差异性大问题下，对于兼具有尺寸小特点的目标，本方法提出了结合上下文信息的注意力机制联合模块，该模块强化小尺寸目标的特征信息且结合精准分配的锚。整个方法的流程图如图 5-1 所示。在数据层面通过分析 OPCBA-21 的数据特征，确定了检测难点问题，精细化完成锚分配层有效感受野范围界定；在特征融合层面，设计了针对兼具小尺寸特点的目标空洞金字塔池化和通道注意力联合模块用以加强融合后特征；针对检测头，提出了基于有效感受野的锚分配规则。

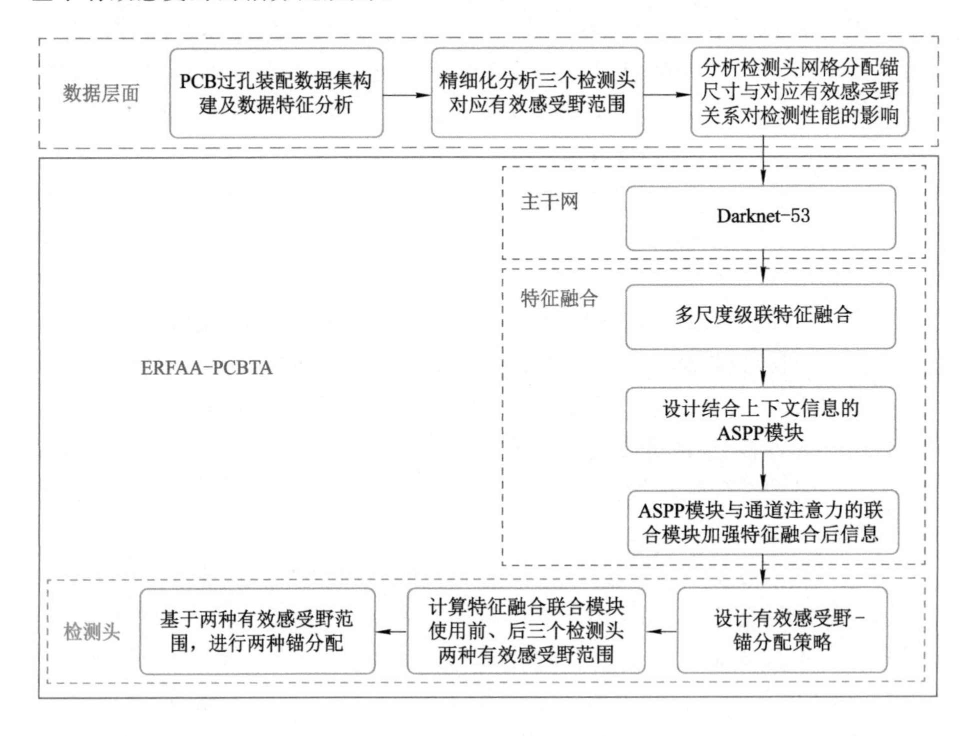

图 5-1　方法整体设计流程

本章提出方法的关键在于设计了有效感受野-锚分配策略解决目标检测中类内差异性大及类间相似性高的目标难检测问题，为了下面描述的方便，本章提出的方法称为 ERFAA-PCBTA。

5.3　PCB 过孔装配场景目标检测数据特征

5.3.1　OPCBA-21 数据集的划分

OPCBA-21 数据集包含装配前、装配中和装配后的三种场景和 21 种目标。在这些检测目标中，有杂乱无章摆放、视觉特征呈现类内方差大的电容器，类间方差小的装配前和装配后过孔以及大尺寸 PCB 等。整个数据集中有 9 636 张图片，所有图片的尺寸为 4 092×3 000，目标背景为白色，PCB 外电子元器件摆放无序，PCB 上的电子元器件和过孔相对于 PCB 是相对位置固定的。按照照片张数随机比例 8∶2 将训练数据和测试数据进行划分。图 5-2 所示的叠加柱状图展示了整个 PCB 过孔装配场景数据集中训练集和测试集的目标类别、数量统计结果。

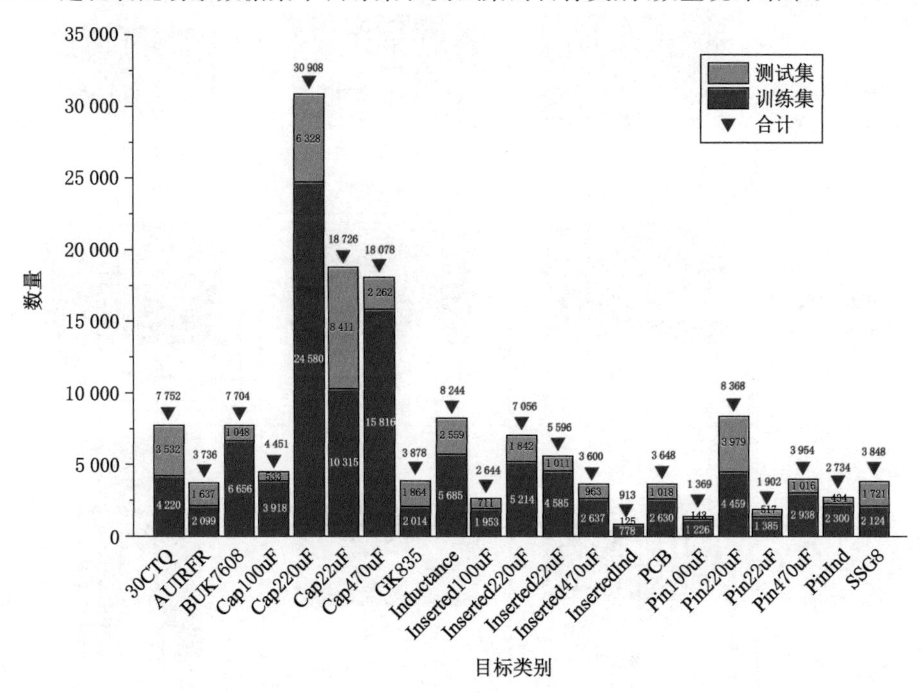

图 5-2　训练集/测试集目标类别、数量示意图

5.3.2 基于感知哈希的目标类别相似度分析

(1) 类间相似度高和类内差异性大的目标图例

PCB 过孔装配场景数据集包含了装配前、装配中和装配后三种场景，每种场景中既包含摆放杂乱无序的待装配电子元器件目标和外观相似的已装配或待装配过孔，还包含装配过程中变化幅度大的电路板。21 种目标类别之间存在类间相似度高、类间相似度低、类内差异性小和类内差异性大四种情况。但是，类间相似度高和类内差异性大的目标类别对于目标检测任务来讲，是非常困难的。表 5-1 展示了具有这两种特性的部分目标图例。

表 5-1 类间相似度高和类内相似度低的类别目标图例

类间、类内情况	图例 1	图例 2	图例 3
类间相似度高的不同类已装配过孔	 InsertedInd-0 258×94	 Inserted470uF-0 232×84	 Inserted100uF 194×84
类间相似度高的不同类电容	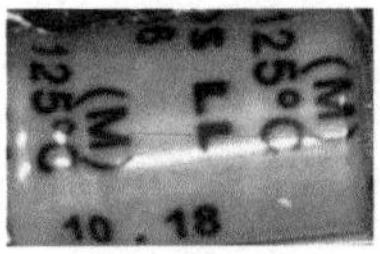 Cap22uF-0 329×200	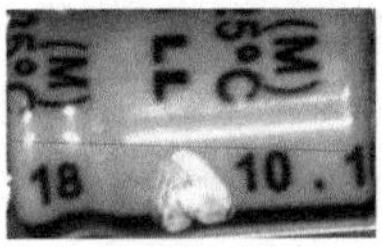 Cap100uF-0 329×200	 Cap220uF-0 520×287
类内差异性大的 PCB	 PCB-0 2 244×1 466	 PCB-1 2 307×1 520	 PCB-2 2 340×1 557
类内差异性大的 Cap470uF	 Cap470uF-0 519×283	 Cap470uF-1 519×283	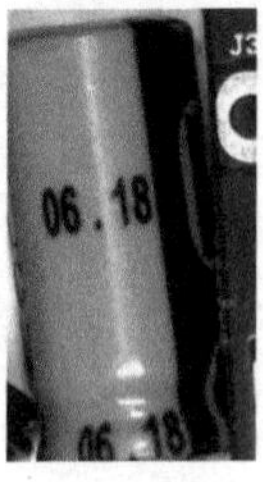 Cap470uF-2 309×542

（2）图像目标相似度量化分析

为了量化分析数据集中目标的类间相似性和类内相似性，本章设计了使用感知哈希算法衡量目标相似性的方法。因为要遍历计算所有类别中所有目标的相似性，所以先将数据集中所有的目标做图像切片，按照类别分别将同类目标放在同一文件夹下。第 x 张图像切片与第 y 张图像切片的相似度 $s_{x\cdot y}$（$s_{x\cdot y}\in[0,1]$）的计算步骤如下：

① 图像缩放：将所有的切片图像进行 32×32 的尺度缩放，并进行图像灰度化变换。

② 计算 DCT 变换：将每个缩放后的图像进行 DCT 变换，取 DCT 变换后左上角的 8×8 区域。

③ 计算平均值：计算 8×8 区域所有像素点的平均值。

④ 计算图片的哈希值：将 8×8 区域内每个点的数值与平均值对比，大于平均值记录为 1，反之记录为 0，得到每个图片的信息指纹，将每张照片组合的 64 个信息位按照一致性的顺序排列。

⑤ 计算汉明距离：比对两张图片的信息指纹，统计两个字符串对应位置不同字符的个数，得到两个图片的汉明距离。

⑥ 归一化相似度计算：将汉明距离除以 64，得到归一化后的相似度值。

（3）目标类间相似度、类内相似度统计分析

假设一个数据集共有 m 类目标，S_{ij} 为第 i 类目标与第 j 类目标的相似度值，假设第 i 类目标中有 k 个目标图像切片，第 j 类目标中有 l 个目标图像切片，第 i 类目标与第 j 类目标整个数据集的类间相似度 $S_{\text{Inter-Class}}$ 可以用一个 $m\times m$ 的反对称矩阵来表示，整个反对称矩阵的计算式为：

$$S_{\text{Inter-Class}}=\begin{bmatrix} 0 & S_{12} & \cdots & S_{1i} & S_{1m} \\ S_{21} & 0 & \cdots & \cdots & \cdots \\ \cdots & \cdots & 0 & S_{ji} & \cdots \\ S_{i1} & \cdots & S_{ij} & 0 & S_{im} \\ S_{m1} & \cdots & \cdots & S_{mi} & 0 \end{bmatrix}_{m\times m} \tag{5-1}$$

其中，$S_{ij}\in[0,1]$，其计算式为：

$$S_{ij}=\text{Average}\left\{\begin{bmatrix} s_{1\cdot 1} & s_{1\cdot 2} & \cdots & \cdots & s_{1\cdot l} \\ s_{2\cdot 1} & \cdots & \cdots & \cdots & s_{2\cdot l} \\ \cdots & \cdots & s_{x\cdot y} & \cdots & \cdots \\ \cdots & \cdots & \cdots & \cdots & \cdots \\ s_{k\cdot 1} & s_{k\cdot 2} & \cdots & \cdots & s_{k\cdot l} \end{bmatrix}_{k\times l}\right\}=\frac{\sum_{x=1}^{k}\sum_{y=1}^{l}s_{x\cdot y}}{k\times l} \tag{5-2}$$

类内相似度 $S_{\text{Intra-Class}}$ 可以用一个 $m\times m$ 的对角矩阵来表示：

$$S_{\text{Intra-Class}}=\begin{bmatrix} S_{11} & 0 & \cdots & 0 & 0 \\ 0 & S_{22} & \cdots & \cdots & \cdots \\ \cdots & \cdots & \cdots & 0 & \cdots \\ 0 & \cdots & 0 & S_{ii} & 0 \\ 0 & \cdots & \cdots & 0 & S_{mm} \end{bmatrix}_{m\times m} \tag{5-3}$$

其中，$S_{ii}\in[0,1]$，其计算式为：

$$S_{ii}=\text{Average}\left\{\begin{bmatrix} s_{1\cdot 1} & s_{1\cdot 2} & \cdots & \cdots & s_{1\cdot i} \\ s_{2\cdot 1} & \cdots & \cdots & \cdots & s_{2\cdot i} \\ \cdots & \cdots & \cdots & \cdots & \cdots \\ \cdots & s_{p\cdot q} & \cdots & \cdots & \cdots \\ s_{i\cdot 1} & s_{i\cdot 2} & \cdots & \cdots & s_{i\cdot i} \end{bmatrix}_{i\times i}\right\}=\frac{\sum_{q=1}^{i}\sum_{p=1}^{i}s_{p\cdot q}}{k\times l} \tag{5-4}$$

对于 OPCBA-21 而言，根据以上类间及类内相似度的分析计算公式，对数据集中 21 类目标分别进行类间及类内相似度统计分析，对统计后的结果进行可视化，如图 5-3 所示。

从上述类间及类内相似度计算公式中可以了解到，相似度越高的图片汉明距离越小，对应的相似度值越低。对于目标类别来讲，相似度越高的两种类别对应的相似度值越低，反映在类间相似度矩阵图中，对应的颜色越深。从图 5-3(a)中可以观察到，对于 PCB 类别来讲，它也和其他类别的相似度有些对应颜色深、有些对应颜色浅，说明 PCB 这类目标与其他类别目标相比，有的相似度低、有的相似度高。同时，比较明显的有三组区域颜色较深，即 Cap100uF、Cap220uF、Cap22uF、Cap470uF 这四类目标对应区域，Inserted100uF、Inserted220uF、Inserted22u F、Inserted470uF 这四类目标对应区域，Pin100uF、Pin220uF、Pin22uF、Pin470uF 这四类目标对应区域。这三组区域内类别间相似度高，意味着这三组区域内类别间差异小。

从图 5-3(b)中可以观察到，有的类别目标类内相似度颜色深、有的类内相似度颜色浅。颜色越浅，说明该类别目标类内相似度越低。最直观能看到 PCB 的类内相似度颜色最浅，说明该类目标的类内相似度最低。同样还可以观察到 Pin22uF、Cap220uF、Cap22uF 和 Cap100uF 颜色较浅，意味着这些类内相似度低的目标类别类内差异性大。

5.3.3 问题描述

基于卷积神经网络的目标检测是通过大量训练样本的卷积、池化、归一化等操作构建出多层网络，通过对训练样本的特征进行迭代提取和学习，使网络的输出可以无限接近于包括分类、定位等其他函数的输出，完成视觉目标检测的任

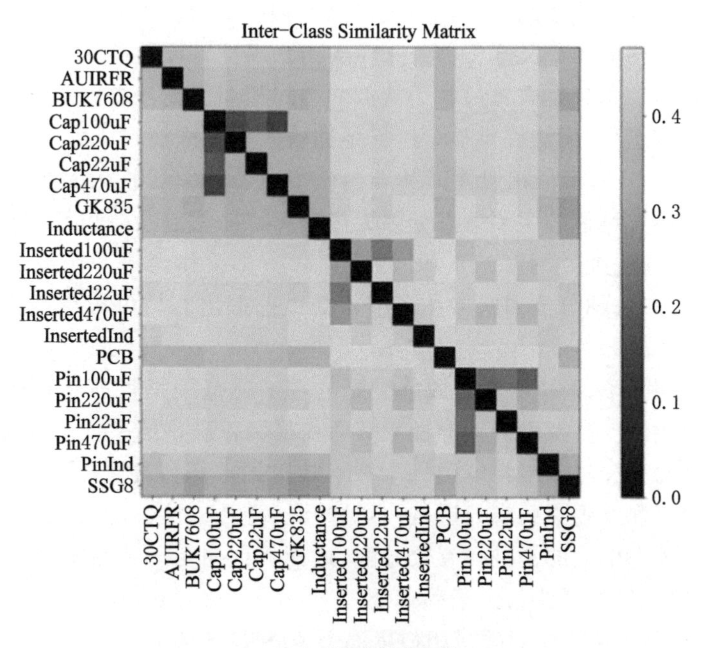

（a）类间相似度矩阵

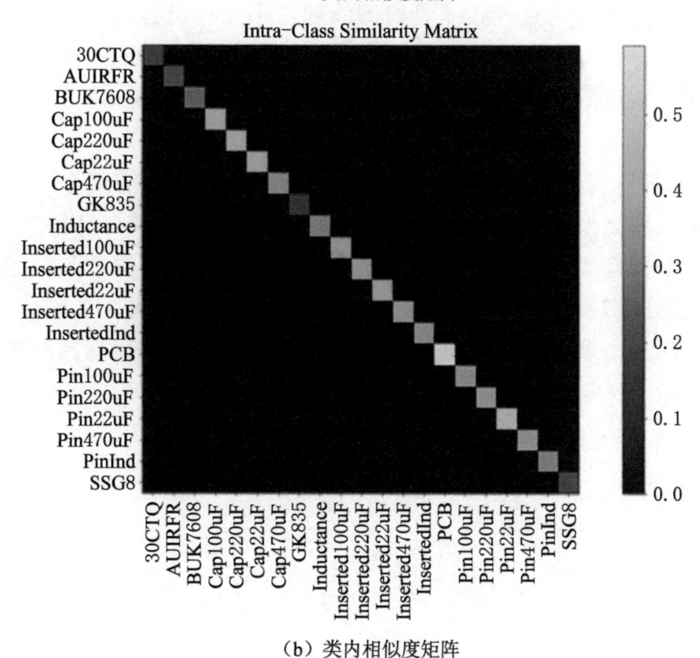

（b）类内相似度矩阵

图 5-3　OPCBA-21 类间及类内相似度统计结果可视图

务。基于卷积神经网络的类间相似度高及类内差异性大目标之所以难检测，主要原因在于检测头的分类定位器失去对类内紧凑性特征及类间可分离特征的发现和辨别能力。尤其是兼具尺寸小特点的类间相似度高及类内差异性大目标保留有效特征信息少，无法提供显著特征帮助检测头完成检测任务。

① 类间可分离特征相似性高和类内紧凑型特征差异性大是类间相似度高及类内差异性大目标的主要特点。因为可分离特征相似性高和紧凑型特征差异性大，而基于卷积神经网络的卷积、池化和归一化操作会进一步减少目标的特征，这就给检测头的分类回归器在有限特征里挖掘出有效可分离特征及紧凑型特征带来了挑战。

② 锚的粗分配和检测头有效感受野的精细化范围是目前卷积神经网络无法实现类间相似度高及类内差异性大目标高检测正确率的一个矛盾问题。有效感受野作为卷积神经网络特征图每个像素映射回原图所能观察到的有效区域，相当于界定了视觉观察的有效区域，不对检测头做精细化的有效视觉区域分析，也就无法对预先生成的锚进行有效分配，进而无法对可分离特征及紧凑型特征进行精准聚焦，导致最终检测正确率低。

③ 兼具小尺寸特性的类间相似度高及类内差异性大目标在特征提取和融合过程中更容易丢失信息导致的难检测问题。小尺寸目标在逐步加深的网络中易丢失特征信息，引入辅助信息加强小尺寸目标的显著类间可分离特征及类内紧凑型特征，为目标表示和分类定位器提供更多的判别特征，可以提升小尺寸且类间相似度高及类内差异性大目标检测正确率。

综上所述，发现检测头影响可分离特征及紧凑型特征挖掘有效性的因素是解决类间相似度高及类内差异性大目标检测的切入点，精细化研究检测头推理特征图层每个像素点的有效感受野是解决锚的粗分配与有限视觉范围矛盾的基础，设计的锚分配规则是聚焦可分离特征及紧凑型特征的技术关键，提出的空洞卷积和通道注意力联合模块是对兼具小尺寸特性的类间相似度高和类内差异性大目标提升检测正确率的重要手段。

5.4 ERFAA-PCBTA 设计方法

5.4.1 整体框架设计

基于有效感受野-锚分配的 PCB 过孔装配场景目标检测方法使用 YOLOv3 作为基准模型，场景中的 PCB、待装配或已装配电子元器件、待装配或已装配过孔和部分其他电子元器件作为检测目标。以分析三个检测头的有效感受野对目标检测聚焦特征的影响为出发点，对锚分配层每个像素点的有效感受野进行精细化分析和计算，研究重点是设计将锚的粗分配转换成精准分配的锚分配规则，同时设计了结合上下文信息和通道注意力的联合模块解决兼具小尺寸特征的类间相似度高及类内差异性大目标检测正确率低问题。图 5-4 展示了基于有效感受野-锚分配的 PCB 过孔装配场景目标检测方法整体框架。

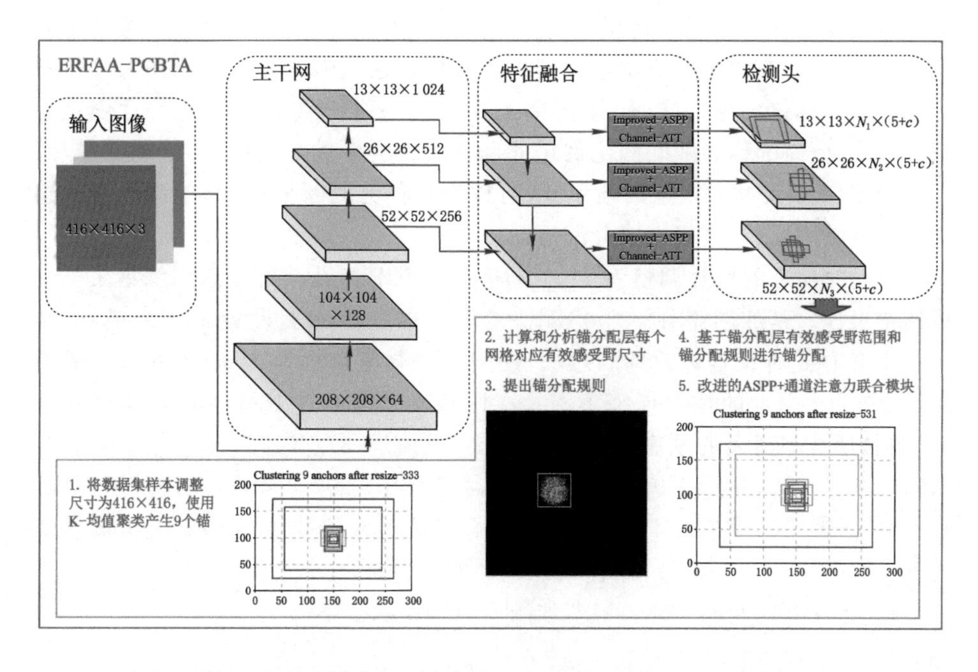

图 5-4　基于有效感受野-锚分配的 PCB 过孔装配场景目标检测方法

本章重点研究根据每个锚分配层的有效感受野范围设计精准锚分配规则。基于 CNN 的目标检测网络结构由主干网、特征融合和检测头三部分组成。对于 ERFAA-PCBTA，输入是一个尺寸调整为 416×416 的 3 通道 RGB 彩色图像，主干网是特征金字塔形式的特征提取器，Darknet-53 为主干网，特征融合部分可以有效地将浅层位置特征和深层语义特征进行融合，帮助检测头更好地定位和识别目标，3 个检测头通过分配的锚不断分类和回归完成不同尺度的目标检测。ERFAA-PCBTA 主要包括检测头精细化有效感受野计算与分析、设计基于 ERF 的锚分配规则和提出空洞空间金字塔池化（Atrous Spatial Pyramid Pooling，ASPP）＋通道注意力的联合模块，这些方法分别发生在 YOLOv3 的数据处理层面、特征融合和检测头部分，下面将详细描述。

5.4.2 锚的产生

这里采用无监督学习算法 K-means，通过对训练集的样本标签框进行聚类，自动生成 k 组宽高相似度高的锚。整个模型输入图像的大小为 416×416，所有训练集和测试集图像都会先调整尺寸到 416×416，同时调整尺寸后的标签框用于聚类生成锚，这些锚用作目标检测预选框，这些从训练集大量标签数据中获取的目标经验尺寸，可以帮助模型在 CNN 的训练过程中通过学习目标特征生成识别定位权重，在测试阶段快速找到检测目标。这里强调锚是在原图尺寸调整为 416×416 后生成的主要有两个原因：① 对于基准模型输入图像尺寸固定为 416×416，此时的锚为随之同比例尺寸调整后聚类生成，进行目标检测更准确；② 随图像调整尺寸后产生的锚尺寸，可以直接作为判断依据，与检测头有效感受野尺寸范围比较，来确定锚分配规则。

下面对比一下尺寸调整为 416×416 前后 PCB 过孔装配场景训练集聚类生成的锚尺寸。基准网络在 3 个检测头的每个网格单元上设置了 3 个锚，一共 9 个锚，遵循这种设置锚数量的想法，使用图片调整大小为 416×416 后生成的 9 个锚作为要分配的锚。训练集图片在调整尺寸前通过 K-means 聚类得到的 9 个锚按照从小到大的顺序，依次为[171,72]、[218,87]、[118,168]、[220,110]、[194,274]、[242,364]、[400,255]、[320,448]和[2 293,1 480]，如图 5-5(a)所示；调整图像尺寸大小为 416×416 后执行 K-means 聚类生成的 9 个锚按照从小到大的顺序，依次为[21,9]、[14,17]、[22,32]、[35,22]、[27,41]、[47,30]、[34,47]、[186,120]和[233,151]，如图 5-5(b)所示。

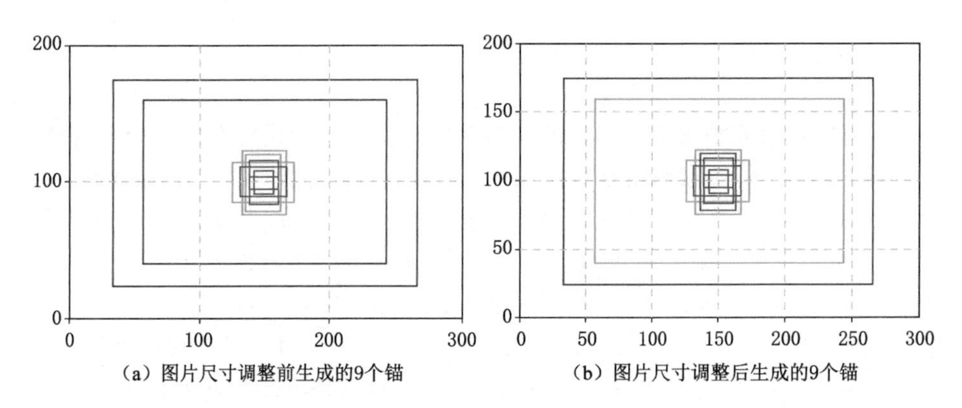

蓝色、绿色和红色表示放置在 13×13、26×26 和 52×52 检测头每个网格上的锚。

图 5-5 使用 K-means 生成 9 个锚

5.4.3　锚分配层有效感受野的精细化研究方法

在卷积神经网络中,感受野代表了网络内不同深度的神经元对原始图像的感知范围的大小。卷积层数越深,最终像素反馈到原始图像的视场越大。有效感受野是指可以有效接收到的原始图像信息区域,该区域具有高斯分布,它反映了当卷积神经网络使用卷积核对图像进行遍历特征提取时,前一层中不同位置的像素对当前层中某个点的特征值贡献不同[146]。现已有关于卷积神经网络 ERF 的计算和分析相关研究[146,148-149],然而,目前的研究都默认 ERF 是方形的,并没有对其大小和形状进行精细化分析。图 5-6展示了梯度反向传播方法,对 YOLOv3 的三个检测头,即锚分配层对应的检测头每个网格可以进行 ERF 精细化分析计算。

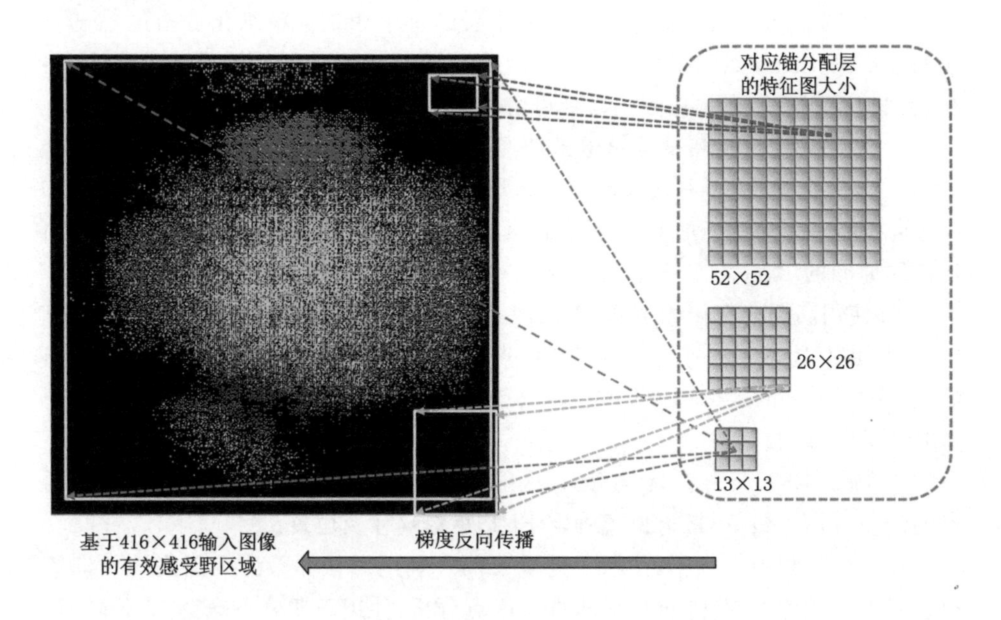

图 5-6　ERFs 精细化分析示意图

图 5-6 中黑色背景上的彩色点是 YOLOv3 检测头 13×13 特征图上第 7 行第 7 列的网格映射回原始图像时可以激活的有效区域,黄色矩形是对应 ERF 的外接矩形。三个矩形框分别表示三个检测头的锚分配层中一个网格对应的 ERF 大小和位置。右侧的三个网格表示输入图像大小为 416×416 时三个检测头锚分配层的大小。因为检测头尺寸越大,每个网格映射回原图的区域越小,对应的 ERF 尺寸也就越小;检测头尺寸越小,每个网格映射回原图的区域越大,对

应的 ERF 尺寸也就越大。因此,黄色大、中和小三个矩形框分别对应了尺寸为 13×13、26×26 和 52×52 的检测头 ERF 大小。

整个有效感受野的精细化分析计算方法分为七个步骤:

① 加载目标检测模型。因为本方法使用的目标检测基准模型是 YOLOv3,所以需要先构建并加载这个模型。

② 导入模型权重。使用对 PCB 过孔装配场景数据集预训练的 YOLOv3 权重对模型各层网络赋值,利用该权值和待分析像素强度,可以进行梯度反向传播,确定激活区域。

③ 确定要分析的网络层数。精细化 ERF 分析计算方法可用于分析模型任意层特征图中的任意像素对应 ERF 尺寸。因此,必须首先告知目标检测模型中要研究的特征图所在网络层数。

④ 将初始值 1 赋予要分析的特征图层的每个像素。精细化分析的精髓在于精准和细化。逐点确定特征图像素点能视觉感知到的原始图像区域大小,将在卷积神经网络的视觉任务中起到可解释、精准辅助的作用。

⑤ 使用梯度反向传播计算输入图像三个通道的激活程度。首先,构造三个 416×416 黑色通道,分别代表彩色输入图像尺寸调整成 416×416 后的 R、G 和 B 通道。将一个像素点赋亮度值为 1、其他像素点赋亮度值为 0 的特征图,反向传播回原图的 R、G、B 三个通道,得到一个三通道激活图。

⑥ 使用高斯分布函数来确定 ERF。根据 4.4.2 小节关于有效感受野计算中所提,并不是第 5 步得到的所有激活点都是有效的,有效区域是满足高斯分布的,利用高斯分布的 2σ 法则,可以确定待检测特征图上每个像素映射回原始图像时的 ERF 区域。

⑦ 确定 ERF 尺寸。确定 ERF 区域后,根据分布在 416×416 范围内激活点的最左、最右、最下、最上位置确定 ERF 矩形尺寸及位置。

在上述步骤中,②、④、⑥和⑦是重要的。利用对目标检测数据集的预训练权重对模型赋值,对待分析特征图进行逐点分析,使用高斯分布确定 ERF 区域,对激活区域的上下、左右范围进行量化求解,最终明确每个像素点的有效感受野具体区域和位置是精细化有效感受野分析计算的核心。

5.4.4 有效感受野-锚对目标检测效果的影响机制研究

通过对 CNN 特征图每个像素点的 ERF 精细化分析计算方法,可以确定整个特征图层的 ERF 范围。YOLOv3 目标检测模型依靠在三个检测头的每个网格上放置锚,通过不断对锚做回归,最终实现目标检测。一旦确定了目标检测任务的数据集,就确定了相应的锚尺寸。与锚分配层每个网格的 ERF 大小相比,分配的锚尺寸太大或太小,都会影响对目标特征的分类和定位,尤其是对类间相似度高及类内差异性大的显著特征,更是难以发现。

为什么要基于 ERF 确定锚的分配呢?这里用两个检测头中有效感受野-锚尺寸关系对目标检测效果的影响图例,来说明什么样的锚分配是合适的,什么样的是不合适的。图 5-7 分别展示了 13×13 检测头和 52×52 检测头的有效感受野-锚分布情况。其中,黄色框为矩形有效感受野区域,每个图上白色的三个框是每个检测头的网格上粗分配的三个锚。图 5-7(a)显示了第 4 行第 10 列的网格对应有效感受野分布和三个锚分布,这三个锚都包含在 ERF 中。三个锚的尺寸不同,所以锚[34,47]与 ERF 相比太小了,这个锚就像盲人摸象一样在 32×32 的网格区域内不断回归进行目标特征识别和定位,既无法捕抓特征的全貌,也难以发现类间相似度高和类内差异性大的目标显著特征,所以锚[34,47]是不合适的。从图 5-7(b)中可以看出,只有一个锚被包围在 ERF 中,另外两个锚[186,120]和[233,151]比 ERF 大,这两个锚的边界都在 ERF 之外。当这样的两个锚放在这个检测头的网格对应 8×8 区域内进行目标检测时,就像大海捞针一样,尽管能看到提取特征的全部,但想要聚焦可分离特征和紧凑型特征也是很困难的,因此也不合适。

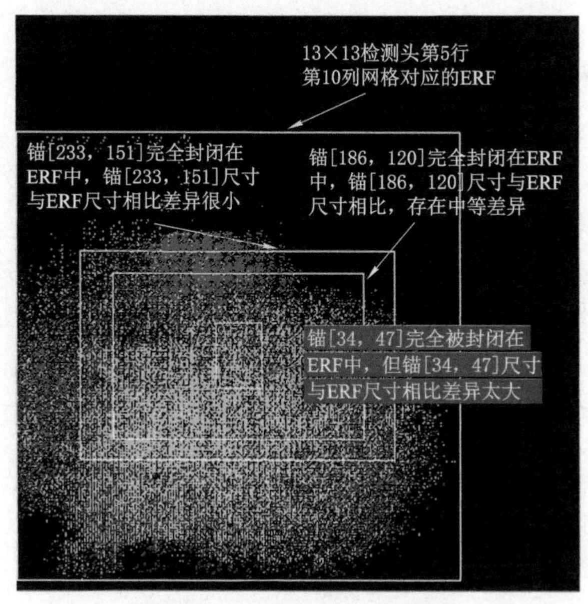

(a) 13×13检测头第4行第10列网格

图 5-7　有效感受野-锚对目标检测效果影响示例图

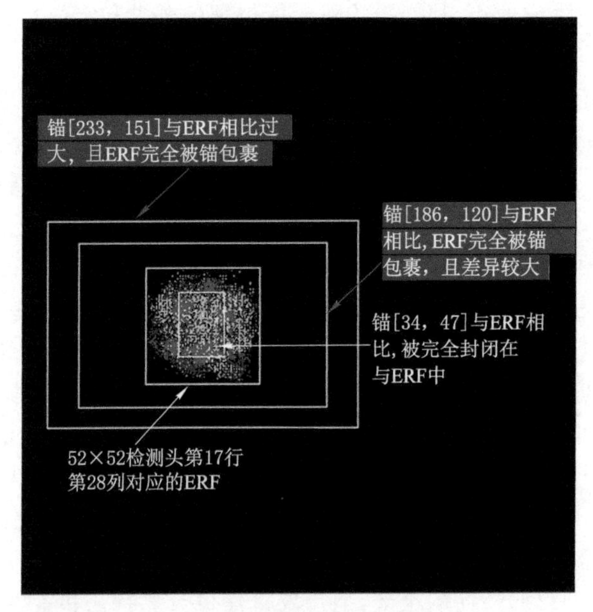

(b) 52×52检测头第17行第28列网格

图 5-7 （续）

5.4.5 有效感受野-锚分配规则

由 5.4.4 小节中分析可知，因为每个检测头分配的锚还要在对应尺度区域内进行不断的平移回归，如果锚尺寸大于有效感受野尺寸，那是不合适的。分配合适锚的关键在于锚应该被包围在有效感受野中，且锚与 ERF 之间的差异不能太大。因此，本节设计了一个基于 ERF 的锚分配规则。基于有效感受野-锚分配规则的伪代码见表 5-2。

表 5-2 基于有效感受野-锚分配规则的伪代码

```
Input:9 个锚按从小到大升序排列。每个锚用 anchors 表示，anchorsW 表示每个锚的宽度，anchorsH 表示每个锚的高度，anchors=[[…,…],[],…]。
三个锚分配层 52×52、26×26 和 13×13 中每个网格对应的 ERF 尺寸统计 Excel 表。
三个锚分配层的有效感受野可表示为 erf=[0:{"w_52(26,13)":matrix,"h_52(26,13)":matrix},…]
Output:在 52×52、26×26 和 13×13 中分配的锚信息。
```

表 5-2(续)

```
1:procedure allocate(anchors,erf)
2:data1=[ ] // For 52×52 output layer
3:   for anchor in anchors:
4:     isPass = 1
5:     for i in range(52):
6:        for j in range(52):
7:           if anchor[0] > w_52.iloc[i,j] or anchor[1] > h_52.iloc[i,j]:
8:           isPass = 0
9:        if isPass == 1:
10:    data1.append(anchor)
11:  print("52×52:",data1)
12:  data2=[ ] // For 26×26 output layer
13:  for anchor in anchors:
14:     isPass = 1
15:        for i in range(26):
16:           for j in range(26):
17:              if anchor[0] > w_26.iloc[i,j] or anchor[1] > h_26.iloc[i,j]:
18:              isPass = 0
19:           if isPass == 1 and anchor not in data1:
20:        data2.append(anchor)
21:  print("26×26:",data2)
22:  data3 = []
23:  for anchor in anchors:
24:     isPass = 1
25:        for i in range(13):
26:           for j in range(13):
27:              if anchor[0] > w_13.iloc[i,j] or anchor[1] > h_13.iloc[i,j]:
28:              isPass = 0
29:           if isPass == 1 and anchor not in data1 and anchor not in data2:
30:        data3.append(anchor)
31:  print("13×13:",data3)
32:  end procedure allocate
```

整个有效感受野-锚分配规则的执行流程如下：根据锚分配层每个网格的有效感受野，可以得到对应检测头的 ERF 范围。将锚从小到大排列，检测头的特征图越大，每个网格对应的 ERF 尺寸越小；检测头的特征图越小，每个网格对应的 ERF 尺寸就越大。从最小的锚开始，将其与检测头最大特征图中所有网格对应的 ERF 进行比较，假设这个锚可以包含在所有 ERF 中，这个锚就应该分配在这一层，只要一个 ERF 不能包含它，这个锚就会进入中间尺寸的检测头进行比较分配。之后重复上面的判断，把不满足中间尺寸检测头的锚分配至最小特征图尺寸的检测头，直至所有锚被分配到不同的检测头。

以上基于有效感受野-锚分配算法改变了原有 YOLOv3 锚平均粗分配方法。重新分配了三种尺度检测头中的锚，每一种尺度中的锚要对应该尺度的所有网格，同时遵循不同尺度的锚不再复用的原则。52×52 检测头对应的有效感受野尺寸最小，分配给 52×52 的锚是能够被这一层的 ERF 完全包围的锚。对于 26×26 检测头，可以分配的锚是去掉 52×52 分配锚后完全被该层包围的锚；对于 13×13 检测头，首先从所有的锚中删除 26×26 和 52×52 中已分配的锚，剩下的锚被分配到该层。最终，实现了一种基于有效感受野的精准锚分配算法。

5.4.6 改进的 ASPP 和通道注意力联合模块设计

除了为类间相似度高及类内差异性大的目标检测分配合适的锚外，对于兼具小尺寸特性的目标在特征提取和融合过程中更容易出现丢失信息导致的难检测问题，图 5-8 展示了目标尺寸占比与类内、类间相似度的统计图。

图 5-8 中的横轴和纵轴不仅展示了目标的类别名，还在括号内展示了该类目标占所属图片面积百分比的平均值。在 5.3.2 小节关于目标类别相似度分析中已经说明，两类目标的相似度越高，平均感知哈希值越低，反映到统计矩阵图中颜色越深，目标类内自身差异性越大；感知哈希值越高，反映到统计矩阵图中颜色越亮。在图 5-8 中，对角线反映了整个数据集的目标类内差异性，除对角线之外的反对称矩阵反映了整个数据集的目标类间相似度。根据颜色的深浅可以发现，类内差异性大且尺寸小的目标类别有 Cap100uF、Inserted220uF、Inserted22uF 和 Pin22uF，类间相似度高且尺寸小的目标出现在 Inserted220uF、Inserted22uF、Inserted470uF 和 Pin220uF、Pin22uF、Pin470uF 这两组三类目标两两之间。

对于 YOLOv3 的特征融合部分，经过主干网提取的特征图，让这些特征图通过改进的 ASPP [150] 和通道注意力[151]联合模块，然后将经过该联合模块加强后的特征发送到最终的检测头。图 5-9 显示了整个联合模块的组成部分。

对于改进的 ASPP 模块，输入特征图要先通过 4 条支路进行卷积运算，这 4 条支路的卷积核分别为 1×1、3×3、空洞率为 3 的 3×3 和空洞率为 5 的 3×3，这 4 种尺度的卷积核既获得了细粒度特征、局部特征，又获得了两种感受野扩大的特征。尤其是这两种感受野扩大的特征，可以将小尺寸目标周围更多的上下文信息包含进特征里，这些上下文信息可以补充小尺寸且类间相似度高及类内

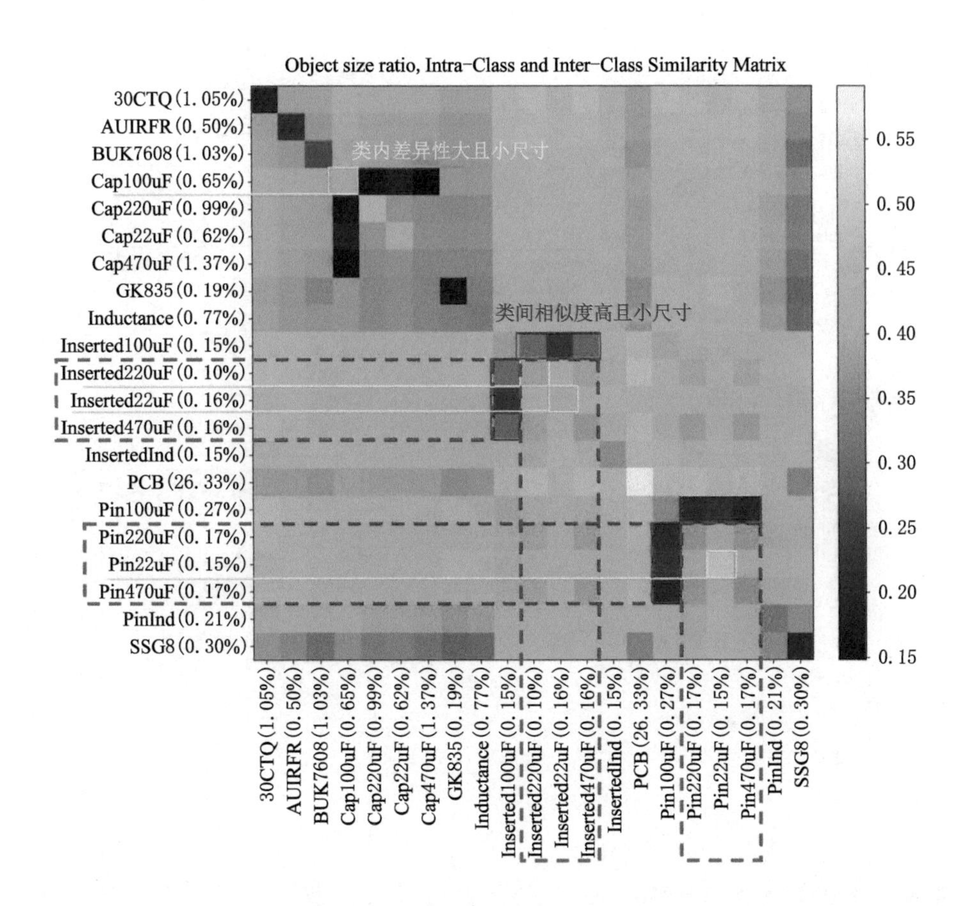

图 5-8　目标尺寸占比与类内、类间相似度示意图

差异大目标的特征信息。对于通道注意力模块，可以通过对各个通道的依赖关系建模来提高网络的表示能力，特别是学习不同通道特征的权重，并根据权重逐通道调整特征，使模型能够学习使用全局信息，有选择性地增强有用信息的特征并抑制无用的特征，这种注意力模块也可以加强小尺寸目标的特征。整个联合模块由改进的 ASPP 模块之后连接通道注意力模块构成，同时，每个子模块还有输入特征的相加运算，这样不仅可以进一步加强小尺寸目标的类间可分离特征及类内紧凑型特征，还可以避免梯度消失情况。

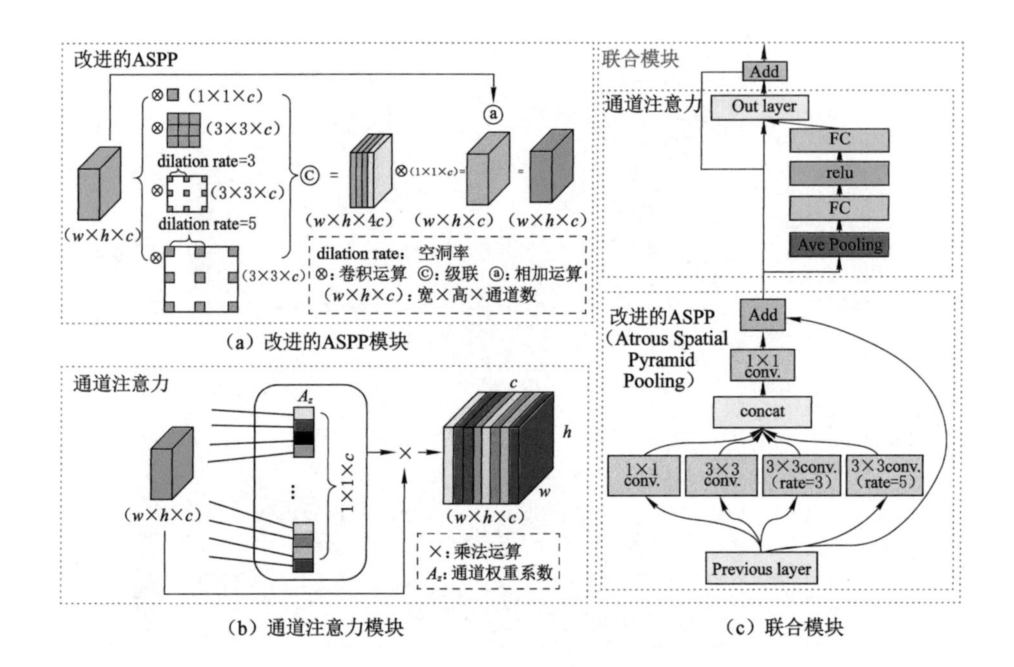

(a) 改进的ASPP模块

(b) 通道注意力模块

(c) 联合模块

图 5-9 特征加强联合模块

5.5 ERFAA-PCBTA 实验结果与分析

本章在 OPCBA-21 上训练测试，验证所提出的方法。因此，确定实验平台与实验参数后，首先，基于预训练 YOLOv3，分析三个检测头的 ERF；其次，使用本章所设计的基于 ERF 的精准锚分配规则，完成不使用联合模块和使用联合模块的两种锚分配设计；再次，对可视化的检测结果和量化的精确度、运算复杂度进行分析和讨论；最后，与当前其他目标检测方法进行对比分析。

实验在配备 Intel® Xeon® Gold 6132CPU@2.60 GHz、192 GB RAM、单 NVIDIA® Titan RTX 显卡 24 G 和 Ubuntu 18.04 LTS 操作系统的深度学习工作站上进行。程序代码是用 Python 3.7 编写的，使用 TensorFlow 深度学习库(2.0 版)。表 5-3 列出了用于实验算法的参数。

表 5-3　实验参数设置

参数	取值
Train image size in pixels(height×width)	416×416
Number of categories	21
Training epochs	100
Train warmup epochs	10
Learn_rate_init	0.000 1
Learn_rate_end	0.000 001
Gradient Descent	ADAM OPTIMIZER
Train batch size	12

5.5.1　YOLOv3 检测头的 ERF 精细化分析

对 YOLOv3 三个检测头进行精细化 ERF 分析，确定三个检测头的 ERF 范围，是实现基于 ERF 的锚分配方法的基础。根据 5.4.3 小节中提出的方法，可以计算出在 YOLOv3 预训练模型权重下，三个检测头 52×52、26×26 和 13×13 三种尺寸下每个网格对应的 ERF 尺寸。为了形象地说明每一层、每个网格对应 ERF 的不同位置和大小，对于每一个检测头，网格编号 x ＃＃y 代表该特征图网格中的第 x 行和第 y 列(特征图的左上角为第 1 行第 1 列)。有效感受野图展示了对应网格编号的像素点映射回 416×416 的三通道原图时的有效激活区域。有效感受野图尺寸 $w \times h$ 反映了有效激活区域对应的外接矩形大小。表 5-4 列出了三个检测头中部分网格对应有效感受野位置与大小。

表 5-4　三个锚分配层有效感受野分析表

锚分配层特征图尺寸(13×13)					
网格编号	1＃＃1	13＃＃1	7＃＃7	8＃＃12	13＃＃13
有效感受野图	1＃＃1ERF	13＃＃1 ERF	7＃＃7ERF	8＃＃12ERF	13＃＃13ERF
有效感受野图尺寸	218×170	224×236	390×392	245×397	189×227

表 5-4(续)

锚分配层特征图尺寸(26×26)					
网格编号	1##1	8##6	13##13	19##22	26##26
有效感受野图	1##1ERF	8##6ERF	13##13ERF	19##22ERF	26##26ERF
有效感受野图尺寸	95×102	175×196	177×180	170×196	110×116
锚分配层特征图尺寸(52×52)					
网格编号	1##1	3##22	27##27	45##9	52##50
有效感受野图	1##1ERF	3##22ERF	27##27ERF	45##9ERF	52##50ERF
有效感受野图尺寸	44×41	82×64	90×82	75×76	65×53

观察表 5-4 可以发现,检测头的特征图尺寸越小,每个网格对应的 ERF 区域越大,检测头的特征图尺寸越大,每个网格对应的 ERF 区域越小,且每个网格对应的 ERF 尺寸在同一层检测头中是不同的。

5.5.2 基于 ERF 的锚分配

根据对 YOLOv3 模型的分析,可知 13×13 的输出层有 169 个网格。从面积上看,最小的 ERF 尺寸为(222,162),最大的 ERF 尺寸为(390,399)。因为基于 ERF 的锚分配更关心的是在这一层分配的锚完全被所有网格的有效感受野包围,因此,通过算法找到宽度值最小的 ERF 尺寸(189,227)和高度值最小的 ERF 尺寸(226,160)。同理,可以得到 26×26 输出层面积最小的 ERF 尺寸为(84,111),面积最大的 ERF 尺寸为(182,193),宽度值最小的 ERF 尺寸为(81,122),高度值最小的 ERF 尺寸为(112,86);对于 52×52 的输出层,面积最小的 ERF 尺寸为(41,39),面积最大的 ERF 尺寸为(118,87),宽度值最小的 ERF 尺寸为(38,54),高度值最小的 ERF 尺寸为(47,38)。

上面提出的锚分配规则适用于已确定锚大小的 PCB 过孔装配场景数据集。对于 52×52 的检测头，分配了 4 个锚，分别是[21,9]、[14,17]、[22,32]和[35,22]；对于 26×26 的检测头，分配了 3 个锚，分别是 [27,41]、[47,30] 和 [34,47] ；对于 13×13 的检测头，有 2 个分配的锚，分别是[186,120]和[233,151]。对于兼具小尺寸且类间相似度高、类内差异性大的目标，提出了改进的 ASPP 和注意力机制联合模块，而改进后的 ASPP 最大作用是结合更多的上下文信息，扩大感受野。因此，对于使用该联合模块的模型，使用相同基于 ERF 的锚分配方法。52×52 的检测头分配了 5 个锚，分别为[21,9]、[14,17]、[22,32]、[35,22]、[27,41]；26×26 的检测头一共分配了 3 个锚，分别是[47,30]、[34,47]和[186,120]；13×13 的检测头只分配了 1 个锚，即 [233,151]。

图 5-10(a)和图 5-10(b)分别展示了基准模型 YOLOv3 不使用联合模块和使用联合模块后，在 OPCBA-21 中基于 ERF 的锚分配规则得到的两种锚分配方案。这和 YOLOv3 不同的是，YOLOv3 是将 9 个锚点大小平均粗分配在三个检测头中。每个图中的红色、绿色和蓝色分别代表分配在 52×52、26×26 和 13×13 三个检测头的锚。从图中可以发现，对于不使用联合模块的方法，对应锚分配为 432，对于使用联合模块的方法，对应锚分配为 531。

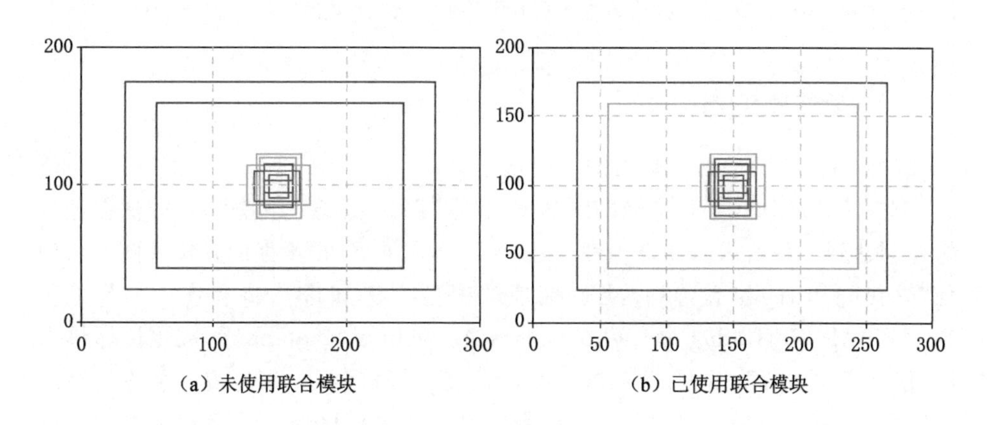

图 5-10　基于 ERF 的两种锚分配结果

为了更好地对比说明本章方法的有效性，通过添加改进的 ASPP、通道注意机制、联合模块和三种锚分配方案共进行了 8 组实验。表 5-5 给出了这 8 组实验的命名规则和具体包含方法。

表 5-5　实验名称、包含的方法内容和锚分配

<table>
<tr><th>实验名</th><th>特征融合</th><th>52×52</th><th>26×26</th><th>13×13</th></tr>
<tr><td>YOLOv3-333(基准模型)</td><td>原特征融合方式</td><td rowspan="4">[21,9]
[14,17]
[22,32]</td><td rowspan="4">[35,22]
[27,41]
[47,30]</td><td rowspan="4">[34,47]
[186,120]
[233,151]</td></tr>
<tr><td>YOLOv3-IASPP-333</td><td>改进的 ASPP</td></tr>
<tr><td>YOLOv3-CATT-333</td><td>通道注意力</td></tr>
<tr><td>YOLOv3-IASPP -CATT-333</td><td>联合模块</td></tr>
<tr><td>YOLOv3-432</td><td>原特征融合方式</td><td rowspan="2">[21,9]
[14,17]
[22,32]
[35,22]</td><td rowspan="2">[27,41]
[47,30]
[34,47]</td><td rowspan="2">[186,120]
[233,151]</td></tr>
<tr><td>YOLOv3-IASPP -CATT-432</td><td>联合模块</td></tr>
<tr><td>YOLOv3-CATT-531</td><td>通道注意力</td><td rowspan="2">[21,9]
[14,17]
[22,32]
[35,22]
[27,41]</td><td rowspan="2">[47,30]
[34,47]
[186,120]</td><td rowspan="2">[233,151]</td></tr>
<tr><td>ERFAA-PCBTA(ours)</td><td>联合模块</td></tr>
</table>

注:实验名称中出现 YOLOv3 表示使用了 YOLOv3 为基准模型,出现 IASPP 表示使用了改进的 ASPP 模块,出现 CATT 表示使用了通道注意力模块,出现 IASPP -CATT 表示使用了联合模块,即改进的 ASPP+通道注意力联合使用,出现的三个数字组合表示分别在小尺度、中尺度和大尺度检测头分配的锚个数。ERFAA-PCBTA 表示使用了联合模块,且从小到大三个尺度检测头分配的锚为 531。

5.5.3　实验结果可视化分析

(1) 所提方法的目标热力图可视化分析

在实际应用中,卷积神经网络模型往往被视为“黑盒”,虽然各种方法促进目标检测达到了前所未有的准确性,但解释网络在推理/预测期间在输入图像中如何“寻找”目标的位置,可以更好地理解模型方法和进一步调优。本节采用 Grad-CAM[152](Gradient-weighted Class Activation Mapping)可视化目标热力图,使用所有目标类的梯度(如“Cap100uF”等 21 种目标类别),流入最终的检测头以生成粗略的目标定位图,突出图像中目标的重要区域以预测目标类别及位置。基于 Grad-CAM 的目标热力图是通过颜色的不同来展示模型感兴趣目标的重要程度,红色反映了目标对于最后检测结果贡献最大的区域,深蓝色反映了目标对于最后检测结果贡献较小的区域,蓝色→绿色→黄色→红色颜色的不同反映了对于最终检测结果贡献由小到大的变化。

PCB 过孔装配场景中的目标主要存在类间相似度高及类内差异性大问题,本章提出的基于有效感受野的锚分配可以将合适的锚分配至对应的检测头,这些合适的锚被检测头的有效感受野包围,可以对类间可分离特征及类内紧凑型特征进行聚焦，提高目标检测的效果。同时，对于兼具小尺寸特性的目标，还需要通过改进的 ASPP 和通道注意力联合模块来引入上下文信息和通道注意力，解决难检测问题。为了形象地说明锚分配方法和联合模块对于 PCB 过孔装配场景目标检测的有效性，图 5-11、图 5-12 和图 5-13 分别展示了类内差异性大的 PCB、类间相似度高的 Cap100uF 和类间相似度高且小尺寸的 Inserted220uF 使用上述方法后的目标热力图。

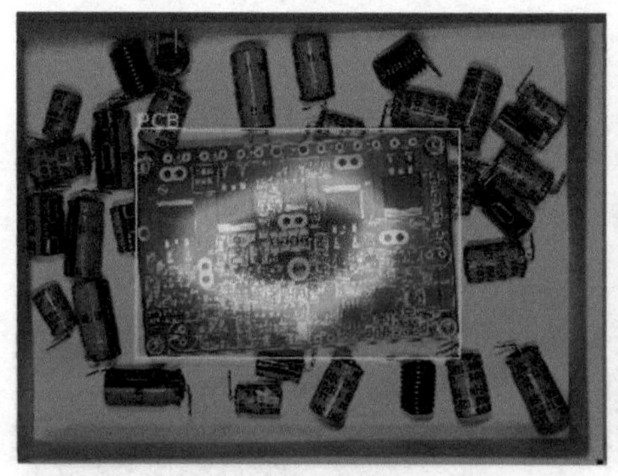

（a）装配前图片1的PCB

（b）装配中图片2的PCB

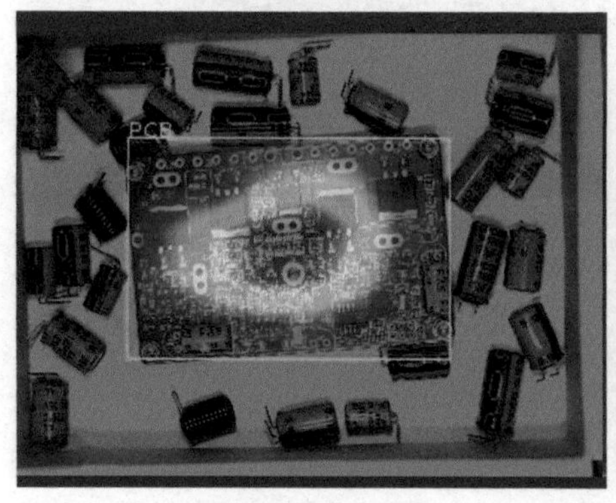

（c）装配中图片3的PCB

（d）装配后图片4的PCB

图 5-11　不同场景下 PCB 目标使用 ERFAA-PCBTA 后的热力图

对于 PCB 过孔装配场景中的 PCB 目标而言，由于整个装配场景既涉及装配前的裸 PCB（未有过孔插装电子元器件插入），也涉及装配中的 PCB（部分过孔插装电子元器件插入，但阶段不同，插入的电子元器件位置不同）、装配后的 PCB（板上所有过孔均有电子元器件插入），所以属于典型的类内差异性大目标。

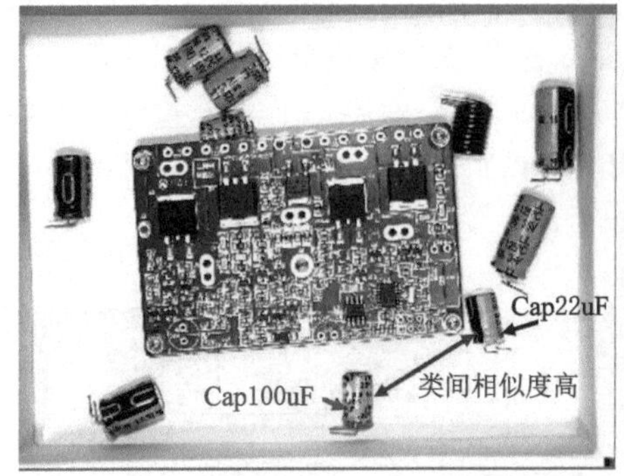

(a) 原图

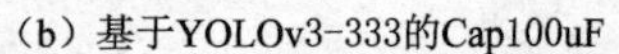

(b) 基于YOLOv3-333的Cap100uF

(c) 基于YOLOv3-CATT-333的Cap100uF

(d) 基于ERFAA-PCBTA的Cap100uF

图 5-12　类间相似度高目标热力图

图 5-11 展示了使用基于有效感受野-锚分配后的四种场景下可视化 PCB 热力图，尽管场景不同，但每次检测时，PCB 的中心区域即和插装电子元器件无关的区域最红，最受关注；而 PCB 的四周分布着过孔插装电子元器件待插入和已插入区域，热力图中呈现出深蓝色，属于模型对于 PCB 目标最不关注的区域。由此可推断出，本章提出的 ERFAA-PCBTA，通过将合适的锚分配至对应的检测头，检测模型可以突出显示图像中类内差异性大目标的紧凑型特征所在重要区域。

图 5-12 展示了类间相似度高目标 Cap100uF 的热力图。从图 5-12(a)中可以看出，对于过孔插装电子元器件 Cap100uF 和 Cap22uF 来讲，这两类目标外观尺寸一致，唯一的区别在于 Cap100uF 上有白色的印记，这个白色印记标志很不

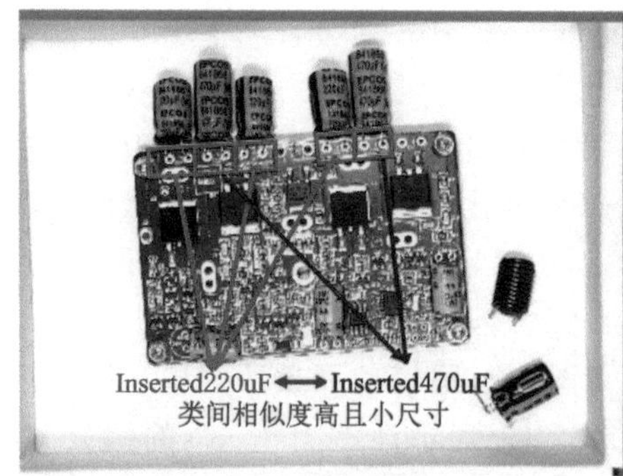

(a) 原图

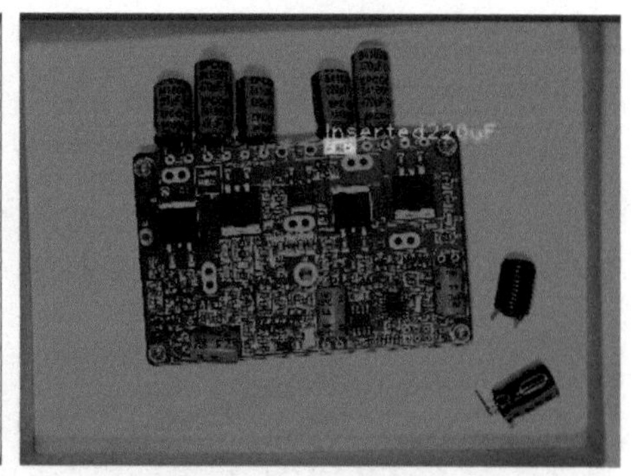

(b) 基于YOLOv3-333的Inserted220uF

(c) 基于YOLOv3-CATT-333的Inserted220uF

(d) 基于ERFAA-PCBTA的Inserted220uF

图 5-13　类间相似度高且小尺寸目标热力图

容易觉察且和反光区类似，因此，这两类目标属于典型的类间相似度高目标。图 5-12(b)展示了基准模型 YOLOv3-333 对于 Cap100uF 感兴趣区域的不同激活程度及检测结果。由于图中没有明显的红色区域，且黄色出现在 Cap100uF 的中上大部分区域，没有明显激活目标的可分离特征，因此出现了目标类别的误判，将 Cap100uF 误识别成 Cap22uF。图 5-12(c)展示了模型 YOLOv3-CATT-333 对于 Cap100uF 的感兴趣区域热力图及检测结果。热力图显示其中红色区域集中且靠近代表 Cap100uF 的白色印记，绿色的矩形框和类别名称正确显示模型对目标类别检测正确。YOLOv3-CATT-333 只使用了通道注意力模块，图 5-12(c)也充分证明通道注意力通过为各个通道赋予不同的权重来强调有用特征和抑制无效特征。图 5-12(d)展示了模型 ERFAA-PCBTA 对于 Cap100uF 的感兴趣区域热力图及检测结果，ERFAA-PCBTA 包含了本章提出的基于有效感受野-锚分配方法和联合模块，Cap100uF 目标红色区域明显且变大，将更多的标识性白色印记包含在内，最终检测结果正确。图 5-12 充分证明了本章方法可以很好地提取类间相似度高目标的可分离性特征。

图 5-13 展示了类间相似度高且小尺寸目标 Inserted220uF 的热力图。从图 5-12(a)中可以看出，对于 PCB 上的已插装过孔，因为插入的电子元器件不同，该过孔的目标类别不同，而这些目标类别的区别在于上下文信息不同，而且这些过孔的外形尺寸比例小，属于小尺寸目标。依次观察图 5-13 中的(b)、(c)和(d)，可以发现 Inserted220uF 的激活热力图在不同模型下激活区域和激活强度不同。尤其是图 5-13(d)，通过改进的 ASPP＋通道注意力＋531 的锚分配，在扩大上下文信息后，激活的红色区域几乎占据了 Inserted220uF 目标检测区域的全部。图 5-13 充分证明了本章方法可以很好地检测类间相似度高且小尺寸目标。

(2) ERFAA-PCBTA 实验目标检测可视化效果

ERFAA-PCBTA 算法可以实现 PCB 过孔装配场景中的多目标检测，利用该算法测试了 120 张图像。图 5-14 抽取出四张图像的检测结果来说明 ERFAA-PCBTA 算法的检测效果。这四张图像分别是装配前一张、装配中两张、装配后一张。每组算法测试结果展示中，共显示两张图片，左边为输入图像中待检测目标的真实值，即所有待检测目标的类别和位置。右边为基于 ERFAA-PCBTA 算法检测结果图，检测结果图用不同颜色的矩形框来表示检测到的不同目标位置，矩形框的左上角显示了目标的类别名称和置信度，置信度越高、类别名称越准确说明算法的性能越好。

综合分析图 5-14 的四排图像，会发现不管是装配前、装配中还是装配后都属于复杂的目标检测场景，每种场景中都涉及元器件个数多、类别多现象，而且都存在类间相似度高、类内差异性大且小尺寸的问题。但是，纵观四张图像的检测结果，对于图 5-14(a)和图 5-14(b)，因为是装配前图像，因此涉及大量未插装电子元器件，这些电子元器件杂乱、无序排列，每种电子元器件形态各异，形成典型的类内差异性小问题，同时 PCB 上所有的未插装过孔都外形相似且小尺寸，呈现出类间相似度大且小尺寸问题。原图像中共有 48 个目标，检测出 46 个目标，有一个 Inductance 和一个 Pin100uF 未被检测出。对于图 5-14(c)和图 5-14(d)，原图像中共有 38 个目标，检测出 38 个目标，且所有目标的置信度都在 0.9 以上。对于图 5-14(e)和图 5-14(f)，原图像中共有 28 个目标，检测出 28 个目标，同样是不仅所有目标全部被正确检测，且所有目标的置信度都在 0.9 以上。对于图 5-14(g)和图 5-14(h)，原图像中共有 28 个目标，检测出 28 个目标，不论是 PCB 和大尺寸芯片，还是小尺寸的已插装过孔，均全部检测正确。基于

（a）装配前图像目标真实值

（b）装配前图像目标检测结果

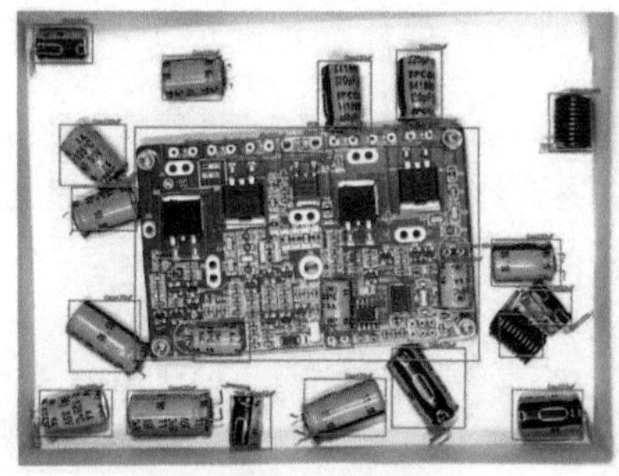

（c）装配中图像1真实值

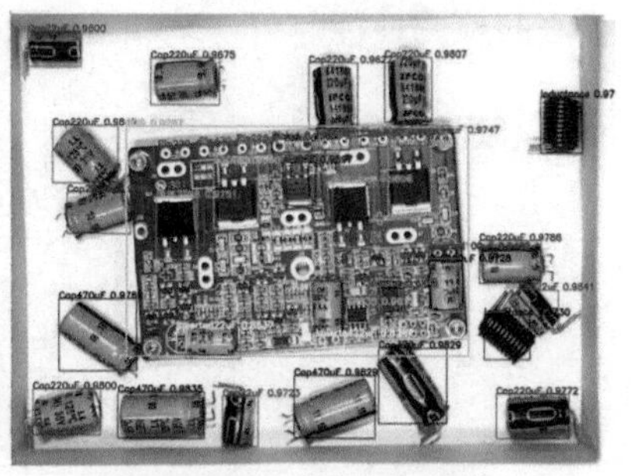

（d）装配中图像1目标检测结果

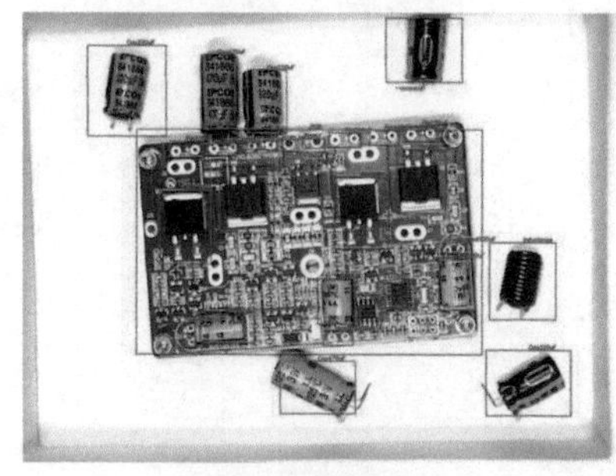

（e）装配中图像2真实值

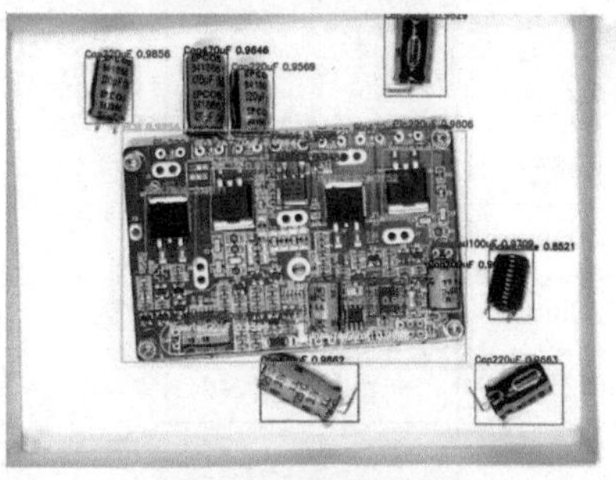

（f）装配中图像2目标检测结果

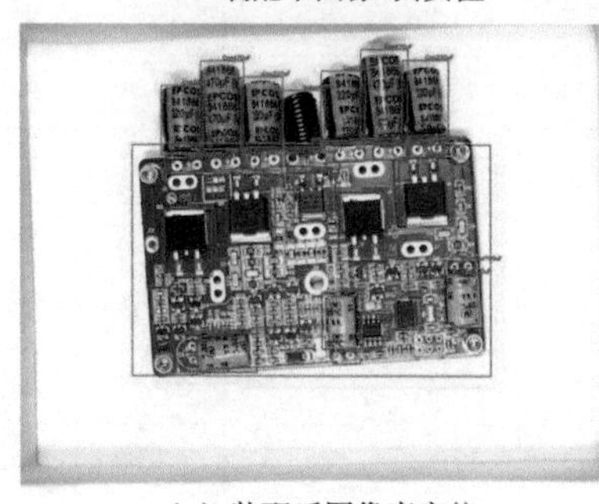

（g）装配后图像真实值

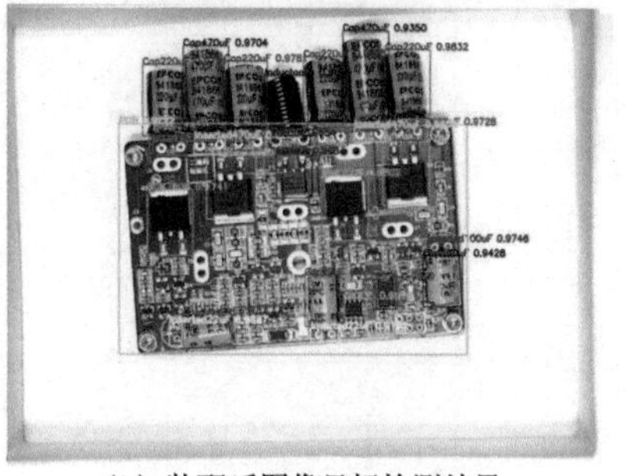

（h）装配后图像目标检测结果

图 5-14　基于 ERFAA-PCBTA 算法实验目标检测效果图

ERFAA-PCBTA 算法实验目标检测效果图，充分说明经过基于有效感受野-锚分配和联合模块的使用，可以很好地实现 PCB 过孔装配场景下的多类别、多目标检测。

5.5.4 实验客观结果分析

对于包含 21 个类别的 PCB 过孔装配场景多目标检测问题，这里使用 AP（平均准确度）表示表 5-5 所定义 8 种算法中单个类别的检测准确率，使用 mAP（平均准确度平均值）表示算法中所有类别的平均检测准确率。AP 和 mAP 值越高，算法的检测性能越好。表 5-6 展示了所有类别在 8 种算法中的检测准确率统计值。

表 5-6 每种目标类的 AP 和 8 种算法的 mAP 单位：%

类别	8 种算法的 mAP							
	YOLOv3-333	YOLOv3-IASPP-333	YOLOv3-CATT-333	YOLOv3-IASPP-CATT-333	YOLOv3-432	YOLOv3-IASPP-CATT-432	YOLOv3-CATT-531	**ERFAA-PCBTA**
30CTQ	69.83	70.80	74.11	75.19	74.58	80.06	86.06	**92.58**
AUIRFR	82.36	83.78	84.79	85.75	86.41	88.41	94.41	**95.41**
BUK7608	93.64	92.64	94.45	93.47	92.17	94.64	97.64	**98.17**
Cap100uF	80.00	86.67	81.22	87.15	87.49	85.29	85.29	**87.49**
Cap220uF	94.46	90.11	93.52	93.79	95.18	**96.47**	91.00	94.18
Cap22uF	90.24	90.49	92.19	90.22	90.74	90.38	90.38	**92.74**
Cap470uF	85.86	86.15	97.31	99.41	99.47	82.82	82.82	**99.87**
GK835	71.32	74.39	77.69	78.88	81.56	83.41	85.51	**97.56**
Inductance	88.68	87.27	89.12	**92.78**	91.84	90.80	90.80	91.84
Inserted100uF	93.62	80.65	94.63	95.52	**96.45**	89.13	89.13	87.45
Inserted220uF	89.01	90.10	90.23	**90.23**	88.56	89.01	89.01	88.56
Inserted22uF	84.72	86.87	88.42	86.35	87.27	88.13	87.13	**90.27**
Inserted470uF	67.27	74.12	74.49	71.25	69.46	74.31	80.89	**89.46**
InsertedInd	0.00	25.11	0.00	0.00	17.08	38.89	42.89	**46.21**
PCB	71.13	75.26	77.22	80.13	82.11	83.65	84.09	**85.14**
Pin100uF	61.90	76.19	77.19	67.19	74.11	77.41	77.54	**84.21**

表 5-6(续)

类别	8 种算法的 mAP							
	YOLOv3-333	YOLOv3-IASPP-333	YOLOv3-CATT-333	YOLOv3-IASPP-CATT-333	YOLOv3-432	YOLOv3-IASPP-CATT-432	YOLOv3-CATT-531	**ERFAA-PCBTA**
Pin220uF	87.75	89.82	91.39	92.12	**93.24**	93.17	93.17	**93.24**
Pin22uF	87.50	88.15	79.12	83.21	88.16	91.67	90.67	**92.16**
Pin470uF	95.83	94.67	93.12	95.12	95.88	97.22	97.22	**97.88**
PinInd	80.20	87.04	91.09	**93.25**	91.14	86.79	86.79	91.14
SSG8	90.44	91.38	84.03	92.37	91.58	**95.45**	95.45	91.58
mAP	79.32	81.98	82.16	83.02	84.50	85.58	86.57	**89.86**

注:粗体表示该算法的结果优于或等于其他算法。

从表 5-5 的具体数据中可以了解到,对于类内差异性最大的 PCB 目标,基准模型 YOLOv3-333 获得了 71.13%的 AP 值,随着改进 ASPP 模块、通道注意力模块和有效感受野-锚分配的依次及集成使用,AP 值获得了 14 个百分点的提升,达到了 85.14%。对于类间相似度高且尺寸小的 Inserted220uF、Inserted22uF、Inserted470uF、Pin220uF、Pin22uF 和 Pin470uF 这 6 种目标,也在不同方法的作用下,和基准模型相比,检测准确率均有提升,共有 5 种目标基于 ERFAA-PCBTA 取得了最优的检测准确率。综合所有目标类别的检测结果来看,ERFAA-PCBTA 在 15 个目标类别中提高了检测准确率,且 mAP 在 8 种算法中获得了最高值,比基准模型提升了 10.54 个百分点。

5.5.5 消融实验

对于本章提出的基于有效感受野-锚分配规则、改进的 ASPP,以 IoU 阈值为 0.5 时的 mAP 为衡量标准,以 YOLOv3-333 为基准模型,通过在基准模型上分别单独叠加、两两组合叠加和最终的集成叠加设计了消融实验。

(1) 不同方法组件对 mAP 的影响分析

这里将使用表 5-7 中方法的排列组合及对应 8 组实验获得的 mAP 来分析不同的方法组件对 PCB 过孔装配场景目标检测的影响程度。

表 5-7　不同方法组件对 mAP 的有效性

行号	算法名称	改进的 ASPP	通道注意力	有效感受野-锚分配	mAP@0.5
1	YOLOv3-333	×	×	×	79.32%
2	YOLOv3-IASPP-333	√	×	×	81.98%+2.66%
3	YOLOv3-CATT-333	×	√	×	82.16%+2.84%
4	YOLOv3-IASPP-CATT-333	√	√	×	83.02%+3.70%
5	YOLOv3-432	×	×	√	84.50%+5.18%
6	YOLOv3-IASPP-CATT-432	√	√	√	85.58%+6.25%
7	YOLOv3-CATT-531	×	√	√	86.57%+7.24%
8	ERFAA-PCBTA	√	√	√	89.86%+10.54%

注:"√"表示采用表头对应操作,"×"表示未采用。

在表 5-7 中,首先可以观察到的是第 2、3、4、5 行,这四行分别是单独使用改进的-ASPP(第 2 行)、单独使用通道注意力(第 3 行)、单独使用联合模块(第 4 行)和单独使用基于有效感受野-锚分配(第 5 行)。每一行的结果相对于基准模型都有 mAP 数值上的提升,但是将原有的 9 个锚的平均粗分配替换为精细化的根据锚分配层有效感受野范围分配锚,对于最终的检测准确性提升程度最大。联合模块的使用在最终的检测准确度提升方面排名第二。通道注意力和改进的 ASPP 对于最终的检测准确度提升效果依次下降。由于改进的 ASPP 可以结合更多的上下文信息来扩大锚分配层有效感受野的尺寸,因此需要在使用 IASPP 和 CATT 的联合模块时,重新根据扩大后的有效感受野进行精细化的锚分配。第 6 行算法使用了联合模块和 432 锚分配方式,mAP 结果获得了 6.25 个百分点的提升;第 7 行算法只使用了注意力模块和新的 531 锚分配模式,mAP 结果获得了 7.24 个百分点的提升。作为改进的 ASPP、通道注意力和基于扩大感受野后的有效感受野-锚分配(第 8 行)三个模块的集成应用,ERFAA-PCBTA 获得最优的 mAP 值,与原来的 YOLOv3-333(第 1 行)相比,增加了 10.54 个百分点。

(2) 实验过程分析

为了综合对比分析 8 组算法的优缺点,图 5-14 通过绘制的 4 组曲线进行实验过程对比分析。4 组曲线中用 8 种不同的颜色来表示 8 种实验,具体实验颜色的分配显示在 4 个子图中。

图 5-15(a)显示了目标检测的精确度和阈值之间的关系。从图中可知,随着阈值的增加,目标检测精确度也会增加。在检测过程中,红线模型提供基于阈值

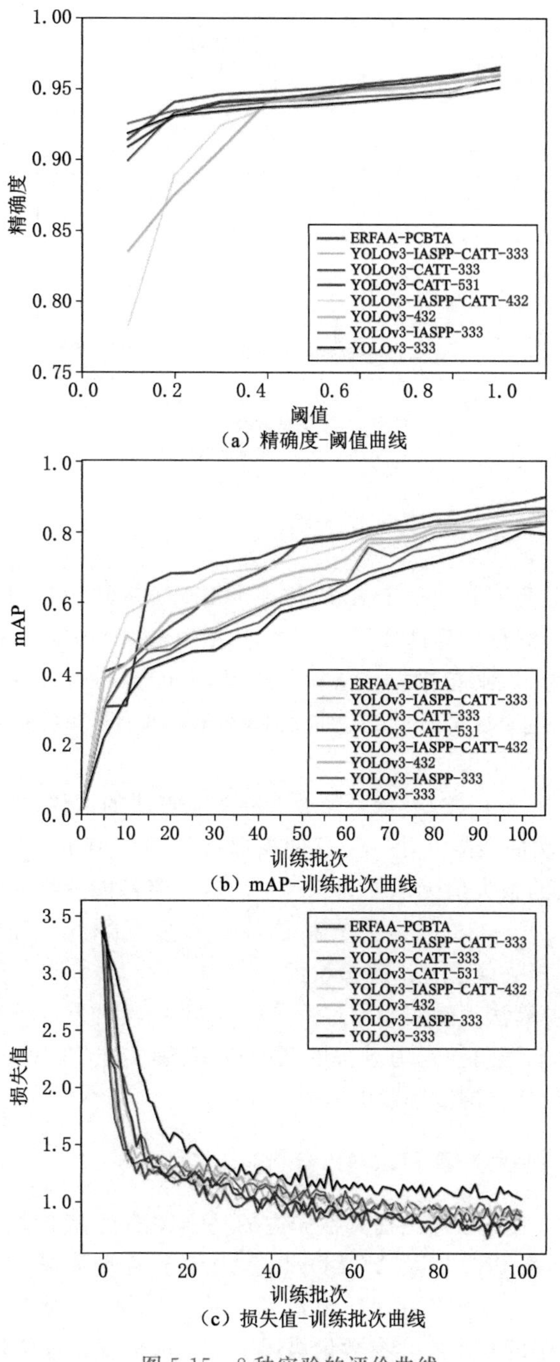

（a）精确度-阈值曲线

（b）mAP-训练批次曲线

（c）损失值-训练批次曲线

图 5-15　8 种实验的评价曲线

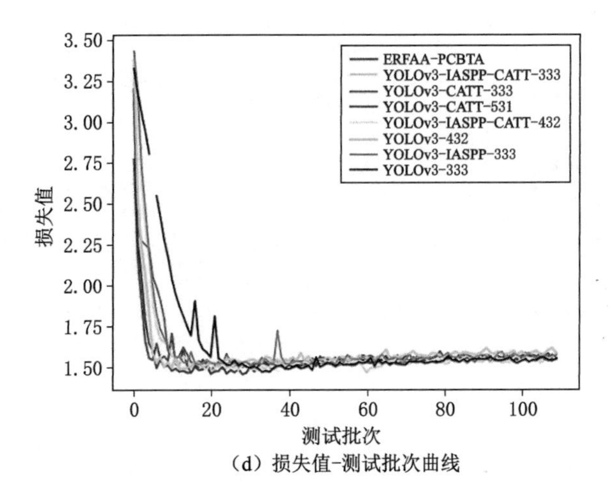

(d) 损失值-测试批次曲线

图 5-15 (续)

变化的精确度明显高于其他 7 个实验,体现了 ERFAA-PCBTA 的优越性。

本章的实验训练批次为迭代了 100 次,这里以 mAP 值为 y 轴,范围为 0 到 100%,迭代次数为 x 轴,范围 从 0 到 100。从图 5-15(b)可以看出,当训练批次的数量达到 100 时,表现最好的红色曲线 ERFAA-PCBTA 算法的 mAP 得到了最大值 89.86%。

图 5-15(c)和图 5-15(d)显示了随着 8 种实验算法的迭代,损失值-训练批次和损失值-测试批次曲线的变化。从这两条曲线的损失值下降变化趋势可以看出,虽然 8 种算法的损失值无论是训练还是测试最终都能达到一个稳定的数值,但基准网络 YOLOv3-333 的损失值总是持续缓慢下降的。红色曲线代表的 ERFAA-PCBTA 损失值总是下降最快的。

通过以上 8 种算法消融实验的过程分析,本章提出的基于有效感受野-锚分配、改进的 ASPP 和通道注意力方法的联合应用,确实在 PCB 过孔装配场景目标检测中取得了最佳检测准确度的效果。

5.5.6 与其他先进目标检测算法对比分析

将上述 8 种实验算法与当前其他先进的基于锚的目标检测方法进行比较,包括 Faster R-CNN、SSD 以及 YOLOv4。对于目标检测算法,更关心检测精确度和运算复杂度。这里使用 mAP 衡量算法检测精确度,使用算法参数量和 FLOPs 来衡量算法的复杂度。参数量描述了定义这个复杂网络需要多少参数,也就是存储算法所需的存储空间。FLOPs 描述了输入图像通过如此复杂的网络需要多少计算量,也就是使用算法所需的计算力。低运算复杂度的CNN具有少量参数和较少的FLOPs。

表5-8显示了11种算法的检测精确度和运算复杂度。其中,SSD的参数量最小,YOLOv3-CATT-333计算复杂度最低,ERFAA-PCBTA检测精确度最高。

表5-8　11种算法的mAP、参数量和计算量统计表

模型	mAP/%	参数量/M	FLOPs/G
Faster R-CNN(Resnet50)	74.31	43.44	742.47
SSD(VGG16)	82.74	**28.52**	91.55
YOLOv4	88.86	64.05	90.74
YOLOv3-333(基准模型)	79.32	61.68	32.72
YOLOv3-IASPP-333	81.98	66.42	35.04
YOLOv3-CATT-333	82.16	58.92	**30.60**
YOLOv3-IASPP-CATT-333	83.02	69.93	35.35
YOLOv3-432	84.50	61.65	32.73
YOLOv3-IASPP-CATT-432	85.58	63.68	33.79
YOLOv3-CATT-531	86.57	58.89	30.61
ERFAA-PCBTA	**89.86**	61.73	32.74

注:粗体表示该算法的对应指标结果优于或等于其他算法。

对于公共数据集VOC*,对原3-3-3的9个锚进行重新分配,利用基于有效感受野的锚分配策略,得到对应小-中-大尺寸的检测头分别进行3-4-2分配,在进行基于基准模型和有效感受野-锚分配的目标检测方法实验后,实验参数和测试结果见表5-9。

表5-9　VOC*数据集目标检测结果对比表

方法	mAP/%	批次	锚
YOLOv3	71.84	100	[10,13,16,30,33,23]
			[30,61,62,45,59,119]
			[116,90,156,198,373,326]
ERFAA-PCBTA	73.37	100	[10,13,16,30,33,23]
			[30,61,62,45,59,119,116,90]
			[156,198,373,326]

基于以上 ERFAA-PCBTA 的 VOC* 数据集目标检测混淆矩阵如图 5-16 所示。

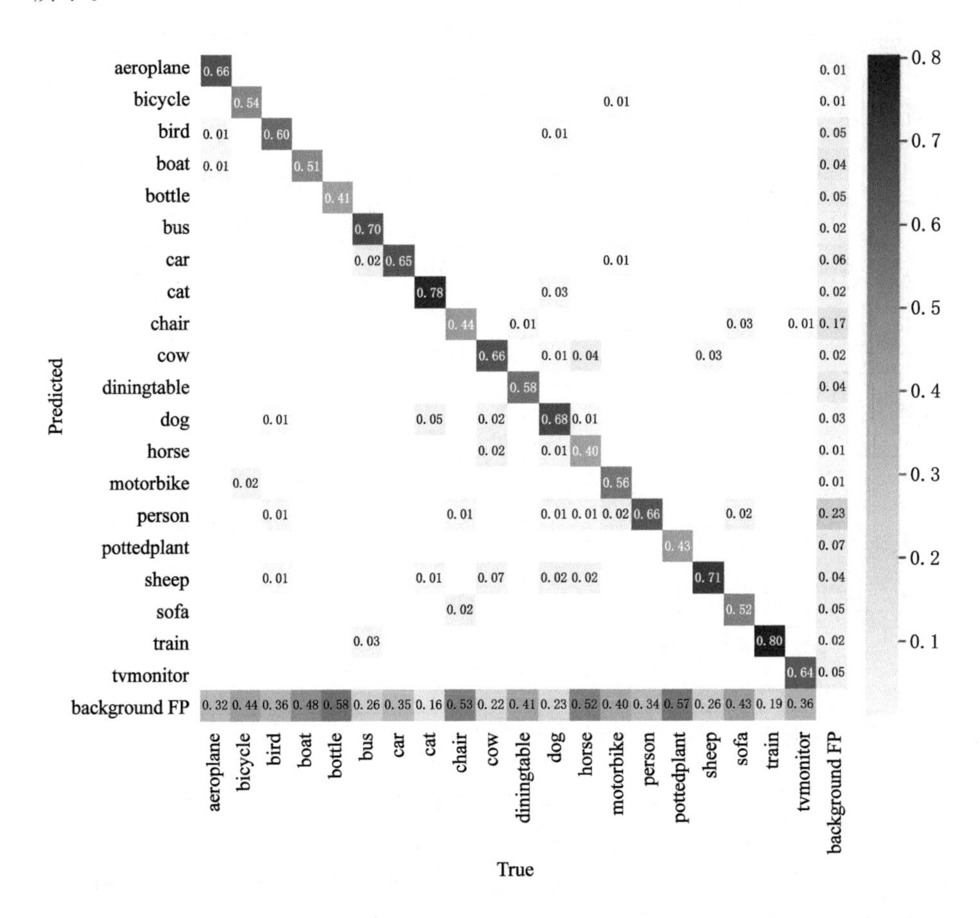

图 5-16 基于 ERFAA-PCBTA 的 VOC* 数据集目标检测混淆矩阵

综上所述,与其他基于锚的算法相比,ERFAA-PCBTA 在 PCB 过孔装配场景目标检测任务上,检测准确度高,且运算复杂度较低。在 VOC* 数据集上,与基准模型相比,检测准确度同样得到了提升。

5.6 本章小结

基于视觉的 PCB 过孔装配场景目标检测对于加速电子产品的智能生产至

关重要。要提高场景中的目标检测准确度，以保证装配产品的质量。本章设计了基于感知哈希的目标类别相似度分析方法，发现 PCB 过孔装配场景目标呈现出类间相似度高及类内差异性大的特性。为了有效挖掘类间可分离特征及类内紧凑型特征，首先，对 YOLOv3 三个检测头的每个网格进行了精细化的有效感受野分析，揭示不同位置的网格单元对应的有效感受野各不相同；其次，研究了网格有效感受野和不同锚对目标检测效果的影响机制，得出固定尺寸锚的平均分配与不同检测头的有效感受野尺寸范围之间的矛盾会降低目标检测的有效性；再次，设计了有效感受野-锚分配规则，之后设计了包含一定上下文信息和注意力机制的联合模块，加强了对类间相似度高及类内差异性大且小尺寸目标的检测能力；最后，将以上内容集成，设计了基于有效感受野-锚分配的 PCB 过孔装配场景目标检测方法。ERFAA-PCBTA 与基准模型比较，在 21 类目标的平均检测准确度上从 79.32%提升到了 89.86%，与其他先进目标检测方法比较，平均检测准确度最高。本章方法的主要贡献有以下三点：

① 设计了基于感知哈希的图像目标相似度量化方法。该量化方法通过计算切片目标类间及类内归一化相似度值，解决了类间相似度高及类内差异性大目标主要靠主观描述难以量化的问题，为 PCB 过孔装配场景目标检测准确度低的痛点指明了研究方向。

② 从有效感受野的角度实现了对 YOLOv3 的三个检测头的精细化分析。该精细化分析通过预训练权重可以将锚分配层每个网格映射回原图的激活区域进行可视化和量化，这种精细化分析对 CNN 的可解释性研究做出了一定的贡献。利用该精细化分析，发现了对于类间相似度高且类内差异性大的目标应进行精细化的锚分配，进而设计了有效感受野-锚分配规则。

③ 对于兼具小尺寸且类间相似度高及类内差异性大的目标，不仅需要精准的锚分配，还需要增加一定范围的上下文信息和调整同一融合特征层里不同通道的权重来提升检测精确度，由此还设计了改进的 ASPP 模块和通道注意力联合模块。将该联合模块与有效感受野-锚分配集成，最终设计的 ERFAA-PCBTA 在检测精确度上性能优异。

第6章　基于平衡策略的PCB过孔装配场景的快速精准目标检测方法

6.1　引言

在第5章研究PCB过孔装配场景目标检测方法时,发现检测目标存在类间相似度高及类内差异性大且有部分目标兼具尺寸小的特性,提出了检测头每个网格有效感受野精细化分析的方法,进而发现不合适的锚分配无法帮助目标检测网络很好地发现类间可分离特征及类内紧凑型特征,设计的有效感受野-锚分配规则和加强小尺寸目标上下文信息以及有用通道特征的联合模块确实提升了PCB过孔装配场景中目标的检测精确度。目标检测器的准确性是衡量其检测目标有效性的基本指标。然而,电子产品制造商深知速度对于保持竞争优势至关重要。同时,随着当今客户对个性化电子产品的需求日益增长,愿意从事工资低、工作重复枯燥人工视觉检测的工人越来越少,越来越多的电子产品制造企业已经认识到基于人工智能的工业视觉目标检测有助于降低人力成本和增加效率。这也就给基于卷积神经网络的PCB过孔装配场景目标检测算法在检测速度和精准度上提出了更高的要求。

基于卷积神经网络的检测速度和准确性特征被认为是相互制约的[153],表现出更高准确度的检测器通常执行更密集的计算,这使得它们的推理速度较低,反之亦然。在这种情况下,必须通过仔细的分析和设计,以便在训练和测试过程中选择合适的超参数,最终实现速度与准确度的权衡。在研究目标检测算法过程中,发现各种不平衡问题成为阻碍目标检测速度和准确度权衡的关键。

因此,本章以PCB过孔装配场景目标检测中存在的不平衡问题为切入点,研究这些不平衡问题对检测速度和精准度的影响机制,以平衡策略为解决主要不平衡问题的核心思想,研究训练集/验证集的类别均衡划分方法,提出有效锚的概念缓解正负样本不平衡,重新设计平衡目标尺度的特征融合方式,最终实现基于平衡策略的 PCB 过孔装配场景的快速精准目标检测方法。

6.2　方法整体设计

为了实现 PCB 过孔装配场景中快速精准目标检测的目标，首先，要发现数据集和网络中制约检测准确度和速度的问题。而通常情况下对数据集进行训练集/验证集划分、网络训练过程中的特征提取和基于锚的识别与定位会带来样本类别不平衡、多尺度特征不平衡和正负样本不平衡问题。样本类别不平衡会给网络带来目标的学习偏见，导致检测准确度的损失；多尺度特征不平衡会带来的部分目标特征消失的同时会影响检测准确度和速度；密集锚带来的正负样本严重失衡会导致大量无效运算，导致检测速度难以提升。

方法整体设计流程如图 6-1 所示。

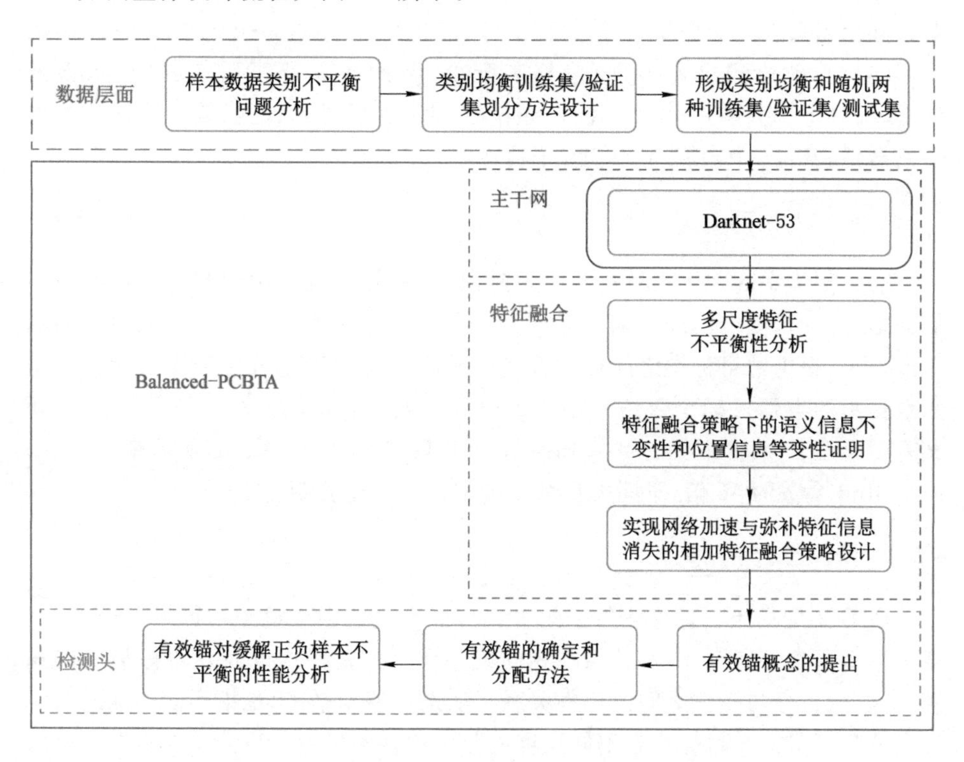

图 6-1　方法整体设计流程

本章提出方法的关键在于利用了平衡策略，在数据层面设计了类别比例平衡的训练集/验证集划分方法，在特征融合部分研究构建了适合目标尺度不平衡的“相加”特征融合方式，在检测头部分提出了缓解正负样本不平衡的有效锚概念，并设计了少量高效锚的产生和分配方式。这些设计制定的方法、策略、概念、网络结构实现了 PCB 过孔装配目标检测器的速度及精准度权衡。为了下面描述的方便，本章提出的方法称为 Balanced-PCBTA。

6.3 PCB 过孔装配目标检测中的不平衡问题

6.3.1 PCB 过孔装配多尺度数据集

PCB 过孔装配多尺度目标检测数据集 OPCBA-21*，是模拟过孔电子元器件装配全场景的一个自建数据集，为了提升算法的泛化能力，该数据集包含黑色背景和白色背景下分别采集的尺寸为 818×600 和 4 092×3 000 的两种尺度图片，共有 21 种检测目标类别，包括装配前、装配中和装配后三种场景，涉及 PCB、PCB 上部分贴片电子元器件、装配前和装配后过孔、已插装和待插装的电子元器件，共计 1 000 照片、9 725 个目标。

6.3.2 样本类别不平衡

当数据集中的一个类被过度表示时，也就是在数据集中比其他类拥有更多的样本个数时，就会出现类别不平衡。因为目标在自然界中以不同的频率存在，所以，数据集中的目标类之间存在天然不平衡。从 PCB 过孔装配多尺度目标检测数据集的类别目标个数统计图 6-2 中可以发现，数量最多的目标 Cap220uF 共有 2 067 个，数量最少的目标 InsertedInd 只有 45 个，而 Cap220uF 个数是 InsertedInd 个数的 46 倍，不同类目标数量中存在显著差距。

6.3.3 目标尺度不平衡

PCB 装配场景目标检测数据集中的目标不仅类别数量不均衡，而且存在尺度不平衡现象。所谓尺度，是指在相同或不同空间范围内图像及目标呈现的规模，主要指目标与整体之间的比例关系。所谓尺度不平衡，是指不同类别的目标尺度分布不平衡或目标具有不同尺度的数量比例不平衡。目标尺度不平衡是因为目标在自然界中具有不同维度这一事实的自然结果。尤其是小尺寸目标，因为小尺寸目标在自然界中存在丰富，因此通常情况下小尺寸目标在数据集中会非常丰富。尺度不平衡会导致主干网提取特征级别的不平衡，来自不同深度的

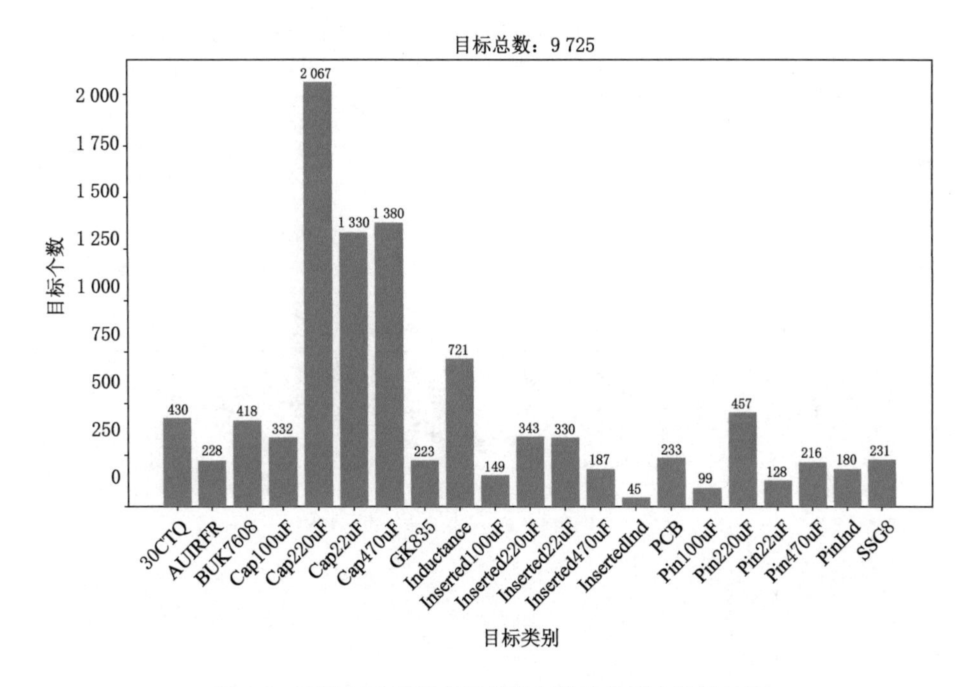

图 6-2　PCB 过孔装配多尺度数据集的类别个数统计图

特征提取层(即浅层和深层)的贡献不平衡。图 6-3 显示了数据集中目标尺度不平衡的现象。

图 6-3(a)中的"×"代表了每个目标面积与该目标所在图片总面积的比值，蓝色的误差棒表示该类别面积比分布的误差大小，误差棒越长，说明该类别面积比的分布越分散;误差棒越短，说明该类别面积比的分布越集中。从图中可以看到，PCB 这类目标在图中所占的面积较大，大约能占到整个图片面积的 25%～35%，其他 20 类目标的面积比都在 10%以下。其中，Cap470uF 的误差棒最长，PCB 的误差棒在长度上排名第二，说明这两类目标在不同的图片中尺寸分布分散。其他类别的目标误差棒较短，说明其他类别的目标尺寸分布较为集中。由此可判断数据集中不同类别的目标尺度不平衡。

图 6-3(b)中的横轴代表了目标个数，纵轴代表了目标在图片中进行面积比例归一化后的数值范围，蓝色柱体代表了在对应尺度范围内的目标个数。柱体越长，表示对应尺度范围内的目标个数越多。从图中可以看出，尺度范围在 0.01 内的目标个数最多，有 5 310 个目标，占到总目标个数的 54.60%。随着尺度范围增大，目标个数减少，中间出现断层，直到尺度范围到 0.26 和 0.31，才出现 233 个目标。充分说明数据集中不同尺度的目标数量不平衡。

总之,OPCBA-21* 存在目标尺度分布不平衡,且有一半目标为小尺寸目标。

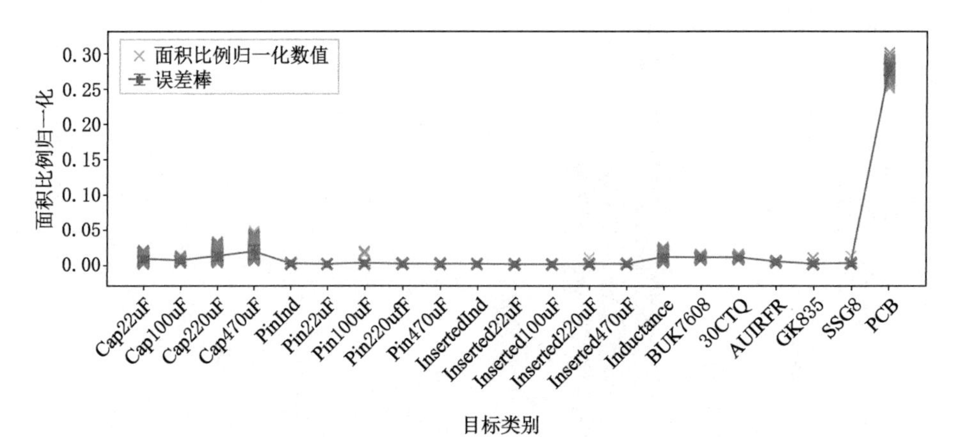

(a) 不同类别的目标尺度分布不平衡

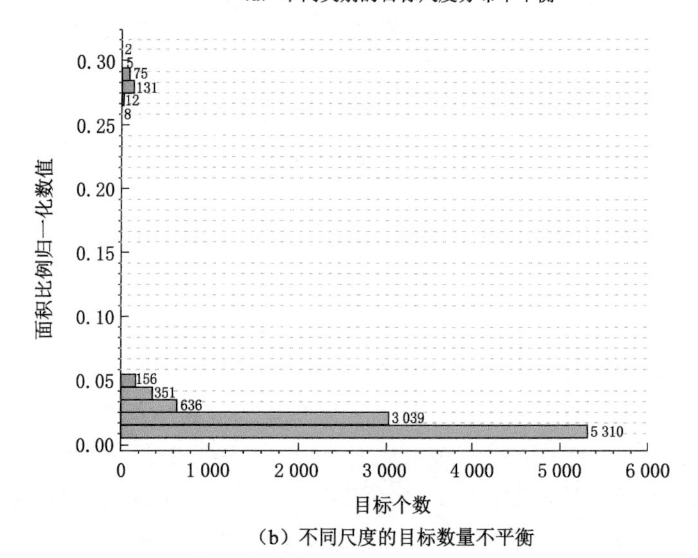

(b) 不同尺度的目标数量不平衡

图 6-3　目标尺度不平衡

6.3.4 正负样本不平衡

目前基于锚的目标检测严重依赖大量的样本数据学习。绝大多数的检测器要先在图像上的每个像素点或者划分的密集网络上放置大量的锚,然后计算每个锚与其邻近的真实值之间的联合交并比(IoU),如果 IoU 的数值高于提前设定好的阈值，则该锚为正样本；否则，该锚为负样本。接着，整个卷积神经网络通过不断的学习正负样本的特征，最后利用边界框回归和损失函数来实现网络参数的学习。所谓正负样本不平衡，是指在网络学习过程中正样本与负样本的个数悬殊，比例极端不平衡的现象。

这里用 ps_n 代表正样本的个数，ns_n 代表负样本的个数，p_n 代表照片的张数，a_{pn} 代表一张照片上放置的锚个数。IoU(anchor，groud_truth)为锚和目标真实值的交并比，IoU_t 为正负样本区分阈值，那么有：

$$\text{IoU(anchor, groud\_truth)} = \frac{|\text{anchor} \cap \text{groud\_truth}|}{|\text{anchor} \cup \text{groud\_truth}|} \tag{6-1}$$

统计数据集中所有锚与目标真实值的交并比结果，只要结果大于等于正负样本区分阈值，那么该锚即为正样本，否则该锚即为负样本。

$$ps_n = \text{number}[\text{IoU(anchor, groud\_truth)} \geqslant \text{IoU}_t] \tag{6-2}$$

对于一张照片来讲，已知三个输出口分配的锚个数分别为 n_{al}、n_{am} 和 n_{as}，则这张照片总的锚个数为：

$$a_{pn} = 13 \times 13 \times n_{al} + 26 \times 26 \times n_{am} + 52 \times 52 \times n_{as} \tag{6-3}$$

整个数据集的负样本个数为：

$$ns_n = a_{pn} \times p_n - ps_n \tag{6-4}$$

利用以上正负样本的确定方法，针对 OPCBA-21*，统计基于 9 个锚与所有目标的 IoU(anchor，groud_truth)，设 $\text{IoU}_t = 0.20$。整个数据集中的正负样本分布如图 6-4 所示。

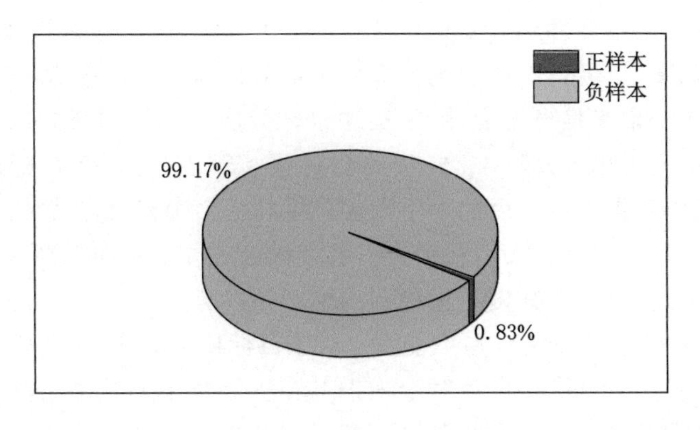

图 6-4　正负样本不平衡

从图 6-4 中可以看出，对于 OPCBA-21*，正样本个数只占到总样本个数的 0.83%，负样本个数占到了总样本个数的 99.17%，出现严重正负样本不平衡现象。

6.3.5 问题描述

① 随机分配训练集/验证集加剧带来训练和验证过程中的样本类别比例不平衡偏差。在训练有监督的CNN模型时，通常会把整个数据分为训练集、验证集和测试集。训练集的作用是拟合模型，通过设置分类器的参数训练分类模型。后续结合验证集选出同一参数的不同取值，拟合出多个分类器。验证集的作用是通过训练集训练出多个参数后，为了能找出效果最佳的参数组合，使用各个参数组合对验证集数据进行预测，并记录模型准确率。选出效果最佳的模型所对应的参数，即用来调整模型参数。前面在分析OPCBA-21* 的样本类别数量时，已发现待装配或已装配电子元器件数量多，PCB和已装配、待装配过孔数量少，存在样本类别不平衡现象。传统训练集/验证集/测试集是按照8∶1∶1的比例随机分配的，类别不平衡必然带来训练集-验证集中的不同类别样本个数比例随机性，这种随机性不仅会带来不同类别在训练集/验证集间的比例不平衡，还会加剧体现在训练集和验证集内部样本类别不平衡。正是这种随机分配训练集/验证集加剧带来的样本类别比例不平衡偏差，不仅影响模型训练的参数，而且会影响验证集对训练效果的判断。

② 目标尺度不平衡经过特征融合后带来的特征变化。不变性和等变性是图像特征表示的两个重要性质。分类需要不变特征表示，因为它的目标是学习高级语义信息。而定位要求等变特征表示，因为它的目的是鉴别位置和尺度的变化。由于目标检测包括目标识别和目标定位两个任务，因此，对于检测器来说，同时学习特征不变性和等变性至关重要。目前目标检测主干网通过加深网络提取目标的多尺度特征，浅层网络保留了更多目标位置信息的等变性，深层网络保留了更多的语义信息不变性，特征融合部分实现深浅网络提取特征信息的合并。前面分析得出OPCBA-21* 一半目标尺寸较小，且存在目标尺度不平衡现象，经过主干网提取特征后的不平衡多尺度特征会带来目标特征的变化，甚至导致小尺寸目标位置和语义特征消失。特征融合方式的不同选择会加剧或者延缓目标特征变化，加速或减慢目标检测的推理和判断。

③ 密集锚带来的正负样本不平衡。对于目标检测算法，主要需要关注的是对应着真实目标的正样本，训练时会根据其损失函数来调整网络参数。与正样本相反，负样本对应着图像中的背景。基于锚的目标检测算法往往通过设置大量的锚，这样做的目的是通过设置足够多的预定义候选框，保证这些预选框的尺度和比例要覆盖识别和定位任务尽可能多的目标。基准模型YOLOv3采用9个锚，平均分配到3个检测头，并未考虑实际PCB装配场景目标分布特点，不能产生适应PCB过孔装配场景目标的有效锚，这种严重的正负样本不平衡现象会

导致大量的负样本参与训练，淹没正样本的损失，从而降低网络收敛的速度与检测准确度。

6.4　Balanced-PCBTA 设计方法

6.4.1　整体框架设计

Balanced-PCBTA 的整体框架如图 6-5 所示，主要包括基于类别平衡的训练集/验证集划分、多尺度特征的相加融合策略和有效锚概念的提出及产生分配方法三个部分。这三部分分别发生在卷积神经网络学习前的数据预处理层面、特征融合部分和检测头预选框的产生阶段。下面将详细描述这三部分的实现过程。

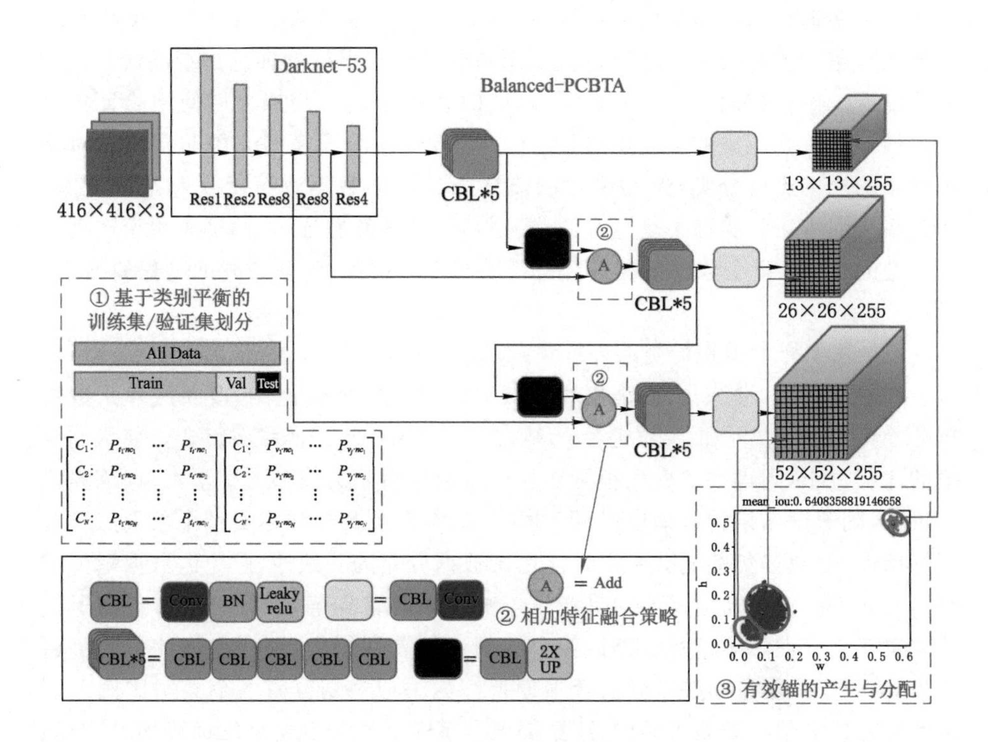

图 6-5　Balanced-PCBTA 整体框架图

6.4.2 基于类别比例平衡的训练集/验证集划分

(1) 网络的泛化性能与训练集、验证集和测试集功能

目前,基于卷积神经网络的目标检测方法是通过大数据训练实现的,尤其是卷积神经网络每层的卷积核权重是由数据驱动学习得来,最终希望得到的目标检测模型是泛化能力强的。泛化能力指的是训练得到的模型对未知数据的预测能力,也就是目标检测建模的目标是让模型不仅对已知数据,而且对未知数据都能有较好的预测能力。

一般情况下,在进行卷积神经网络目标检测算法的训练中,需要提前将数据集划分为训练集、验证集和测试集。训练集是用于训练并使模型学习数据中隐藏特征的数据集,在每个训练周期内,相同的训练数据被反复馈送到神经网络,使模型学习数据的特征。训练集应该有一个多样化的输入集,以便模型在所有场景中都得到训练,并且可以预测未来可能出现的任何看不见的数据样本。验证集用于在训练期间验证模型性能,这个验证过程提供的信息可以帮助模型相应地调整超参数和配置。这个过程就像一名教练告诉模型训练是否朝着正确的方向发展。模型在训练集上进行训练,同时在每个训练周期之后使用验证集进行模型评估。验证集的主要思想是防止模型过拟合,即模型变得非常擅长对训练集中的样本进行分类,但无法对以前从未见过的数据进行泛化和准确分类。测试集与训练集和验证集是分开的,模型经过训练和验证后,测试集用于客观评价模型的性能。整个数据集在目标检测模型中的训练、验证和测试过程如图 6-6 所示。

(2) 基于样本类别均衡的训练集/验证集划分

一般情况下,训练集、验证集和测试集三部分的划分比例,按照照片张数随机分配为 60%、20%和 20%或者 70%、20%和 10%等其他张数组合。如果训练集的比例过小,则得到的模型很可能和全量数据得到的模型差别很大;训练集比例过大,则测试结果的可信度降低。同时,因为数据集中样本类别个数天然具有不平衡性,而数据集的划分要尽可能保持数据分布的一致性,避免因数据划分过程引入额外的偏差而对最终结果产生影响。因此首先确定测试集后,若剩下的数据集在划分训练集、验证集时,各个类别比例差别很大,则误差估计将由于训练集/验证集数据分布的差异而产生偏差。为了避免划分时各个类别比例差别大带来的特征学习偏差大问题,这里提出了基于样本类别均衡的训练集/验证集划分方法。图 6-7 显示了提出的方法和根据照片张数比例随机训练集/验证集划分方法。

在图 6-7(a)中,$C_1, C_2, \cdots, C_N$ 代表数据集中一共有 N 种类别样本,

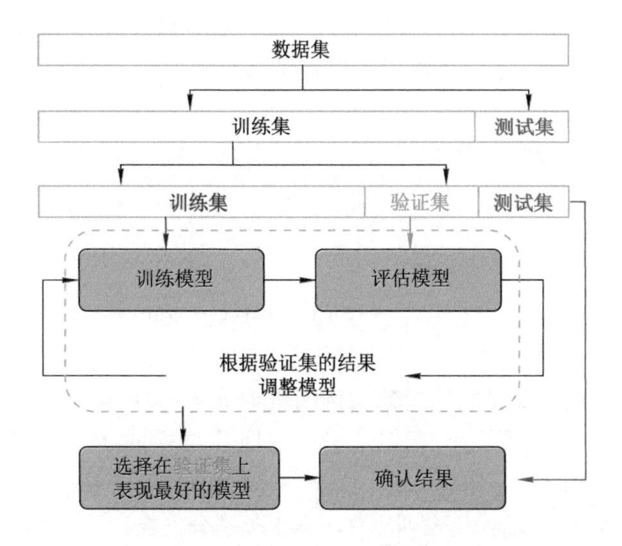

图 6-6　训练集、验证集和测试集在目标检测模型中的执行过程

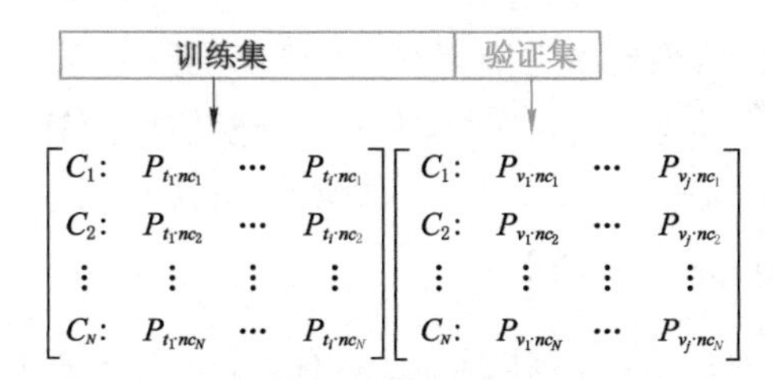

（a）类别平衡的训练集/验证集划分

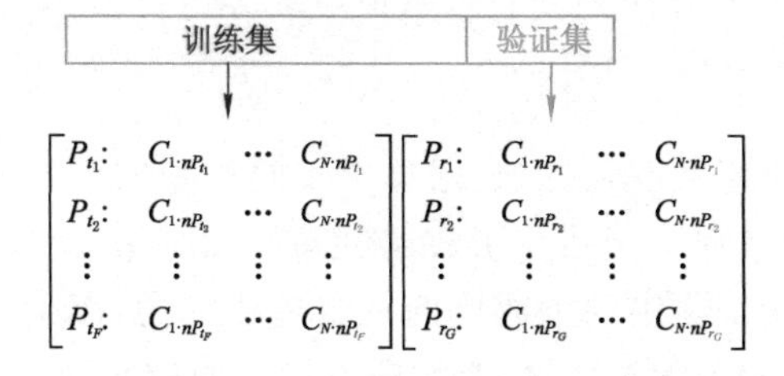

（b）基于照片张数比例随机训练集/验证集划分

图 6-7　训练集/验证集划分(一)

$P_{ti\cdot nc1}$，$P_{ti\cdot nc2}$，…，$P_{ti\cdot ncN}$ 代表训练集中第 i 张照片上类别分别为 C_1，C_2，…，C_N 的样本个数，$P_{vj\cdot nc1}$，$P_{vj\cdot nc2}$，…，$P_{vj\cdot ncN}$ 代表验证集中第 j 张照片上类别分别为 C_1，C_2，…，C_N 的样本个数。这里定义 $(\mathrm{train\_cb})_{C_x}$ 为类别平衡的训练集中类别为 C_x 的样本个数之和，$(\mathrm{val\_cb})_{C_x}$ 为类别平衡的验证集中类别为 C_x 的样本个数之和。对于类别平衡的训练集/验证集，下面公式成立：

$$(\mathrm{train\_cb})_{C_x} = \sum (P_{t1\cdot nc_x} + P_{t2\cdot nc_x} + \cdots + P_{ti\cdot nc_x}) \tag{6-5}$$

$$(\mathrm{val\_cb})_{C_x} = \sum (P_{v1\cdot nc_x} + P_{v2\cdot nc_x} + \cdots + P_{vj\cdot nc_x}) \tag{6-6}$$

$$C_x : (\mathrm{train\_cb})_{C_x} / (\mathrm{val\_cb})_{C_x} = \mathrm{train} - \mathrm{val(cb)\_radio}, \quad x \in [1, \cdots, N] \tag{6-7}$$

在图 6-7(b)中，按照照片张数比例随机训练集/验证集划分的结果中，N 代表数据集中的类别总数，F 代表训练集中的照片总张数，G 代表验证集中的照片总张数。这里用 P_{t1}，P_{t2}，…，P_{tF} 代表训练集中的第 1、第 2……第 F 张照片，$C_{i\cdot nP_{t1}}$，$C_{i\cdot nP_{t2}}$，…，$C_{i\cdot nP_{tF}}$ 代表训练集中第 i 类别分别在训练集照片 P_{t1}，P_{t2}，…，P_{tF} 上的样本个数，P_{r1}，P_{r2}，…，P_{rG} 代表验证集中第 1、第 2……第 G 张照片，$C_{i\cdot nP_{r1}}$，$C_{i\cdot nP_{r2}}$，…，$C_{i\cdot nP_{rG}}$ 代表验证集中第 i 类别分别在验证集照片 P_{r1}，P_{r2}，…，P_{rG} 上的样本个数。对于基于照片张数比例的随机训练集/验证集划分方法，定义 $(\mathrm{train\_radom})_{C_x}$ 为训练集中类别为 C_x 的样本个数之和，$(\mathrm{val\_radom})_{C_x}$ 为验证集中类别为 C_x 的样本个数之和。对于随机分配使用的算法，下面公式成立：

$$F/G = \mathrm{train} - \mathrm{val\_radio\ of\ the\ number\ of\ photos} \tag{6-8}$$

$$(\mathrm{train\_radom})_{C_x} = \sum (C_{x\cdot nP_{t1}} + C_{x\cdot nP_{t2}} + \cdots + C_{x\cdot nP_{tF}}) \tag{6-9}$$

$$(\mathrm{val\_radom})_{C_x} = \sum (C_{x\cdot nP_{r1}} + C_{x\cdot nP_{r2}} + \cdots + C_{x\cdot nP_{rG}}) \tag{6-10}$$

$$C_x : (\mathrm{train\_radom})_{C_x} / (\mathrm{val\_radom})_{C_x} = \mathrm{radom\ number}, \quad x \in [1, \cdots, N] \tag{6-11}$$

(3) 方法实现过程

在以上分析中可以发现，整个数据集中不同类别的样本个数呈现出长尾类别不平衡特征，按照常规基于照片张数比例随机训练集/验证集的划分方法，每个类别在训练集和验证集中的个数比例一定是随机的，而不同类别比例差别很大，必然会带来模型学习偏差大的问题，降低模型的检测性能。在设计的基于类别比例平衡的训练集/验证集划分方法中，所有类别的训练集样本个数与验证集样本个数的比值是固定数值，也就是说，这种划分方法可以保持训练集/验证集数据类别比例的一致性，避免了各个类别比例不平衡而引入额外的偏差，最终可以训练得到性能优越的目标检测模型。表 6-1 中的算法给出了基于类别比例均衡的训练集/验证集划分方法，展示了不包含测试集的数据集如何划分为训练集/验证集的全过程。

表 6-1　基于类别比例平衡的训练集/验证集划分

Input：包含所有类别目标样本标签信息的照片和 xml 文件。

Output：划分好的基于类别比例平衡的训练集和验证集文件、训练集的照片和 xml 文件、验证集的照片和 xml 文件。

1：Create a list<map> corresponding to each xml file，including the name of the xml file and the number of each class in the xml.

[{

"name"："xxx.xml"，

"C_1"：number1，

"C_2"：number2，

——

"C_N"：numberN，

}]

2：shuffle list<map>

3：Sum the number of classes in all list<map>

4：Find the class with the smallest sum：objectMinName

5：Pick xml files and photos that contain objectMinName，List<objectMinName>

6：Sort List<objectMinName> in descending order

7：Split according to a predefined ratio of class balance List<objectMinName> => train_List ：val_List

8：Aggregate zongtrain_List：zongval_List

9：Repeat the class number times of step3 -step8

10：Get the final zongtrain_List：zongval_List

11：end

（4）两种划分方法对应效果

对于整个 PCB 过孔装配场景数据集，首先，按照 10％的照片张数比例随机从整个数据集中划分出测试集，剩下的数据作为训练集/验证集的合集，分别按照本书提出的类别比例平衡的训练集/验证集划分方法和图片张数比例随机训练集/验证集随机划分方法，将整个数据集划分为 cb82 数据集和 random 数据集。两个数据集中不同类别分别在测试集中的个数和训练集/验证集的比例如图 6-8 所示。

图 6-8 的堆叠柱状图中，绿色、黄色和蓝色分别代表了数据集中 21 种类别

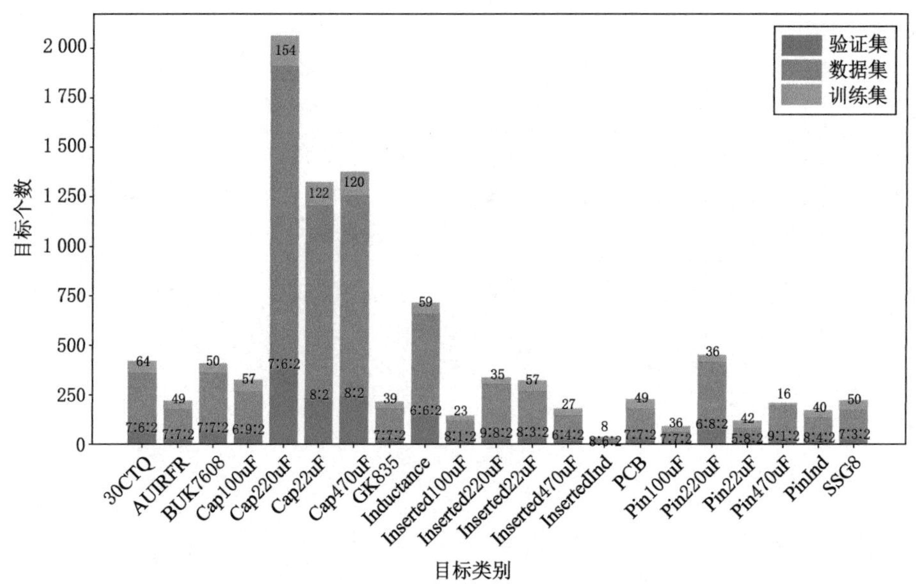

（a）类别比例平衡(8∶2)划分的cb82数据集

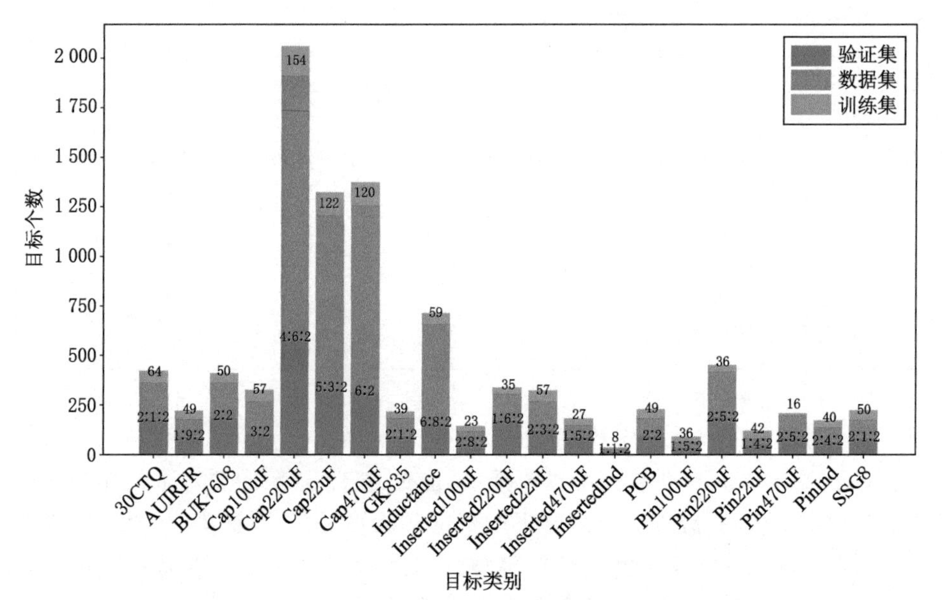

（b）基于照片张数比例(8∶2)随机划分的random数据集

图 6-8　训练集/验证集划分(二)

在测试集、训练集和验证集中的分布，不同颜色柱体的高度分别代表了该类目标的个数，每个类别总柱体的高度代表了该类目标的总个数。绿色柱体上的数字代表了测试集中该类目标的具体数目，黄蓝相间处的比例数字代表了两种划分方式下该类目标在训练集/验证集中的比值大小。图6-8(a)按照类别比例(8∶2)平衡划分训练集/验证集中，不同类别训练集-验证集对应个数比值接近于8∶2。这里不能保证每个类别训练集/验证集目标个数比例值绝对等于8∶2，是因为不同类别目标个数并不绝对是10的倍数，以及单张照片的不可分割性所决定的。从图6-7(a)中可以看到，按照图片张数比例8∶2随机划分的训练集/验证集中，不同类别对应目标个数比值也是随机的，本章将图6-7(a)对应的数据集命名为cb82数据集，将图6-7(b)对应的数据集命名为random数据集。

6.4.3　面向目标尺度不平衡的相加融合策略

CNN作为新兴的特征提取器，其前向卷积、池化等过程即为特征提取过程，尤其是可以提取视觉目标任务中的图像特征，在CNN的终端会链接目标任务的映射函数，将特征映射到预测结果中。而反向传播过程则是根据链式求导法则来更新CNN的权值参数。特征融合作为卷积神经网络中实现多尺度目标检测的重要手段，主要有两点原因：① 不同尺寸特征图的感受野是不同的。图像在经过卷积操作时，特征图会随着卷积的加深而变小。特征图在变小的过程中，每个像素点就结合了原来特征图中多个特征点的信息，也就是感受野会变大。要做到检测不同尺寸的目标，就是要将不同大小的感受野融合。② 不同深度的特征图包含的信息不同。低层特征分辨率更高，包含更多位置、细节信息，但是由于经过的卷积更少，其语义性更低、噪声更多。高层特征具有更强的语义信息，但是分辨率很低，对细节的感知能力较差。目标检测面对的问题是如何让两者更好地互补，从而得到最佳检测效果。

(1) “级联”和“相加”特征融合的数学描述

目前常用的特征融合方式主要有“级联”和“相加”两种。“级联”操作是不同通道数特征图的合并，也就是说，描述图像本身的特征增加了，而每一特征下的信息是没有增加的。“相加”操作是相同层级特征图信息之间的叠加，通道数不改变。“相加”是描述图像的特征图的信息量增多了，但是描述图像的维度本身并没有增加，只是每一维下的信息量在增加。不管是“级联”还是“相加”，都使得深层网络包含浅层网络的信息，因此反向传播时可以通过不同的分支到达浅层网络，增加了网络的泛化能力和特征表达能力。“级联”和“相加”最明显的区别是数据维度的变化，“相加”操作要求数据维度完全相同，并且相加后的维度和之前相同,“级联”操作要求数据可以有一个维度不相同,一般是通道数维度,即图像的高和宽都是相同的,并且合并后的通道数是参与合并的数据通道数之和。

假设 $X_i \in R^{H_i \times W_i \times C_i}$ ($i \in \{1,2,\cdots,L\}$) 和 $Y_j \in R^{H_j \times W_j \times C_j}$ ($j \in \{1,2,\cdots,J\}$)分别为特征融合前的两组输入,L 和 J 分别为对应 X_i 和 Y_j 两组输入特征图的通道数,每个特征图内有 N 个目标。以 X_i 特征图为例,该特征图包含所有目标的语义信息为 $X_{i \cdot s}=s_1+s_2+\cdots+s_n$($n\in\{1,2,\cdots,N\}$),包含所有目标的位置信息为 $X_{i \cdot l}=l_1+l_2+\cdots+l_n$($n\in\{1,2,\cdots,N\}$)。$W_i$ 和 W_j 为对应通道的卷积核。分别定义“级联”和“相加”的数学描述如下:

$$Z_{l \cdot \mathrm{concat}}=\{X_i * W_i, Y_j * W_j\},\quad l \in \{1,2,\cdots,L+J\} \tag{6-12}$$

$$Z_{l \cdot \mathrm{add}}=\{(X_i+Y_i) * W_i\},\quad l \in \{1,2,\cdots,L\} \tag{6-13}$$

(2)“级联”和“相加”语义不变性证明

所谓不变性,是指对于一个函数,如果对其施加的变换丝毫不会影响到输出,那么这个函数就对该变换具有不变性。假设输入为 x,函数为 f,如果先对输入做变换 g,$g(x)=x'$,此时若有:

$$f(x)=f(x')=f(g(x)) \tag{6-14}$$

则称 f 对变换 g 具有不变性。

在卷积神经网络中,特征融合前的两种输入 X_i 和 Y_j 中的任何一个特征图都来自同一张原图,假如原图内有 N 个目标,则 X_i 和 Y_j 中任何一个特征图的语义信息可以表示为:

$$Z_i(s)=s_1+s_2+\cdots+s_n\quad (n \in \{1,2,\cdots,N\}) \tag{6-15}$$

对于“级联”这种特征融合方式,因为只是输入特征图的堆叠,所以级联后任何一个特征图的语义信息可以表示为:

$$Z_{i \cdot \mathrm{concat}}(s)=s_1+s_2+\cdots+s_n\quad (n \in \{1,2,\cdots,N\}) \tag{6-16}$$

$$Z_i(s)=Z_{i \cdot \mathrm{concat}}(s) \tag{6-17}$$

对于“相加”这种特征融合方式,是对应输入特征图的叠加,叠加后得到的特征图并没有增加原图中目标的个数和改变类别,因此相加后特征图的语义信息可以表示为:

$$Z_{i \cdot \mathrm{add}}(s)=s_1+s_2+\cdots+s_n\quad (n \in \{1,2,\cdots,N\}) \tag{6-18}$$

$$Z_i(s)=Z_{i \cdot \mathrm{add}}(s) \tag{6-19}$$

由式(6-17)和式(6-19)可以发现,对输入特征图的语义信息施加的“级联”和“相加”变换丝毫不会影响到原有的语义信息。因此,不管是“级联”还是“相加”,这两种特征融合方式都可以保持语义信息的不变性。

(3)“级联”和“相加”位置信息等变性证明

所谓等变性,是指对于一个函数,如果对其输入施加的变换也会同样反映在输出上，那么这个函数就对该变换具有等变性。也就是对于函数 f 和变换 g，此时若有：

$$f(g(x))=g(f(x)) \tag{6-20}$$

则称 f 对变换 g 有等变性。

在卷积神经网络中，特征融合前的两种输入 X_i 和 Y_j 中的任何一个特征图的位置信息可以表示为：

$$Z_i(l)=l_1+l_2+\cdots+l_n \quad (n\in\{1,2,\cdots,N\}) \tag{6-21}$$

对于"级联"这种特征融合方式，先将两个输入特征级联，再将特征融合后的任何一个特征图的位置信息提取，可以表示为：

$$Z_{i\cdot\text{concat}}(l)=l_1+l_2+\cdots+l_n \quad (n\in\{1,2,\cdots,N\}) \tag{6-22}$$

先将两个输入中任何一个输入特征图的位置信息提取，再对提取位置信息的特征图进行级联后的位置信息可以表示为：

$$\text{concat}(Z_i(l))=l_1+l_2+\cdots+l_n \quad (n\in\{1,2,\cdots,N\}) \tag{6-23}$$

$$Z_{i\cdot\text{concat}}(l)=\text{concat}(Z_i(l)) \tag{6-24}$$

对于"相加"这种特征融合方式，先将两个输入特征对应相加，再将特征相加后的任何一个特征图的位置信息提取，可以表示为：

$$Z_{i\cdot\text{add}}(l)=l_1+l_2+\cdots+l_n \quad (n\in\{1,2,\cdots,N\}) \tag{6-25}$$

先将两个输入中任何一个输入特征图的位置信息提取，再对提取位置信息的特征图进行对应位置相加后的位置信息可以表示为：

$$\text{add}(Z_i(l))=l_1+l_2+\cdots+l_n \quad (n\in\{1,2,\cdots,N\}) \tag{6-26}$$

$$Z_{i\cdot\text{add}}(l)=\text{add}(Z_i(l)) \tag{6-27}$$

由式(6-24)和式(6-27)可以发现，对输入特征图的位置信息施加的"级联"或者"相加"变换等于对输入特征图先级联或先相加后提取到的位置信息。因此，不管是"级联"还是"相加"，这两种特征融合方式都可以保持位置信息的等变性。

(4) 相加融合策略的实现

虽然"级联"和"相加"这两种特征融合方式都可以保持语义信息的不变性和位置信息的等变性。但"级联"操作是从增加通道个数这个角度使浅层特征图和深层特征图中重要的细节信息多方位保存下来，形成对图像目标的多方位描述。"相加"操作是在不改变通道个数前提下，将浅层特征图相同空间的位置信息与深层特征图相同空间的位置信息进行叠加，强化深层特征图的语义描述。"相加"和"级联"在数据维度上的差异，使得后面加入卷积层时，导致"相加"的计算量比"级联"小得多，更加节省参数和计算量。同时，对于不平衡的目标尺度来说，卷积神经网络的层数越深，特征图越小，保留的语义和位置信息也越少，在和浅层网络的特征图做融合时,“相加”操作可以弥补深浅特征尺度上的不平衡。而“级联”操作只能将不平衡的尺度信息进行堆叠,并不能弥补深层网络逐渐消失的目标信息。因此,针对 PCB 过孔装配场景目标尺度不平衡的问题,设计了基于基准网络 YOLOv3 和 YOLOv3-spp 的“相加”融合策略,如图 6-9 所示。

不管是图 6-9(a)还是图 6-9(b),都可以观察到,在 YOLOv3 和 YOLOv3-spp 的级联特征融合模式下,浅层的 52×52×256 和中间层经过上采样的 52×52×128 级联堆叠后,输出为 52×52×384,通道个数变为了 384 个。中间层的 26×26×512 和深层经过上采样的 26×26×256 级联堆叠后,输出为 26×26×768,通道个数变为了 768 个。相加特征融合模式下,浅层的 52×52×256 和中间层经过上采样的 52×52×256 对应特征图叠加后,输出为 52×52×256,通道个数为 256 个。中间层的特征图 26×26×512 和深层经过上采样的特征图26×26×512 对应叠加后,输出为 26×26×512,通道个数变为了 512 个。相加融合策略通过减小通道的维度,可以加快卷积神经网络参数的学习进程和减少计算量。

(5)“级联”和“相加”策略下的特征图可视化

这里分别用 C 和 A 代表特征融合中的“级联”和“相加”策略。图 6-10 展示了分别采用“级联”和“相加”后 YOLOv3-concat、YOLOv3-add、YOLOv3-spp-concat 和 YOLOv3-spp-add 四种模型下特征融合部分两次融合后的特征图。

从图 6-10(a)中可以看到,输入图片中有两个明显的目标,图 6-10(b)、(d)、(f)和(h)是四种模型中的一阶段特征融合,即主干网深层网络经过上采样以后与中间层网络的特征融合;图 6-10(c)、(e)、(g)和(i)是四种模型中的二阶段特征融合,即主干网中间层网络经过上采样以后与较浅层网络的特征融合。观察图 6-10(b)和图 6-10(f)可以看出,输入图片不管是经过 YOLOv3 还是 YOLOv3-spp,深层网络的特征即使经过“级联”融合,也都会丢失一部分特征信息;与其对应的图 6-10(d)和图 6-10(h)属于深层网络的“相加”融合,可以明显地看到融合后的特征图保留了原图中两个目标特征信息。观察图 6-10(c)和图 6-10(g)可以看出,输入图片经过 YOLOv3 和 YOLOv3-spp 后,中间层和较浅层的“级联”融合特征图保留了两个目标的一些位置信息;与其对应的图 6-10(e)和图 6-10(i)属于中间层与较浅层网络的“相加”融合,可以明显地看到相加融合后的特征图保留了原图中两个目标更多的轮廓和细节特征,更容易识别和定位目标。

针对目标尺度不平衡提出的“相加”特征融合策略与传统 YOLO 系列中的“级联”特征融合策略相比,不仅可以解决尺度特征不平衡带来的丢失目标语义和位置信息的问题,提升检测效果,而且可以减少融合后的通道个数,减小模型参数量,提高检测速度。

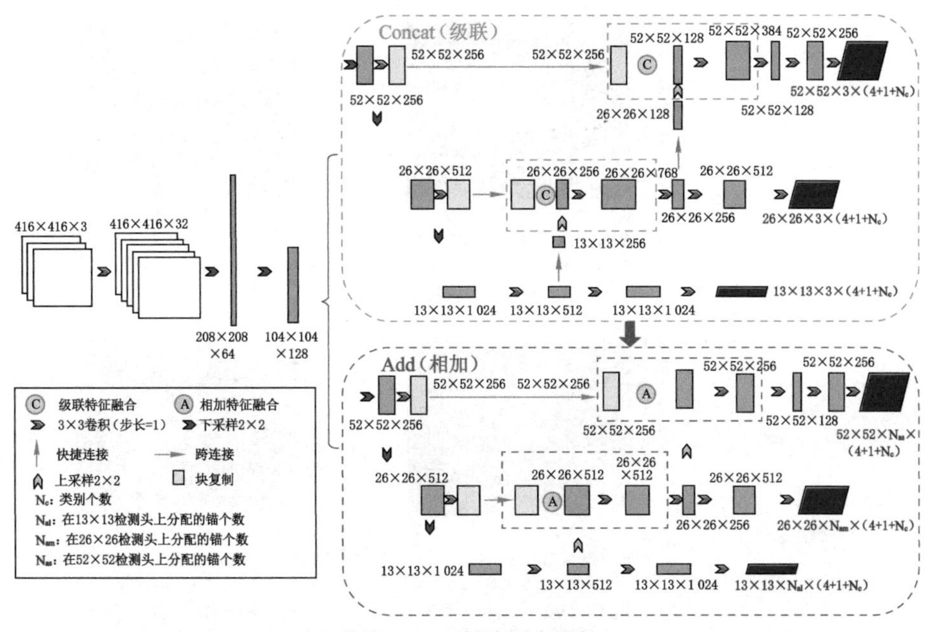

(a) 基于YOLOv3的相加融合策略

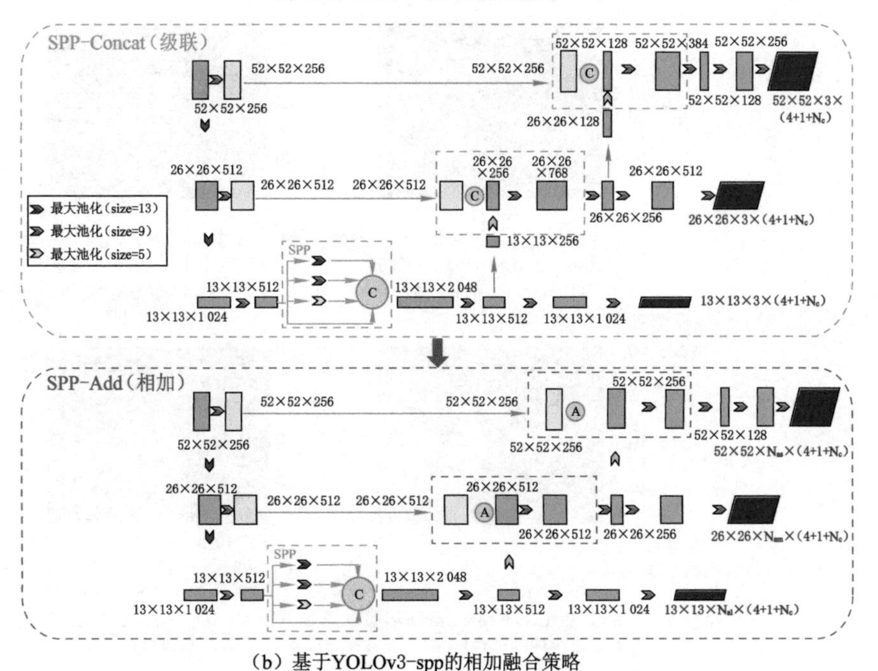

(b) 基于YOLOv3-spp的相加融合策略

图 6-9　面向目标尺度不平衡的相加融合策略设计

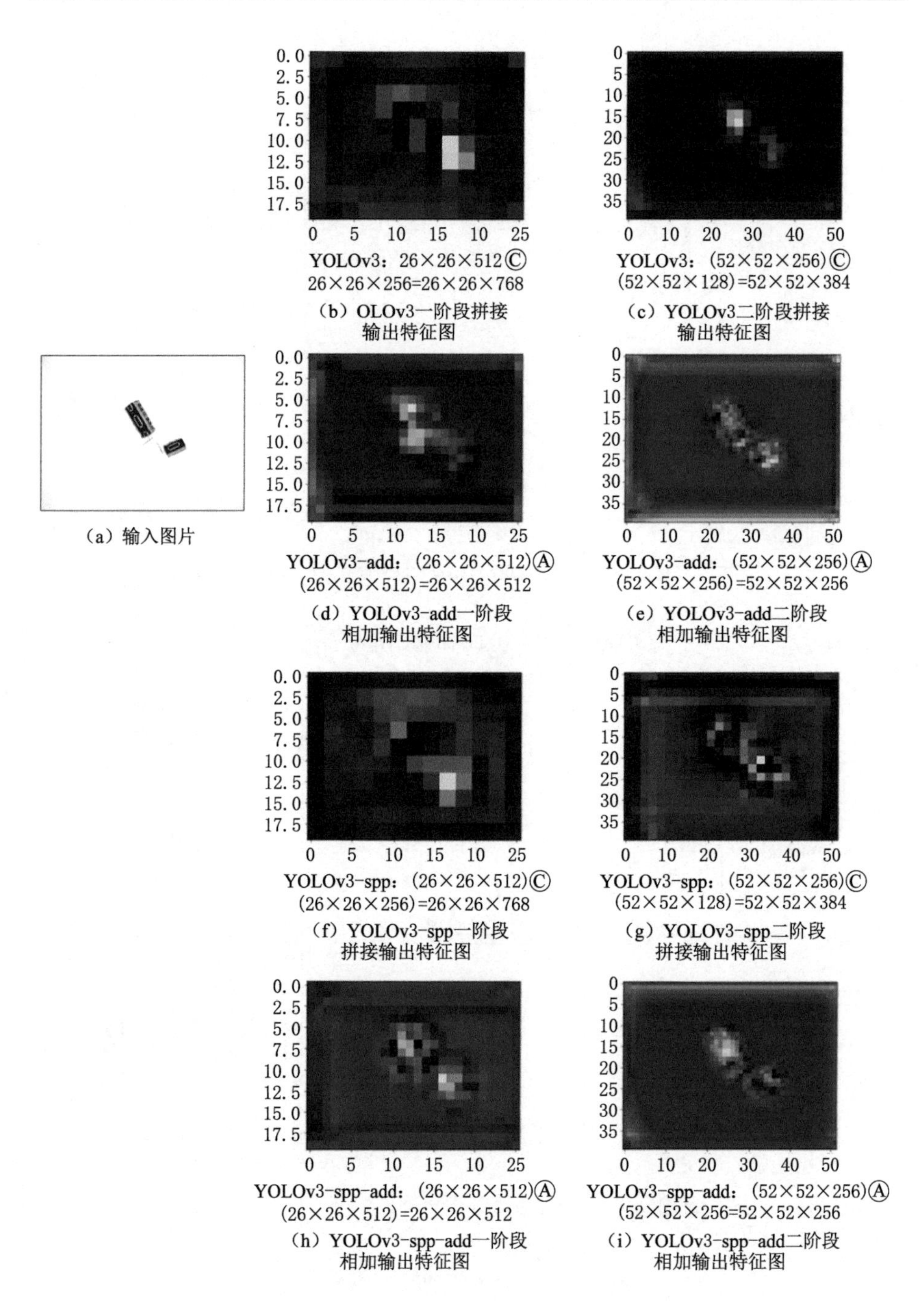

图 6-10　级联和相加特征融合特征图

6.4.4　缓解正负样本不平衡的有效锚设计

（1）有效锚概念的提出

锚是在每个检测头网格中心点绘制的、一定数量的、不同长宽比的框。这些框并不是真实的框，而是人为设定的模型预测时的预置框。从 Faster R-CNN 开始，研究者开始采用通过增加锚数量的方式来提高检测性能，大量不同尺度和纵横比的密集锚被放置在一个感受野的中心，在密集锚预测的思想下，目前锚的个数常由经验数值确定，如 9、5、4、6 等。密集锚的使用虽然可以提升一部分密集目标的检测效果，但同时带来三个问题：① 锚过多会影响模型训练的速度；② 因为锚过于密集，只考虑了目标可能出现的长宽比，没有考虑目标出现的空间位置，导致绝大部分锚分布在背景区域，负样本过多，正负样本出现严重不平衡现象，对目标框回归的损失函数不能起到积极的作用；③ 密集锚的分配往往采用简单粗暴的平均分配法，没有考虑实际样本尺寸和分配锚尺寸之间的差异，导致检测精度提升有限。

从缓解正负样本不平衡提升检测准确度和减少冗余锚提升检测速度的思路出发，提出了有效锚的概念。有效锚的概念本质上是指起实际作用的锚，在目标检测数据集中，利用每个目标真实值的中心在检测头对应网格内出现的最大次数之和，聚类生成的预置框，即为有效锚。

（2）有效锚的确定方法

通过统计训练集中真实值样本标签在三个检测头尺度下的空间分布情况，利用两次 K-means 聚类，不仅可以得到聚合数据集目标尺寸信息和分布信息的有效锚，而且在获取有效锚尺寸和个数的同时，实现了锚在三个检测头的精准分配。有效锚的生成和分配方法如图 6-11 所示。

从图 6-11 中可以看到，有效锚的产生与分配主要由两次 K-means 聚类和一个数据集目标映射区域个数统计构成。第一次 K-means 聚类的 K 由检测头的个数决定，因为基准模型 YOLOv3 共有三种尺度的检测头输出，因此第一次聚类产生三个区域，这三个区域按照尺寸由小到大排列，分别对应了尺寸为 52×52、26×26 和 13×13 的三种尺度。一个统计是针对三个输出口的每个网格映射回原图时，统计数据集中目标真实值的中心点落入三个输出口网格内的最大个数，这是将目标的空间分布信息与锚的产生结合起来，去除冗余锚的关键。第二次聚类是根据统计出来的三个检测头各自的目标个数，对三个区域分别进行对应个数的聚类。第二次聚类不仅可以产生最终所有的有效锚，而且三个区域各自聚类产生的锚相当于在对应检测头完成了精准锚分配。有效锚的产生和分配步骤如下：

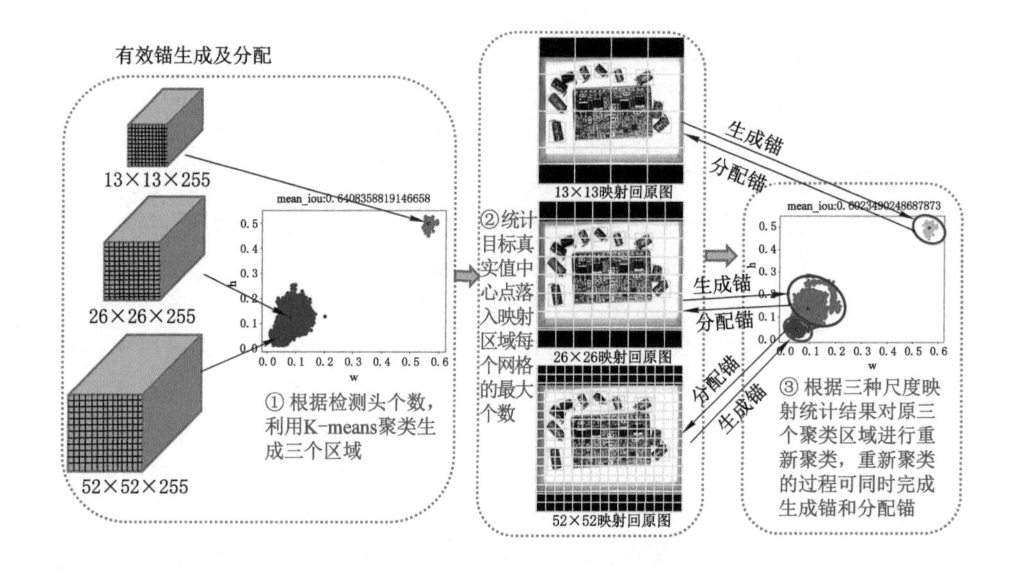

图 6-11 有效锚的产生与分配

Step1:装载训练集中所有目标的标签数据,根据目标所在图片的尺寸,将标签数据的宽、高和中心点进行归一化。

Step2:已知 YOLOv3 检测头共有三个输出口,利用 K-means 聚类算法将所有目标的归一化标签数据聚类生成三组数据。

Step3:对三组数据的中心点尺寸进行排序,最大尺寸所属的那组数据对应 13×13 输出口,中间尺寸所属的那组数据对应 26×26 输出口,最小尺寸所属的那组数据对应 52×52 输出口。

Step4:将训练集中所有原图调整大小为 416×416,原图上的所有目标尺寸等比例调整,针对三个输出口 13×13、26×26 和 52×52,将调整后的图片分别划分为 169 个 32×32 的网格、676 个 16×16 的网格和 2 704 个 8×8 的网格。

Step5:针对 Step3 中最大尺寸所属的那组样本标签,对应着尺寸为 32×32 的网格,这组样本真实值的中心点随机分布在图片的各个位置,统计落入每个网格内的样本中心点的个数,并将每个网格内出现中心点的最大个数作为这个输出口的分配锚个数 n_{al}。

Step6:按照 Step5 分别统计中等尺寸和最小尺寸两组数据对应输出口分配的锚个数 n_{am} 和 n_{as}。

Step7:对 Step2 中的三组数据进行第二次 K-means 聚类,三组数据的聚类

个数由统计出来的 n_{al}、n_{am} 和 n_{as} 决定，三组数据聚类出的结果即为最终的有效锚。

Step8：三组数据分别聚类出来的锚即为对应输出口的分配锚。

(3) 密集锚与有效锚的对比分析

基准模型 YOLOv3 中，不考虑数据集中目标的空间位置分布，直接利用 K-means 聚类法将不同尺寸分布的目标聚类产生出 9 个锚，针对三个尺度的检测头输出，每个输出平均分配 3 个锚作为预置框，三个输出的网格映射回原图，通过在原图每个网格中心密集放置 9 个锚来实现模型的训练与预测，YOLOv3 这种产生锚与分配锚的方法称为密集锚。本章提出的有效锚概念，充分考虑了数据集中目标空间分布和尺寸的历史信息，不仅数量少，能够缓解正负样本的不平衡性，而且可以同时实现精准锚分配。图 6-12 展示了面向 PCB 过孔装配场景目标检测训练集密集锚和有效锚的产生分配对比结果。图 6-12(a)是 YOLOv3 密集锚的产生分配示意图，整个过程分为三个步骤：① 将训练集中所有目标的宽度 w 和高度 h 除以所在图片的宽度 W 和高度 H 并做归一化，利用 K-means 聚类算法生成 9 个锚；② 将聚类生成的 9 个锚按照面积从小到大排列，依次分配给检测头中的 52×52、26×26 和 13×13 三个输出口；③ 将 9 个锚平均分成三组，蓝色、绿色和红色分别代表了分配给 13×13、26×26 和 52×52 输出口的锚。图 6-12(b)是有效锚的产生分配示意图，整个过程的步骤为：① 已知三个检测头，利用 K-means 聚类法将归一化的样本目标分成三个区域；② 将三个检测头每个网格映射回原图，分别统计出三个区域的目标中心落在三种网格中的最大个数为[1,1,1]；③ 利用K-means 聚类法将每个区域数据聚类生成对应个数的锚；④ 有效锚生成；⑤ 统计结果即为每个输出口应分配的锚个数，蓝色、绿色和红色分别代表了分配给 13×13、26×26 和 52×52 输出口的有效锚。

每个检测头的锚个数一旦确定，整个数据集目标检测任务的正负样本个数也就确定下来了。因此，利用 6.3.4 小节中正负样本个数的计算方法对 PCB 过孔装配目标检测数据集，计算了基于 9 个密级锚和 3 个有效锚与所有目标的 IoU(anchor,groud_truth)，设 $\mathrm{IoU}_t=0.20$。统计出密集锚和有效锚的正负样本个数及比例见表 6-2。从表 6-2 中可以看到，从绝对数量上来看，9 个密集锚产生的正样本个数是 3 个有效锚产生的正样本个数的 2.2 倍，9 个密集锚产生的负样本个数是 3 个有效锚产生的负样本个数的 3 倍；从正负样本占样本之和的比例来看，3 个有效锚与 9 个密集锚相比，虽然锚的个数减少了，但正样本所占比例增加了，负样本所占比例减少了。

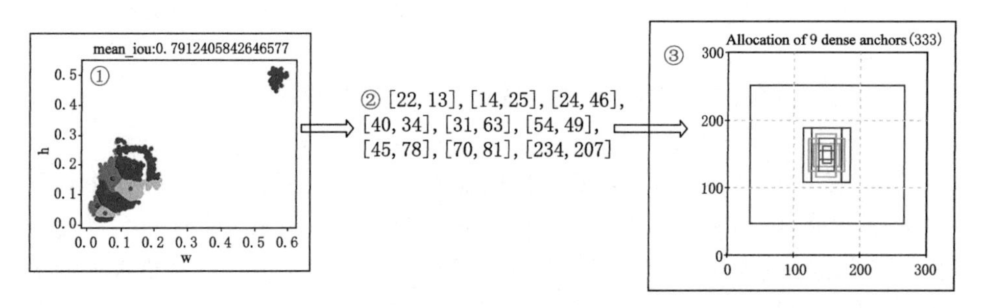

(a) 9个密集锚的产生与分配

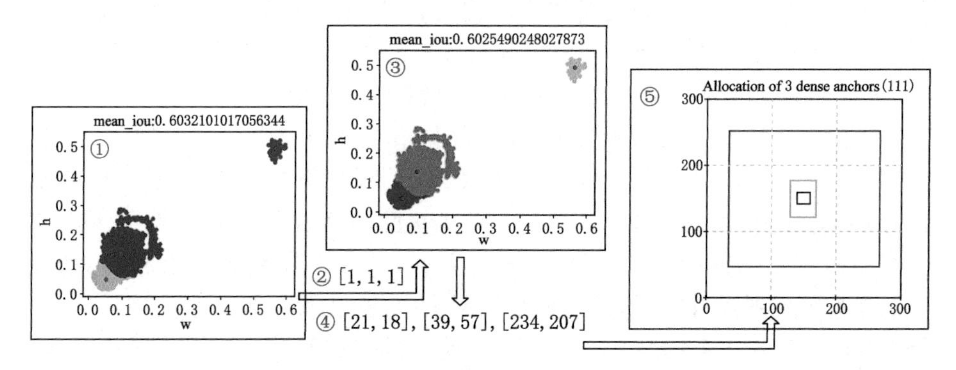

(b) 有效锚的产生与分配

图 6-12 密集锚和有效锚的产生分配对比分析

表 6-2 密集锚和有效锚的正负样本统计表

	9 个密集锚	3 个有效锚
锚总个数	10 647 000	3 549 000
正样本个数(ps_n)	88 079	39 894
负样本个数(ns_n)	10 558 921	3 509 106
$\frac{ps_n}{(ps_n+ns_n)}$	0.827 3%	1.124 1%
$\frac{ns_n}{(ps_n+ns_n)}$	99.172 7%	98.875 9%

由以上分析，可以得出结论，有效锚的产生与分配是基于训练集样本的历史数据统计分析得到的，通过归纳总结样本的空间位置分布信息，产生了适应于该场景下的、实际起作用的锚。有效锚与密集锚相比，不仅数量少，而且包含了绝

大多数检测目标的输出分布信息，在提高锚的预置效果的同时，锚所对应的正样本个数提升，负样本个数减少，缓解了正负样本不平衡问题，同时，由于减少了冗余锚，因此可以减少模型参数量，加速模型的训练和检测过程。

6.5　Balanced-PCBTA 实验结果与分析

6.5.1　实验平台与参数设置

本章设计的模型是在具有 Intel®Xeon® Gold 6132 CPU@2.60 GHz 双处理器和 192 GB 内存的深度学习工作站上进行测试的，显卡为 24 G 显存的 NVIDIA® Titan RTX，操作系统为 Ubuntu 18.04 LTS，编程开发工具为 Python 3.7，机器学习函数库为 Pytorch 1.10。采用的基线模型为 Ultralytics 公司的 YOLOv3。表 6-3 显示了模型实验的设置参数。

表 6-3　模型实验的参数设置

设置参数	参数值
输入图像像素尺寸(宽×高)	416×416
类别总数	21
训练周期	200
训练热身周期	3
初始学习率(lr0)	0.01
最终学习率(lrf)	0.1
SGD momentum	0.8
IoU_t	0.2
训练批次大小	16

为了更好地说明本章提出的方法的有效性，本节在随机划分数据集和类别比例均衡划分数据集上，基于 YOLOv3 和 YOLOv3-spp，分别利用“级联”特征融合和“相加”特征融合策略，使用密集锚和有效锚共进行了 16 组算法实验。表 6-4 给出了这 16 组算法的命名和具体方法组合细节。从表 6-4 中可以看出，训练集/验证集划分的方法不同，对应生成的密集锚和有效锚的大小不同。

表 6-4 针对两种划分数据集和提出方法的算法命名表

<table>
<tr><th>算法名字</th><th>训练集/验证集划分</th><th>特征融合策略</th><th>52×52</th><th>26×26</th><th>13×13</th></tr>
<tr><td>YOLOv3-9-random</td><td rowspan="8">基于照片
张数比例
(8∶2)训练集/
验证集随机划分</td><td rowspan="2">级联
(concatenation)</td><td rowspan="4">[22,13]
[14,25]
[24,49]</td><td rowspan="4">[40,34]
[32,62]
[55,49]</td><td rowspan="4">[47,78]
[70,83]
[233,205]</td></tr>
<tr><td>YOLOv3-spp-9-random</td></tr>
<tr><td>YOLOv3-sppadd-9-random</td><td rowspan="2">相加(add)</td></tr>
<tr><td>YOLOv3-add-9-random</td></tr>
<tr><td>YOLOv3-3-random</td><td rowspan="2">级联
(concatenation)</td><td rowspan="4">[22,23]</td><td rowspan="4">[42,60]</td><td rowspan="4">[233,205]</td></tr>
<tr><td>YOLOv3-spp-3-random</td></tr>
<tr><td>YOLOv3-sppadd-3-random</td><td rowspan="2">相加(add)</td></tr>
<tr><td>YOLOv3-add-3-random</td></tr>
<tr><td>YOLOv3-9-cb82</td><td rowspan="8">基于类别
比例平衡
(8∶2)训练集/
验证集划分</td><td rowspan="2">级联
(concatenation)</td><td rowspan="4">[20,12]
[14,25]
[25,15]</td><td rowspan="4">[24,49]
[40,34]
[32,64]</td><td rowspan="4">[55,50]
[58,81]
[234,207]</td></tr>
<tr><td>YOLOv3-spp-9-cb82</td></tr>
<tr><td>YOLOv3-sppadd-9-cb82</td><td rowspan="2">相加(add)</td></tr>
<tr><td>YOLOv3-add-9-cb82</td></tr>
<tr><td>YOLOv3-3-cb82</td><td rowspan="2">级联
(concatenation)</td><td rowspan="4">[21,18]</td><td rowspan="4">[39,57]</td><td rowspan="4">[234,207]</td></tr>
<tr><td>YOLOv3-spp-3-cb82</td></tr>
<tr><td>YOLOv3-sppadd-3-cb82</td><td rowspan="2">相加(add)</td></tr>
<tr><td>Balanced-PCBTA
(YOLOv3-add-3-cb82)</td></tr>
</table>

注:算法名称中的 YOLOv3 和 YOLOv3-spp 分别代表两个基准模型。名称中出现 add 表示采用"相加"特征融合策略,没有 add 表示采用"级联"特征融合策略。9 和 3 分别代表使用密集锚和高效锚。名称末尾的 random 表示根据照片数量的比例随机划分生成的训练集/验证集,cb82 表示使用类别比例平衡划分的训练集/验证集。

6.5.2 实验结果的客观分析

对于包含 21 类检测目标的 OPCBA-21*,这里使用平均准确度 AP 表示算法中单个类检测正确的概率,使用 mAP 表示算法中所有类的平均检测准确度,AP 和 mAP 越高,算法的识别性能越好。对于目标检测问题来说,检测算法会输出一个预测框来标识检出目标的位置,预测框与目标实际位置(ground truth)的交并比 IoU 指标可以表示检测的准确度,通常采用固定的 IoU 阈值 0.5 来计算 AP 值。同时,为了量化预测框定位的准确性,针对多个 IoU 阈值求 AP 平均值,具体就是在 0.5 和 0.95 之间取 10 个 IoU 阈值(0.5,0.55,0.6,…,0.9,0.95)来计算 mAP 的平均值。这里采用 mAP@0.5 和 mAP@0.5:0.95 表示识别准确度和定位精度。

（1）基于随机划分训练集/验证集的测试实验客观结果

表 6-5 统计了基于照片张数比例(8∶2)随机划分训练集/验证集的 8 组算法训练后，针对同一测试集 21 种类别测试出的 AP、mAP@0.5 和 mAP@0.5:0.95，整个数据集用 random 表示。

表 6-5　基于 random 训练集/验证集每种类别的 AP 和 8 种算法的 mAP　单位：%

类别名称	8 组算法名称							
	YOLOv3-9-random	YOLOv3-spp-9-random	YOLOv3-sppadd-9-random	YOLOv3-add-9-random	YOLOv3-3-random	YOLOv3-spp-3-random	YOLOv3-sppadd-3-random	YOLOv3-add-3-random
30CTQ	**99.56**	99.55	99.55	**99.56**	**99.56**	99.54	99.55	99.55
AUIRFR	92.52	**98.29**	93.14	96.37	91.87	95.69	95.68	96.98
BUK7608	99.54	**99.55**	**99.55**	**99.55**	**99.55**	**99.55**	**99.55**	**99.55**
Cap100uF	86.37	90.64	90.28	88.33	91.46	89.96	**91.92**	90.43
Cap220uF	93.78	93.75	91.63	**95.24**	94.85	95.12	93.63	92.81
Cap22uF	89.46	**91.55**	89.62	89.12	85.94	89.67	90.34	91.05
Cap470uF	92.91	94.43	94.85	93.22	95.21	92.74	94.64	93.01
GK835	85.97	99.52	99.52	88.11	99.52	99.52	99.52	**99.53**
Inductance	89.75	90.63	91.79	89.88	92.65	91.75	92.46	**93.86**
Inserted100uF	76.85	77.23	80.69	72.84	**80.97**	78.13	78.39	79.38
Inserted220uF	**99.55**	**99.55**	**99.55**	99.44	99.54	99.54	99.44	99.54
Inserted22uF	91.87	90.95	91.01	86.13	87.73	80.45	**93.91**	90.01
Inserted470uF	82.32	89.63	92.04	92.39	99.53	89.27	**99.54**	99.53
InsertedInd	39.20	28.63	85.85	83.51	61.55	87.20	85.04	**94.80**
PCB	99.52	99.52	99.52	99.52	99.53	**99.53**	**99.53**	99.52
Pin100uF	99.50	99.50	99.50	99.50	99.50	99.50	99.50	**99.51**
Pin220uF	**93.69**	92.92	93.31	93.38	93.36	93.03	93.47	93.06

表 6-5(续)

类别名称	8 组算法名称							
	YOLOv3-9-random	YOLOv3-spp-9-random	YOLOv3-sppadd-9-random	YOLOv3-add-9-random	YOLOv3-3-random	YOLOv3-spp-3-random	YOLOv3-sppadd-3-random	YOLOv3-add-3-random
Pin22uF	**99.51**	**99.51**	85.51	99.51	**99.51**	**99.51**	**99.51**	**99.51**
Pin470uF	**99.52**	**99.52**	**99.52**	**99.52**	**99.52**	**99.52**	**99.52**	**99.52**
PinInd	92.39	**97.76**	72.72	73.85	88.89	97.76	77.38	72.52
SSG8	81.51	81.51	81.51	81.51	82.28	82.70	83.16	82.89
mAP@0.5	89.78	91.15	91.94	91.45	92.50	93.32	93.60	**93.65**
mAP@0.5:0.95	49.54	49.87	50.68	51.17	50.41	51.48	50.39	**52.47**

注:粗体表示该算法的结果优于或等于其他算法。YOLOv3-add-3-random 算法在 23 个检测指标中有 9 个取得了最好的结果。在基于训练集/验证集 random 的 8 种算法中,YOLOv3-add-3-random 的识别和定位性能最好。

从表 6-5 中可以看到,对比基准模型 YOLOv3-9-random,其他 7 种目标检测算法在同一测试集的最终平均识别准确度和平均定位精度上都优于基准模型。在 9 个锚的预置框下,通过“相加”特征融合策略的算法在最终性能上都优于对应算法的“级联”特征融合策略;同时,3 个锚的预置框与 9 个锚的预置框算法相比,相同条件的算法目标检测效果普遍优于对应 9 个锚的算法。对比 YOLOv3 和 YOLOv3-spp 两类算法,YOLOv3-spp 因为使用了多重增大感受野的空间金字塔池化模块,在相同锚的条件下,性能优于对应的 YOLOv3 算法。但是,同时使用了“相加”特征融合策略和有效锚后,YOLOv3-add-3-random 的性能在 8 种算法中取得了最优。

(2) 基于类别比例平衡划分的训练集/验证集的测试实验客观结果

针对本章提出的类别比例平衡(8∶2)划分训练集/验证集,表 6-6 统计了经过 8 组算法训练后,使用 OPCBA-21* 同一测试集 21 种类别测试出的 AP、mAP@0.5和 mAP@0.5:0.95,整个数据集用 cb82 表示。因为 random 数据集和 cb82 数据集中的训练集/验证集不同,因此产生的密集锚和有效锚不同,在三个检测头分配的锚如表 6-4 所列。

表 6-6　基于 cb82 训练集/验证集每种类别的 AP 和 8 种算法的 mAP　单位:%

类别名称	8 组算法名称							
	YOLOv3-9-cb82	YOLOv3-spp-9-cb82	YOLOv3-sppadd-9-cb82	YOLOv3-add-9-cb82	YOLOv3-3-cb82	YOLOv3-spp-3-cb82	YOLOv3-sppadd-3-cb82	Balanced-PCBTA（YOLOv3-add-3-cb82）
30CTQ	99.56	99.55	99.55	99.55	**99.56**	99.56	99.55	99.55
AUIRFR	95.68	96.37	93.14	**97.60**	95.68	95.06	93.14	96.38
BUK7608	**99.55**	**99.55**	99.54	**99.55**	**99.55**	99.54	99.54	99.54
Cap100uF	**91.35**	90.36	84.54	87.67	90.98	91.20	87.03	91.08
Cap220uF	92.64	**94.45**	90.53	92.50	92.75	93.58	90.61	93.83
Cap22uF	**92.18**	90.33	90.49	90.20	89.26	88.54	89.40	88.71
Cap470uF	93.47	**95.59**	93.88	93.47	94.91	92.21	94.57	93.35
GK835	99.52	86.59	99.52	99.52	99.52	99.52	99.52	**99.53**
Inductance	**93.71**	91.82	91.44	91.06	91.98	93.31	92.22	89.32
Inserted100uF	59.76	77.33	**82.97**	74.37	80.88	76.60	78.51	77.88
Inserted220uF	**99.55**	99.54	**99.55**	99.54	99.54	**99.55**	**99.55**	99.54
Inserted22uF	82.44	91.01	87.67	91.60	85.65	86.26	**92.35**	92.03
Inserted470uF	92.39	99.53	99.53	93.09	**99.54**	99.53	93.10	99.53
InsertedInd	92.24	67.13	90.90	**97.23**	88.31	89.16	90.90	**97.23**
PCB	**99.53**	99.52	99.52	99.52	99.52	**99.53**	99.52	**99.53**
Pin100uF	**99.50**	**99.50**	**99.50**	**99.50**	**99.50**	**99.50**	**99.50**	**99.50**
Pin220uF	92.57	93.03	92.98	93.07	93.75	93.65	93.03	92.92
Pin22uF	**99.51**	**99.51**	**99.51**	**99.51**	**99.51**	**99.51**	**99.51**	**99.51**
Pin470uF	**99.52**	**99.51**	**99.52**	**99.52**	**99.52**	**99.52**	**99.52**	**99.52**
PinInd	90.64	92.39	**96.40**	88.26	73.85	88.89	90.26	88.89
SSG8	**82.47**	81.51	81.51	81.51	81.51	83.29	81.51	81.98
mAP@0.5	92.75	92.58	93.91	93.71	93.11	93.69	93.47	**94.25**
mAP@0.5:0.95	51.17	51.82	51.59	52.28	52.63	53.76	51.14	**54.20**

注:粗体表示该算法的结果优于或等于其他算法。在基于 cb82 的训练集/验证集的 8 种算法中,Balanced-PCBTA(YOLOv3-add-3-cb82)的识别和定位性能最好。

对比表 6-5 和表 6-6,可以发现在同一测试集上使用相同的特征融合或锚时,基于 cb82 训练集/验证集的检测性能始终优于 random 训练集/验证集。本章提出的 Balanced-PCBTA 实现了最佳的目标识别准确率和定位精度。

(3) 过程分析

为了进一步比较以上 16 种算法的优点和缺点,这里绘制了 6 条曲线对解决三种不平衡问题的目标检测过程进行对比分析,如图 6-13 所示。图 6-13(a)和图 6-13(b)显示了 16 种算法在模型训练时,验证集的识别和定位指标随训练周期的变化情况,mAP 作为真实边界框与预测框进行比较并返回的分数值,分数越高,模型对目标的识别准确率越高,mAP@.5:.95 作为 10 个 IoU 阈值下 mAP 的平均值,同样分数越高模型对目标的定位精度越高。从图 6-13(a)和图 6-13(b)中均可发现,Balanced-PCBTA 在两种训练集/验证集的划分下,对不同的验证集都可以获得识别和定位最佳的性能。

图 6-13(c)和图 6-13(d)显示了 16 种算法在模型训练时,训练集和验证集的损失函数值分别随训练周期的变化情况,损失值下降得越快,收敛的值越稳定,说明算法的复杂度越低,算法训练的时间越短。图 6-13(c)中训练损失值在训练过程中自然分成了三个区域,具有 3 个锚的算法下降的最快,具有 9 个锚的算法最终的损失值较高。图 6-13(d)中验证损失值在验证过程中自然分成了四个区域,基于样本比例均衡划分的验证集损失值下降较快,基于照片张数比例随机划分验证集损失值下降较慢。在对应划分验证集下,3 个有效锚的算法比 9 个密集锚的算法下降更快。不管是训练集损失还是验证集损失,Balanced-PCBTA 都是下降最快和最终收敛数值最低的算法。

图 6-13(e)作为准确率-召回率曲线,准确率是预测的边界框与实际的真实框匹配的概率,也称为正预测值,数值范围为从 0 到 1,高准确率意味着大多数检测到的目标与真实目标相匹配。召回率表征正确检测到真实目标的概率。类似的,召回率数值范围也是从 0 到 1,召回率高意味着检测到大量真实目标。准确率-召回率曲线越高,越偏向右上角,则说明该算法既具有高准确率,又具有高召回率,可以正确检测到大多数真实目标。Balanced-PCBTA 算法在图 6-13(e)中位置最高,离右上角最近,检测效果最好。

图 6-13(f)中的 F1 指标同时兼顾了分类模型的准确率和召回率,可以衡量准确率和召回率之间的平衡程度。F1 的核心思想在于:在尽可能提高准确率和召回率的同时,也希望两者之间的差异尽可能小。当 F1 的值很高时,这意味着准确率和召回率都很高。较低的 F1 分数意味着准确率和召回率之间的不平衡程度大。从图 6-13(f)中可以看出,Balanced-PCBTA 的 F1 数值最高,说明该算法可以兼顾高准确率和高召回率。

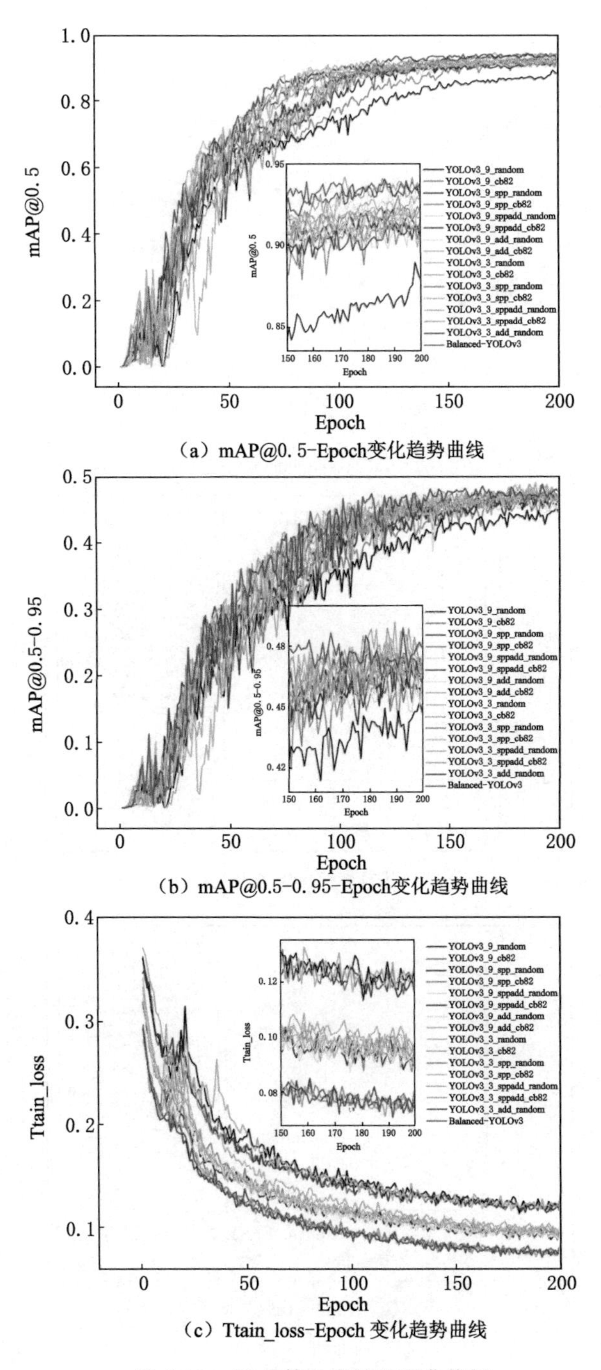

（a）mAP@0.5-Epoch变化趋势曲线

（b）mAP@0.5-0.95-Epoch变化趋势曲线

（c）Ttain_loss-Epoch 变化趋势曲线

图 6-13　16 组算法实验过程曲线图

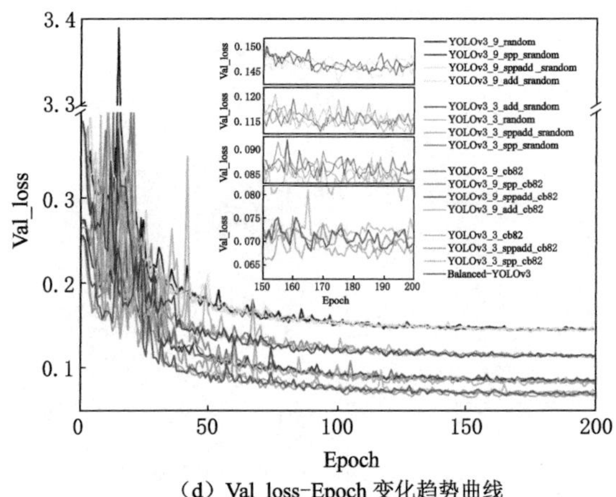

（d）Val_loss-Epoch 变化趋势曲线

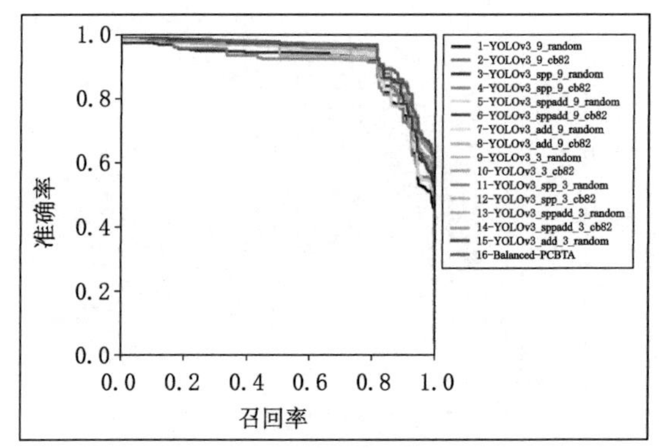

（e）准确率-召回率变化趋势曲线

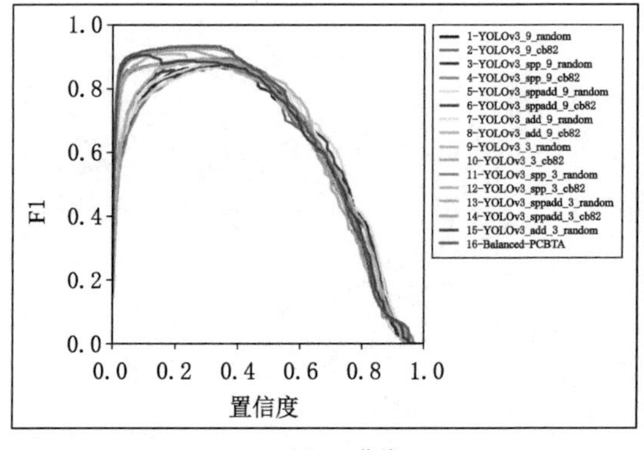

（f）F1曲线

图 6-13 （续）

6.5.3　消融实验

针对本章提出的基于平衡策略的解决 PCB 过孔装配场景目标检测三种不平衡问题的 Balanced-PCBTA，其中类别比例均衡的训练集/验证集划分、“相加”特征融合和有效锚三个模块，表 6-7 通过一系列消融实验来研究这些模块对于最终算法的贡献程度。

表 6-7　Balanced-PCBTA 中每个模块的有效性

算法名称	类别比例平衡的训练集/验证集	相加策略	有效锚	mAP@.5	mAP@.5:.95
YOLOv3-9-random	×	×	×	89.78%	49.54%
YOLOv3-9-cb82	√	×	×	92.75%$^{+2.97\%}$	51.17%$^{+1.63\%}$
YOLOv3-add-9-random	×	√	×	91.45%$^{+1.67\%}$	51.17%$^{+1.63\%}$
YOLOv3-3-random	×	×	√	92.50%$^{+2.72\%}$	50.41%$^{+0.87\%}$
YOLOv3-add-3-random	×	√	√	93.65%$^{+3.87\%}$	52.47%$^{+2.93\%}$
YOLOv3-add-9-cb82	√	√	×	93.71%$^{+3.93\%}$	52.28%$^{+2.74\%}$
YOLOv3-3-cb82	√	×	√	93.11%$^{+3.33\%}$	52.63%$^{+3.09\%}$
Balanced-PCBTA	√	√	√	94.25%$^{+4.47\%}$	54.20%$^{+4.66\%}$

注：符号“×”表示不使用该模块，符号“√”表示使用该模块。

这里使用 mAP@0.5 和 mAP@0.5:0.95 作为衡量贡献程度的评价标准。从表 6-7 中可以看出，对个单一模块有效性来讲，类别均衡的训练集/验证集划分对于 mAP@0.5 的贡献最大，其次是有效锚的使用，贡献最小的是相加特征融合策略；类别均衡的训练集/验证集划分和相加特征融合策略对 mAP@0.5:0.95 的贡献相同，有效锚的贡献相对较小。对于两两模块的叠加使用来讲，类别均衡叠加相加特征融合对 mAP@0.5 的贡献最大，其次是相加融合和有效锚的叠加使用，最后是类别均衡和有效锚的叠加使用。同样可以看出，类别均衡和有效锚的叠加使用对 mAP@0.5:0.95 的贡献最大，其次是相加融合和有效锚的叠加使用，贡献最小的是类别均衡叠加相加特征融合。三个模块的联合使用，可以让 YOLOv3-9-random 的 mAP@0.5 和 mAP@0.5:0.95 分别提升 4.47 和 4.66 个百分点，既提升了 PCB 过孔装配场景下目标的识别准确度，又提升了目标的定位精度。

6.5.4 Balanced-PCBTA 目标检测结果图

Balanced-PCBTA 通过平衡策略解决了 PCB 装配场景目标检测中的三种不平衡问题,实现了提升多目标识别准确度和定位精度,本章基于 Balanced-PCBTA 测试了 100 张图像,这里挑选了 6 张图像的检测结果来说明算法的效果。这 6 张图像包含 1 张装配前无序的电子元器件图像、1 张 PCB 过孔装配前、2 张 PCB 过孔装配中、2 张 PCB 过孔装配后,待检测的目标包含 PCB 电路板、待插装和已插装的电子元器件、待插装和已插装的过孔和 PCB 上一些贴装电子元器件。

如图 6-14 所示,每组图像包含 2 张图片,上面是待检测目标的真实类别和位置框,下面是基于 Balanced-PCBTA 算法测试的结果图像,这里用不同颜色的矩形框来表示检测到的目标位置,矩形框的左上角表示目标的类别和置信度。从对应的检测结果可以看出,Balanced-PCBTA 算法对目标的类别识别准确率高,且每个目标类别的置信度高,同时定位精度高,整体算法的目标检测性能优越。

6.5.5 与其他先进目标检测算法的性能对比

为了进一步比较算法的性能,针对类别均衡划分的数据集,将 Balanced-PCBTA 与当前其他先进的基于锚的目标检测方法进行比较分析,包括 Faster R-CNN、SSD、YOLOv4 和 YOLOv5,比较的指标为检测准确度、运算复杂度和单张测试照片检测时间。

检测准确度用 mAP 表示,运算复杂度用算法参数量和 GFLOPs(每秒 10 亿次浮点运算数)表示,单张测试照片检测时间用测试集中每张测试图片所用正向推理时间(单位:ms)表示。算法参数量定义了存储算法模型所需的存储空间,GFLOPs 定义了算法所需的计算力,正向推理时间(ms)/每张测试图片定义了算法的检测速度。表 6-8 统计了 Balanced-PCBTA 和当前其他基于锚的目标检测算法在 mAP、参数量、GFLOPs 和正向推理时间(ms)/每张测试图片的数值大小。

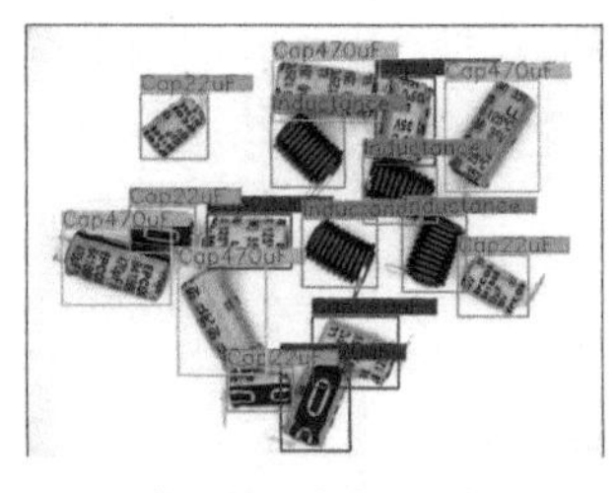

(a) 装配前无序电子元件的真实值

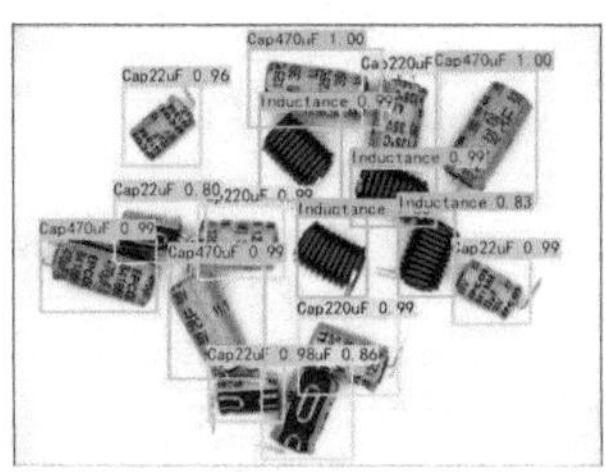

(b) 装配前图像1的目标检测结果

(c) 装配前无序电子元器件的目标检测结果

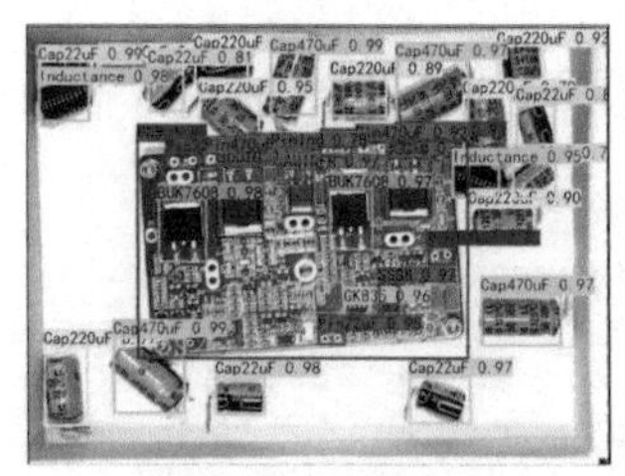

(d) 装配中图像1的真实值检测结果

(e) 装配前图像1的真实值

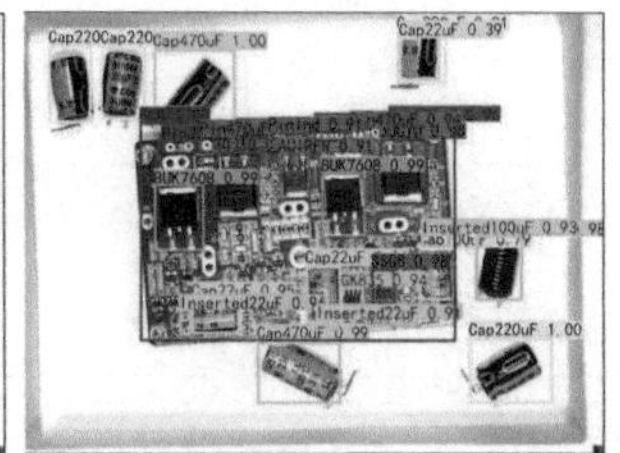

(f) 装配中图像1的目标检测结果

(g) 装配中图像2的真实值

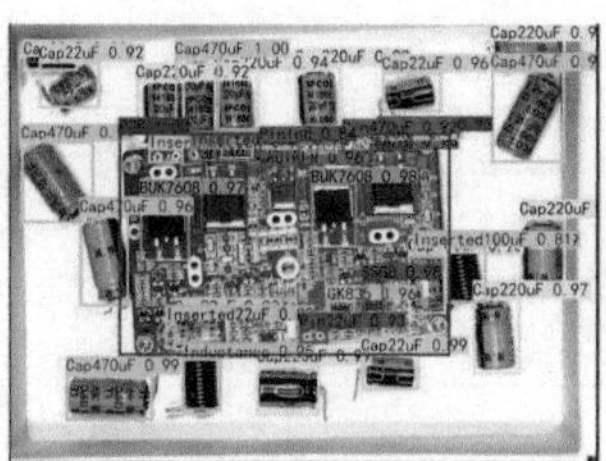

(h) 装配后图像1的目标检测结果

(i) 装配中图像2的目标检测结果

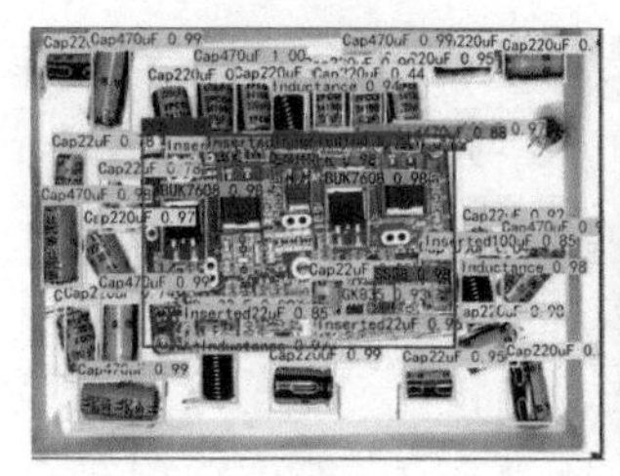

(j) 装配后图像2的真实值检测结果

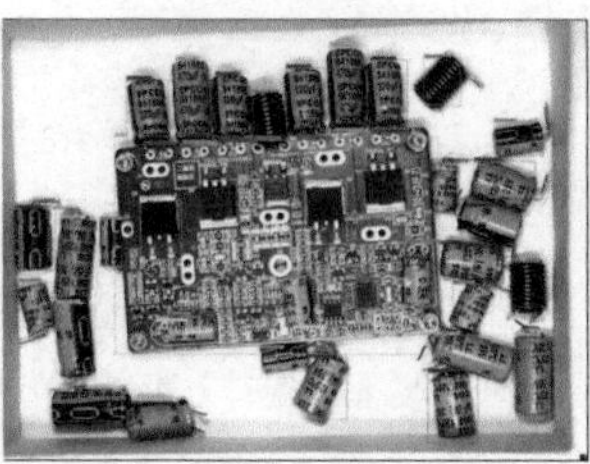

(k) 装配后图像1的真实值

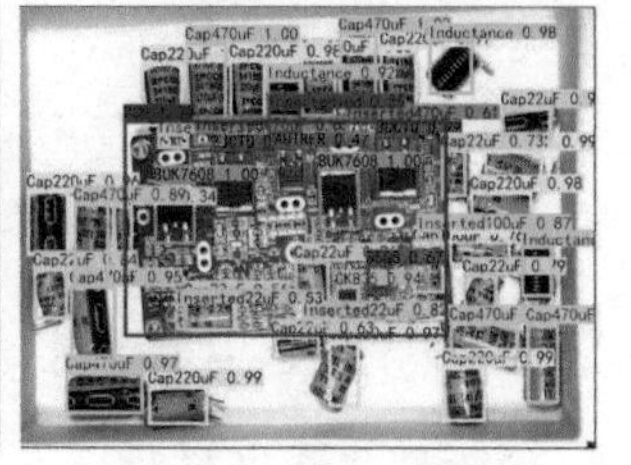

(l) 装配后图像2的真实值

图 6-14 基于 Balanced-PCBTA 的 PCB 过孔装配前目标检测结果

表 6-8　15 种算法的准确度、复杂度和检测速度统计表

检测网络	mAP/%	参数量	GFLOPs	正向推理时间(ms)/每张测试图片
Faster R-CNN(Resnet50)	67.71	43.44	742.47	51.78
SSD(vgg16)	75.18	28.52	91.55	23.24
YOLOv3(9-anchor)基准模型	89.78	61.68	32.72	9.21
YOLOv4(9-anchor)	69.98	64.05	141.78	5.80
YOLOv4(3-anchor)	54.78	63.17	140.29	5.50
YOLOv5-s(9-anchor)	78.04	7.07	16.00	2.26
YOLOv5-s(3-anchor)	91.02	7.02	15.80	1.76
YOLOv5-s-add(3-anchor)	88.27	**6.84**	**15.40**	**1.63**
YOLOv5-m(9-anchor)	87.72	20.93	48.20	3.25
YOLOv5-m(3-anchor)	93.18	20.86	48.00	3.24
YOLOv5-m-add(3-anchor)	93.14	20.46	47.00	3.19
YOLOv5-l(9-anchor)	91.52	46.22	108.10	5.24
YOLOv5-l(3-anchor)	93.44	46.12	107.80	5.18
YOLOv5-l-add(3-anchor)	93.54	45.40	106.20	5.14
Balanced-PCBTA	**94.25**	61.59	32.69	3.22

注：以上所有算法结果均在同一工作站下通过训练 200 个周期后，对同一测试集图片测试得到。粗体表示该算法的结果优于或等于其他算法。

从表 6-8 中可以看出，YOLO 系列算法的 mAP 值均高于传统的 Faster R-CNN 和 SSD，同时，基于 3 个锚的 YOLO 算法 mAP 值均高于同系列基于 9 个锚的 YOLO 算法，而且基于 3 个锚的 YOLO 算法复杂度均低于同系列基于 9 个锚的 YOLO 算法。Balanced-PCBTA 与其他算法相比较，mAP 值达到了最高，算法复杂度也接近于最低，同时可以观察到检测速度在 11 种算法中排名第 5。

为了证明该方法的泛化性，将该方法的三个模块用于同样具有不平衡特点的 OPCBA-29 和 OPCBA-29* 数据集，验证各个模块对不平衡问题的有效性和局限性。通过对第 3 章和第 4 章的数据集数据特点分析，可以了解到这两个数

据集中目标最主要的特点是小尺寸。因此，针对有效锚的产生方法，可以得到OPCBA-29和OPCBA-29*数据集的有效锚，见表6-9。

表6-9　OPCBA-29和OPCBA-29*数据集的有效锚

数据集	52×52	26×26	13×13
OPCBA-29	[8,23,18,10,24,12,22,15,16,22,29,20,19,32]（7个锚）	[25,51,44,37,36,65]（3个锚）	[188,165,234,207]（2个锚）
OPCBA-29*	[18,9,8,23,20,13,24,11,17,19,24,16,15,27,19,32,30,22]（9个锚）	[24,47,40,34,32,64,52,55]（4个锚）	[188,165,234,207]（2个锚）

由于OPCBA-29和OPCBA-29*数据集中的有效锚个数远远多于基准模型中常规9个锚的数量，因此，有效锚难以发挥在OPCBA-29和OPCBA-29*数据集中缓解正负样本不平衡的作用，此处，不予采纳有效锚模块。同时，OPCBA-29和OPCBA-29*数据集中归一化面积占比在1%以下的目标个数占总目标个数分别为96.41%和98.16%，目标尺度不平衡程度较浅，此处不予采纳相加特征融合模块。采用类别比例平衡的训练集/验证集划分方法，实验参数和测试结果见表6-10。

表6-10　基于Balanced-PCBTA对OPCBA-29和OPCBA-29*数据集的测试

数据集	算法名称	Epoch	类别比例平的训练集/验证集	mAP@0.5	模型训练时长/h
OPCBA-29	YOLOv3-9-random（基准模型）	350	×	76.43%	5.989
	Balanced-PCBTA	350	√	81.25%	5.782
OPCBA-29*	YOLOv3-9-random（基准模型）	350	×	79.48%	6.361
	Balanced-PCBTA	350	√	83.19%	6.041

综上所述，Balanced-PCBTA在检测速度、检测准确度和运算复杂度的权衡方面表现最优，是一种面向PCB过孔装配场景能够实现目标检测任务的快速、精准和低运算复杂度算法。

6.6 本章小结

本章在研究面向PCB过孔装配场景的目标检测方法中，从分析影响检测性能和速度的不平衡问题入手，提出了基于平衡策略的PCB过孔装配场景的快速精准目标检测方法。针对数据集中目标类别不平衡的问题，提出的训练集/验证集比例平衡划分方法，在不向数据集添加任何额外样本和删除样本数据的前提下，将所有类别的目标以平衡比例的方式拆分为训练集和验证集。确保CNN可以在训练过程中学习所有类的特征，在验证过程中找到性能最好的模型参数组合。这种训练集/验证集的平衡比例拆分方法为解决类不平衡问题建立了一个新思路。针对样本目标尺度不平衡和主干网提取的目标特征尺度不平衡问题，提出一种“相加”特征融合策略，强化了目标特征的位置信息和语义信息，减少了模型中的数据参数量。解决了从输入到传播过程中由于目标尺度不平衡而导致目标特征消失或减弱的问题。针对正负样本的不平衡，提出了有效锚的概念。每个检测头的有效锚数量是在考虑了数据集的目标尺寸和空间位置分布后确定的，避免了密集锚导致的数据冗余问题，从根本上缓解了正负样本不平衡问题。综合了这三个平衡策略的Balanced-PCBTA目标检测器可以很好地处理PCB过孔装配场景中目标检测的不平衡问题。通过自建数据集OPCBA-21* 完成方法测试实验，实验结果显示Balanced-PCBTA与原基准模型相比，在21类目标上的平均检测准确度从89.78%提升到了94.25%，定位准确度从49.54%提升到了54.20%，平均每张测试图片正向推理时间从9.21 ms降到了3.22 ms，验证了解决卷积神经网络的目标不平衡问题在提高准确度和速度方面的有效性。本章提出方法的主要贡献有以下三点：

① 提出了一种类别比例平衡的训练集/验证集划分方法。该方法确保所有类都包含在训练集和验证集中，并且确保位于训练集和验证集中的同一类的数量比例相同。解决了由照片比例随机划分训练集/验证集带来的类别比例不平衡偏差。

② 提出了一个适用于解决PCB过孔装配场景中目标尺度不平衡问题的“相加”特征融合策略。这种“相加”特征融合方法可以保留多尺度目标的语义不变性和位置等变性，通过减少通道数来加速训练和学习过程，弥补了不平衡尺度目标通过深度网络带来的信息缺失。

③ 设计了有效锚，通过聚类分析训练集中样本标签的大小，统计检测头三种尺度上的目标空间分布信息，从而去除冗余锚，确定目标检测中实际有效的锚。有效锚缓解了正负样本不平衡，加快了训练和检测的速度，并直接为精准锚分配提供了依据。

第 7 章　总结与展望

7.1　总结

在电子产品制造业“智能制造”升级改造的大背景下，面对电子产品高密度化和劳动力成本上升带来的制造生产智能感知需求，由于缺乏对“小尺寸目标的弱特征表示、卷积神经网络内部可解释性机理和视觉场景不平衡问题”的深入研究，导致现有模型难以在电路板装配场景高准确度、模型轻量化和快速目标检测的应用需求下发挥优势。本书以 PCB 装配工艺场景中的目标为检测对象，从卷积神经网络的数据层面、主干网、特征融合策略和检测头四个方面入手，对目标尺寸与主干网下采样中的特征量化关系、主干网模块化解构重组合对检测头有效感受野的可变作用模式、有效感受野-锚对发现类间可分离特征及类内紧凑型特征的正向影响机制和纠正卷积神经网络不平衡偏见的平衡策略开展研究。在提升 PCB 表面贴装/混合装配电子元器件小目标检测准确度、减少模型参数量实现轻量化、提高 PCB 过孔装配场景中类间相似度高及类内差异性大目标检测的准确度和解决不平衡问题提升目标检测速度等核心关键技术方面，取得了突破性进展和创新性成果：

(1) 提出了一种基于多检测头的 PCB 电子元器件小目标检测方法

构建了包括虚拟电路板合成数据和电路板实物照片的电路板电子元器件联合数据集；分析了以 PCB 电子元器件的目标样本尺寸特征和目标框多样性特征，发现了电子元器件目标呈现出低像素占用和弱特征表示问题；研究了卷积神经网络主干网不同下采样层特征的位置、语义信息表征形式，提出了目标尺寸-特征信息量化分析方法；统计了 PCB 电子元器件数据集在主干网下各个特征层中留下的电子元器件目标个数，权衡比较并制定了提高检测准确度的特征融合策略；设计了一个对小尺寸目标敏感的检测头，针对该检测头，通过聚类算法新增了对应的多尺寸锚。集成以上研究内容所提出的基于多检测头的 PCB 电子元器件小目标检测方法，通过在PCB电子元器件测试集上实验，结果显示：该方法与同类目标检测算法相比，29类电子元器件目标检测上的平均检测准确度最高，达到了93.07%，证实利用目标尺寸-特征信息量化分析方法能从小尺寸目标的弱特征表示中挖掘出有效信息。

(2) 提出了一种基于有效感受野-锚匹配的PCB电子元器件轻量化检测方法

在提高PCB电子元器件目标检测准确度的基础上，尽可能减少检测模型的参数量，实现模型轻量化具有重要的理论研究意义和应用价值。首先，研究了检测头锚分配层中一个像素受到刺激后，随机赋予模型权重的梯度反向传播对原始图像的影响区域和影响程度，设计了基于梯度反向传播的CNN不同深度层有效感受野尺寸的计算和可视化方法；其次，提出了主干网模块化解构组合设计方法，定义了具备保留性、可删减性和可重复性的五种模块，研究了主干网的模块数量，与三个检测头锚分配层对应有效感受野的对应变化关系；再次，生成了数据集的预定义锚尺寸，以固定的锚尺寸为阈值，定义了有效感受野-锚匹配；最后，设计了有效感受野-锚匹配流程，提出了有效感受野-锚匹配策略，通过对主干网模块的添加、移除和保留，确保了为检测头的锚产生最匹配的有效感受野。集成以上研究内容所提出的基于有效感受野-锚匹配的轻量化PCB电子元器件目标检测方法，通过在PCB电子元器件测试集上实验，在29类目标检测上的平均检测准确度值达到95.03%，模型参数量仅为原基准模型参数量的35.61%，证实通过研究主干网模块化重构与卷积神经网络内部有效感受野的联动关系，可实现PCB上电子元器件高检测准确率的同时实现减少参数量、模型轻量化的目标。

(3) 提出了一种基于有效感受野-锚分配的PCB过孔装配场景目标检测方法

提高PCB过孔装配场景目标检测的准确度，对于加速电子产品的智能生产和保证装配产品的质量至关重要。首先，通过模拟不断向电路板进行电子元器件过孔装配的视觉场景，构建了包含21类目标涉及装配前、装配中和装配后的PCB过孔装配场景数据集；其次，利用感知哈希对数据集进行了目标类别相似度分析，发现了杂乱无序摆放的待插装电子元器件和大量已装配、未装配过孔和其他目标呈现出类间相似度高和类内差异性大的数据特性；再次，利用有效感受野计算方法对YOLOv3三个检测头的每个网格进行了精细化的有效感受野分析，发现了不同位置的网格单元对应的有效感受野各不相同；接着，研究了有效感受野和不同尺寸锚对目标检测效果的影响机制，发现了固定尺寸锚的平均分配与不同检测头的有效感受野尺寸范围之间的矛盾会对可分离特征和紧凑型特征的发现产生负面影响，进而提出了有效感受野-精准锚分配规则；最后，设计了包含一定上下文信息和注意力机制的联合模块，加强了兼具小尺寸特性目标的检测能力。将以上内容集成，形成了基于有效感受野-锚分配的 PCB 过孔装配场景高准确度目标检测方法。通过测试集实验，与基准模型相比，在 21 类目标的平均检测准确度上从 79.32％提升到了 89.86％，证实基于卷积神经网络内部可解释性有效感受野的精细化分析，切实可以提升类间相似度高及类内差异性大目标的检测准确度。

(4) 提出了一种基于平衡策略的 PCB 过孔装配场景快速精准目标检测方法

在精准锚分配可以提高 PCB 过孔装配场景类间相似度高及类内差异性大目标检测准确度的研究基础上，建立了基于平衡策略解决影响检测速度和准确度的不平衡问题的核心思想。首先，针对数据集中目标类别不平衡的问题，提出了训练集/验证集比例平衡划分方法，在不向数据集添加任何额外样本和删除样本数据的前提下，将所有类别的目标以平衡比例的方式拆分为训练集和验证集，纠正了随机分配训练集/验证集加剧带来的样本类别比例不平衡偏差；其次，针对样本目标尺度不平衡和主干网提取的目标特征尺度不平衡问题，提出了一种“相加”特征融合策略，加强了深层目标的位置信息和浅层目标的语义信息；最后，针对正负样本的不平衡导致的检测速度慢问题，提出了有效锚的概念，设计了包含数据集的目标尺寸和空间位置分布联合信息的有效锚求解方法，该方法不仅避免了冗余锚的干扰，还可同时完成锚的精准分配，从根本上缓解了由密集锚产生的正负样本不平衡而导致的目标检测低速、低准确度问题。通过在过孔装配场景测试集 21 类目标上实验，基于平衡策略的 PCB 过孔装配场景目标检测方法与基准模型相比，结果表明：平均检测准确度从 89.78％提升到了 94.25％，定位准确度从 49.54％提升到了 54.20％，平均每张测试图片正向推理时间从 9.21 ms 降到了 3.22 ms，证实对视觉场景不平衡问题的深入研究可实现快速精准目标检测。

7.2 创新点

① 针对电路板表面贴装/混合装配场景下电子元器件目标密度高、尺寸小而造成的检测准确度低问题，结合卷积神经网络利用数据驱动“逐层”提取目标核心特征信息和深浅层多特征融合思想，突破了过度依赖网络深度提取目标强语义必然提升目标识别准确率的思维，创新性提出了目标尺寸-主干网

特征保留对应关系量化方法，该方法能从主干网提取到的小目标各层弱特征中挖掘出有用特征信息，通过权衡数据集的目标尺寸和算力增加了对小尺寸目标敏感的检测头、多尺寸锚和特征融合路径，实现了适合密集、尺寸小目标的 PCB 电子元器件目标检测方法，形成了一种结合目标数据特征进行视觉目标检测网络结构设计的方法，为电子产品装配场景智能化小尺寸目标检测提供了一条新途径。

② 针对卷积神经网络目标检测方法由于缺乏对内部视觉机理研究、忽略主干网深度对检测头视觉感知范围的影响而导致检测模型对目标适应性差、主干网模型结构冗余模型参数量大的问题，受生物神经科学中感受野的启发，设计了使用梯度反向传播求解卷积神经网络任一层中任一位置像素对应有效感受野的求解方法，分析了三个检测头网格对应有效感受野的尺寸和强度特征；提出了主干网模块化解构组合方法，揭示了主干网不同模块组合深度对检测头网格有效感受野的尺寸影响机制；提出了有效感受野-锚匹配概念、执行流程和实现策略；创新性地建立了基于预定义锚尺寸的主干网模块重组-检测头有效感受野尺寸动态变化关系模型。最终形成一种基于有效感受野-锚匹配的轻量化 PCB 电子元器件目标检测方法，在实现保持目标检测高准确度的同时，为模型轻量化提供了一种新的实现方式。

③ 针对 PCB 过孔装配场景待检测目标类间相似度高及类内差异性大、严重影响检测准确度的问题，从数据层面设计并构建了 PCB 过孔装配全场景目标检测数据集，该数据集涉及 PCB 过孔技术装配前、装配中和装配后三种场景，共包括 21 类检测目标。对检测头锚分配层的网格进行了有效感受野精细化分析，研究了检测头网格对应有效感受野放置不同尺寸锚时对目标检测效果的影响机制；提出了基于检测头有效感受野范围的锚分配方法，该精准锚分配能够有效地发现类间可分离特征和类内紧凑型特征。最终设计的一种基于有效感受野-锚分配的 PCB 过孔装配场景目标检测方法，为提升电子产品过孔装配生产提供了高准确度的视觉检测支持。

④ 针对影响 PCB 过孔装配场景目标检测速度和精准度的样本类别不平衡、目标尺度不平衡和正负样本不平衡三个不平衡问题，以平衡策略作为解决不平衡问题的核心思想，打破了以往要引入权重额外增加样本或减少样本才能达到样本类别平衡的固定思维，创新性地设计了基于类别比例平衡的训练集/验证集划分方法，消除了网络在训练和验证中的类别不平衡偏差；在精细锚分配的研究启发下，首次提出了有效锚的概念和求解方法。该有效锚同时包含目标的尺寸和空间分布信息，可以同时实现去除冗余和精细分配的效果。最终设计的一种基于平衡策略的 PCB 过孔装配场景的快速精准目标检测方法，具有快速、高

精确度检测功能,为未来电子产品制造中权衡检测速度和精准度研究方向提供了思路。

7.3　尚待解决的问题与前景展望

尽管本书开展了基于卷积神经网络的电路板装配场景目标检测中提升小尺寸目标检测准确度、模型轻量化、类间相似度高及类内差异性大目标检测高准确度和快速精准检测方面关键技术一定的研究,但仍然存在一些尚未解决的问题和不足,未来以下几个方面值得深入分析、研究和探讨,也是笔者正在研究的方向和后续研究的内容:

① 构建融合知识图谱与图神经网络技术的电路板装配场景自主目标检测模型。图神经网络利用深度学习架构对图的拓扑结构信息和属性特征信息进行整合,可以实现关系抽取和实体消歧,提升神经网络的推理和演绎能力。而电路板装配天然具有电路设计原理图作指导,因此,将电路板上游电路逻辑原理图中的电子元器件、文本、焊盘、过孔作为实体,将电路布局图中的目标空间位置属性作为实体关系,将以上实体与实体关系转化为具有拓扑关系的知识图谱,再利用图神经网络进行知识推理,自主检测电路板装配场景中的难检测目标,将对电路板装配的场景理解和决策具有重要的推动作用。

② 研究基于群等变卷积的电路板装配场景旋转目标检测方法。群等变卷积对旋转目标提取到的特征具有旋转等变性,设计充分合理的群等变卷积网络能保证检测到的旋转目标位置信息不变形、语义信息不丢失。本书所做的研究检测出的目标框是水平矩形框,但电路板装配场景中的目标方向随机,水平目标检测算法对于角度多变的目标会包含较多无关背景,导致密集场景下的漏检现象,需要进一步研究出紧密包裹目标的任意四边形所形成的旋转框目标检测算法。因此,利用群等变卷积所设计的旋转目标检测算法能准确、充分地注释出任意方向目标的外部轮廓空间坐标和类别,会成为实现无人装配生产线视觉精准感知的关键。

③ 开展不平衡问题的纵深研究,建立解决不平衡问题的泛化性方法。首先,对于目标类别不平衡问题,可将目标的尺寸大小作为训练集/验证集划分的权重,让网络更好地学习难检测小尺寸目标特征,但是如何量化不同尺寸大小的目标对训练集/验证集的贡献程度是个难题。其次,对于多尺度特征的不平衡问题,可联合考虑使用“级联”和“相加”两种特征融合方式,但双特征融合在网络中的嵌入位置和顺序对于提升目标检测效果是个难题。最后,有效锚的提出未将

PCB装配场景目标与目标之间的从属关系考虑在内，如何把从属关系作为知识引导条件将正样本加强、负样本削弱是个难题。因此，可以根据统一分布对齐策略、级联沙漏特征融合和目标关系检测当前研究成果为不平衡问题的纵深研究带来启发，未来与目标检测中的不平衡问题相关研究将在提高电路板装配场景的检测准确度和提升检测速度等方面不断深入。

参考文献

[1] 国务院.国务院关于印发《中国制造 2025》的通知[EB/OL].https://www.gov.cn/zhengce/content/2015-05/19/content_9784.htm.

[2] 国家自然科学基金委员会工程与材料学部.机械工程学科发展战略报告:2011—2020[M].北京:科学出版社,2010.

[3] 工业和信息化部.智能制造工程实施指南(2016—2020)[EB/OL].https://www.miit.gov.cn/cms_files/filemanager/oldfile/miit/n973401/n1234620/n1234623/c5542102/part/5542108.pdf.

[4] 国家制造强国建设战略咨询委员会,中国工程院战略咨询中心.智能制造[M].北京:电子工业出版社,2016.

[5] 卢阳光.面向智能制造的数字孪生工厂构建方法与应用[D].大连:大连理工大学,2020.

[6] 张武杰.机电产品智能制造的绿色性评估方法及应用研究[D].杭州:浙江大学,2019.

[7] 陈铁健.智能制造装备机器视觉检测识别关键技术及应用研究[D].长沙:湖南大学,2016.

[8] 李旭冬.基于卷积神经网络的目标检测若干问题研究[D].成都:电子科技大学,2017.

[9] KRIZHEVSKY A,SUTSKEVER I,HINTON G E.ImageNet classification with deep convolutional neural networks[J].Communications of the ACM,2017,60(6):84-90.

[10] ZHAO Y T,ZHENG B,LI H C.FRCNN-based DL model for multiview object recognition and pose estimation[C]//2018 37th Chinese Control Conference (CCC).July 25-27,2018,Wuhan,China.IEEE,2018:9487-9494.

[11] TSAI D M,CHOU Y H.Fast and precise positioning in PCBs using deep neural network regression[J].IEEE transactions on instrumentation and measurement,2020,69(7):4692-4701.

[12] REN S Q,HE K M,GIRSHICK R,et al.Faster R-CNN:towards real-time object detection with region proposal networks[J].IEEE transactions on pattern analysis and machine intelligence,2017,39(6):1137-1149.

[13] LIU C,LIU S Q.Tiny electronic component detection based on deep learning[C]//5th International Conference On Green Power,Materials And Manufacturing Technology And Applications (GPMMTA 2019), Aip Conference Proceedings.Taiyuan ,China.Aip Publishing,2019:1-7.

[14] LIN Y L,CHIANG Y M, HSU H C.Capacitor detection in PCB using YOLO algorithm[C]//2018 International Conference on System Science and Engineering(ICSSE). June 28-30, 2018, New Taipei, China. IEEE, 2018:1-4.

[15] KUO C W,ASHMORE J D,HUGGINS D,et al.Data-efficient graph embedding learning for PCB component detection[C]//2019 IEEE Winter Conference on Applications of Computer Vision(WACV).January 7-11, 2019,Waikoloa,HI,USA.IEEE,2019:551-560.

[16] LU Y Q,YANG B,GAO Y C,et al.An automatic sorting system for electronic components detached from waste printed circuit boards[J].Waste management,2022,137:1-8.

[17] MUKHOPADHYAY A,MUKHERJEE I,BISWAS P.Comparing shape descriptor methods for different color space and lighting conditions[J]. Artificial intelligence for engineering design,analysis and manufacturing, 2019,33(4):389-398.

[18] LIU X,HU J S,WANG H X,et al.Gaussian-IoU loss:better learning for bounding box regression on PCB component detection[J].Expert systems with applications,2022,190:116178.

[19] BARANWAL A,MEYER M,NGUYEN T,et al.Five deep learning recipes for the mask-making industry[C]//SPIE Photomask Technology + EUV Lithography.Proc SPIE 11148, Photomask Technology 2019, Monterey, California, USA.2019,11148:31-49.

[20] JEON M,YOO S,KIM S W.A contactless PCBA defect detection method:convolutional neural networks with thermographic images[J].IEEE transactions on components,packaging and manufacturing technology,2022,12(3):489-501.

[21] TONG X Y,YU Z A,TIAN X H,et al.Improving accuracy of automatic optical inspection with machine learning[J]. Frontiers of computer science, 2022,

16(1):161310.

[22] SHEN J Q,LIU N Z,SUN H.Defect detection of printed circuit board based on lightweight deep convolution network[J].IET image processing, 2020,14(15):3932-3940.

[23] GUO C,LV X L,ZHANG Y,et al.Improved YOLOv4-tiny network for real-time electronic component detection[J].Scientific reports,2021,11:22744.

[24] SHUAI Y,YANG C,CHEN J,et al.Secondary screening detection optimization method for electronic components based on artificial intelligence [C]//2019 IEEE 10th International Conference on Software Engineering and Service Science(ICSESS).October 18-20,2019,Beijing,China.IEEE, 2020:349-353.

[25] GHIASI G,LIN T Y,LE Q V.NAS-FPN:learning scalable feature pyramid architecture for object detection[C]//2019 IEEE/CVF Conference on Computer Vision and Pattern Recognition(CVPR).June 15-20,2019,Long Beach,CA, USA.IEEE,2020:7029-7038.

[26] KONG T,SUN F C,HUANG W B,et al.Deep feature pyramid reconfiguration for object detection[M]//Computer Vision-ECCV 2018.Cham: Springer International Publishing,2018:172-188.

[27] YU F,WANG D Q,SHELHAMER E,et al.Deep layer aggregation[C]//2018 IEEE/CVF Conference on Computer Vision and Pattern Recognition.June 18-23,2018,Salt Lake City,UT,USA.IEEE,2018:2403-2412.

[28] GHIASI G,LIN T Y,LE Q V.NAS-FPN:learning scalable feature pyramid architecture for object detection[C]//2019 IEEE/CVF Conference on Computer Vision and Pattern Recognition(CVPR).June 15-20,2019,Long Beach,CA, USA.IEEE,2020:7029-7038.

[29] PANG Y W,WANG T C,ANWER R M,et al.Efficient featurized image pyramid network for single shot detector[C]//2019 IEEE/CVF Conference on Computer Vision and Pattern Recognition(CVPR).June 15-20, 2019, Long Beach,CA,USA.IEEE,2020:7328-7336.

[30] DUAN K,BAI S,XIE L,et al.CenterNet:keypoint triplets for object detection [C]// 2019 IEEE/CVF International Conference on Computer Vision(ICCV),2019.

[31] BELL S,LAWRENCE ZITNICK C,BALA K,et al.Inside-outside net:detecting objects in context with skip pooling and recurrent neural networks[C]//2016

IEEE Conference on Computer Vision and Pattern Recognition(CVPR).June 27-30,2016,Las Vegas,NV,USA.IEEE,2016:2874-2883.

[32] YUAN Y,XIONG Z T,WANG Q.VSSA-NET:vertical spatial sequence attention network for traffic sign detection[J]. IEEE transactions on image processing,2019,28(7):3423-3434.

[33] HOWARD A G ,ZHU M L,CHEN B,et al.MobileNets:efficient convolutional neural networks for mobile vision applications[J/OL].https://doi.org/10.48550/arXiv.1704.04861.

[34] GUAN L T,WU Y,ZHAO J Q.SCAN:semantic context aware network for accurate small object detection[J].International journal of computational intelligence systems,2018,11(1):951.

[35] SINGH B,NAJIBI M,DAVIS L S.SNIPER:efficient multi-scale training [J/OL].https://doi.org/10.48550/arXiv.1805.09300.

[36] NAJIBI M, SINGH B, DAVIS L. AutoFocus: efficient multi-scale inference[C]//2019 IEEE/CVF International Conference on Computer Vision(ICCV).October 27-November 2,2019,Seoul,Korea.IEEE,2020: 9744-9754.

[37] LUO S,LI X F,ZHU R,et al.SFA:small faces attention face detector[J]. IEEE access,2019,7:171609-171620.

[38] LI J N,LIANG X D,WEI Y C,et al.Perceptual generative adversarial networks for small object detection[C]//2017 IEEE Conference on Computer Vision and Pattern Recognition(CVPR).July 21-26, 2017, Honolulu, HI, USA. IEEE, 2017:1951-1959.

[39] PANG Y W,CAO J L,WANG J,et al.JCS-net:joint classification and super-resolution network for small-scale pedestrian detection in surveillance images[J].IEEE transactions on information forensics and security,2019, 14(12):3322-3331.

[40] KIM J,LEE J K,LEE K M.Accurate image super-resolution using very deep convolutional networks[C]//2016 IEEE Conference on Computer Vision and Pattern Recognition(CVPR).June 27-30,2016,Las Vegas,NV,USA.IEEE, 2016:1646-1654.

[41] WEN W,WU C,WANG Y,et al.Learning structured sparsity in deep neural networks[J/OL].https://doi.org/10.48550/arXiv.1608.0366.

[42] HE Y H,ZHANG X Y,SUN J.Channel pruning for accelerating very deep

neural networks[C]//2017 IEEE International Conference on Computer Vision (ICCV).October 22-29,2017,Venice,Italy.IEEE,2017:1398-1406.

[43] HE Y,LIU P,WANG Z W,et al.Filter pruning via geometric Median for deep convolutional neural networks acceleration[C]//2019 IEEE/CVF Conference on Computer Vision and Pattern Recognition(CVPR).June 15-20,2019,Long Beach,CA,USA.IEEE,2020:4335-4344.

[44] YU R C,LI A,CHEN C F,et al.NISP:pruning networks using neuron importance score propagation[C]//2018 IEEE/CVF Conference on Computer Vision and Pattern Recognition.June 18-23,2018,Salt Lake City, UT,USA.IEEE,2018:9194-9203.

[45] GUO Y,YAO A,CHEN Y.Dynamic network surgery for efficient DNNs[C]// NIPS'16: Proceedings of the 30th International Conference on Neural Information Processing Systems,2016.

[46] FRANKLE J,CARBIN M.The lottery ticket hypothesis:finding sparse, trainable neural networks[C]//7th International Conference on Learning Representations,2019.

[47] DAI X L,YIN H X,JHA N K.NeST:a neural network synthesis tool based on a grow-and-prune paradigm[J].IEEE transactions on computers,2019,68(10): 1487-1497.

[48] NIU W,MA X L,LIN S,et al.PatDNN:achieving real-time DNN execution on mobile devices with pattern-based weight pruning[C]//Proceedings of the Twenty-Fifth International Conference on Architectural Support for Programming Languages and Operating Systems.March 16-20,2020,Lausanne,Switzerland.New York:ACM,2020:907-922.

[49] MA X L,YUAN G,LIN S,et al.Tiny but accurate:a pruned,quantized and optimized memristor crossbar framework for ultra efficient DNN implementation[C]//2020 25th Asia and South Pacific Design Automation Conference(ASP-DAC).January 13-16,2020,Beijing,China.IEEE,2020: 301-306.

[50] 张冠群.基于分组剪枝的深度卷积神经网络加速与压缩方法[D].天津:南开大学,2021.

[51] ZAGORUYKO S,KOMODAKIS N.Paying more attention to attention: improving the performance of convolutional neural networks via attention transfer[J/OL].https://doi.org/10.48550/arXiv.1612.03928.

[52] YIM J,JOO D,BAE J,et al.A gift from knowledge distillation:fast optimization,network minimization and transfer learning[C]//2017 IEEE Conference on Computer Vision and Pattern Recognition(CVPR).July 21-26,2017,Honolulu,HI,USA.IEEE,2017:7130-7138.

[53] KIM J,PARK S,KWAK N.Paraphrasing complex network:network compression via factor transfer[C]//The Thirty-second Annual Conference on Neural Information Processing Systems(NIPS),2018.

[54] LEE S H,KIM D H,SONG B C.Self-supervised knowledge distillation using singular value decomposition[M]//Computer Vision-ECCV 2018. Cham:Springer International Publishing,2018:339-354.

[55] TUNG F, MORI G. Similarity-preserving knowledge distillation[C]//2019 IEEE/CVF International Conference on Computer Vision(ICCV).October 27-November 2,2019,Seoul,Korea.IEEE,2020:1365-1374.

[56] PARK W,KIM D,LU Y,et al.Relational knowledge distillation[C]//2019 IEEE/CVF Conference on Computer Vision and Pattern Recognition (CVPR).June 15-20,2019,Long Beach,CA,USA.IEEE,2020:3962-3971.

[57] CHEN H T,WANG Y H,XU C,et al.Learning student networks via feature embedding[J].IEEE transactions on neural networks and learning systems,2021,32(1):25-35.

[58] PASSALIS N,TEFAS A.Learning deep representations with probabilistic knowledge transfer[M]//Computer Vision-ECCV 2018.Cham:Springer International Publishing,2018:283-299.

[59] PASSALIS N,TZELEPI M,TEFAS A.Probabilistic knowledge transfer for lightweight deep representation learning[J].IEEE transactions on neural networks and learning systems,2021,32(5):2030-2039.

[60] PENG B Y,JIN X,LI D S,et al.Correlation congruence for knowledge distillation[C]//2019 IEEE/CVF International Conference on Computer Vision(ICCV).October 27-November 2,2019,Seoul,Korea.IEEE,2020:5006-5015.

[61] KRIZHEVSKY A,SUTSKEVER I,HINTON G E.ImageNet classification with deep convolutional neural networks[J].Communications of the ACM,2017,60(6):84-90.

[62] MA N N,ZHANG X Y,ZHENG H T,et al.ShuffleNet V2:practical guidelines for efficient CNN architecture design[M]//Computer Vision-

ECCV 2018.Cham:Springer International Publishing,2018:122-138.
[63] SUN K,LI M,LIU D,et al.IGCV3:interleaved low-rank group convolutions for efficient deep neural networks[EB/OL]. 2018: arXiv: 1806.00178.https://arxiv.org/abs/1806.00178.pdf.
[64] XIE S N,GIRSHICK R,DOLLÁR P,et al.Aggregated residual transformations for deep neural networks[C]//2017 IEEE Conference on Computer Vision and Pattern Recognition(CVPR). July 21-26, 2017, Honolulu, HI, USA. IEEE, 2017:5987-5995.
[65] ZHANG X Y,ZHOU X Y,LIN M X,et al.ShuffleNet:an extremely efficient convolutional neural network for mobile devices[C]//2018 IEEE/CVF Conference on Computer Vision and Pattern Recognition.June 18-23,2018,Salt Lake City,UT,USA.IEEE,2018:6848-6856.
[66] WANG X,YU F,DOU Z Y,et al.SkipNet:learning dynamic routing in convolutional networks[M]//Computer Vision-ECCV 2018.Cham:Springer International Publishing,2018:420-436.
[67] SU Z,FANG L P,KANG W X,et al.Dynamic group convolution for accelerating convolutional neural networks[M]//Computer Vision-ECCV 2020.Cham:Springer International Publishing,2020:138-155.
[68] YE T,ZHAO Z Y,WANG S A,et al.A stable lightweight and adaptive feature enhanced convolution neural network for efficient railway transit object detection[J].IEEE transactions on intelligent transportation systems,2022,23(10):17952-17965.
[69] YEH C H,LIN C H,KANG L W,et al.Lightweight deep neural network for joint learning of underwater object detection and color conversion[J]. IEEE transactions on neural networks and learning systems, 2022, 33(11):6129-6143.
[70] WANG X W, ZHAO Q Z, JIANG P, et al. LDS-YOLO: a lightweight small object detection method for dead trees from shelter forest[J].Computers and electronics in agriculture,2022,198:107035.
[71] LI G Y,LIU Z,BAI Z,et al.Lightweight salient object detection in optical remote sensing images via feature correlation[J].IEEE transactions on geoscience and remote sensing,2022,60:1-12.
[72] JUNOS M H,KHAIRUDDIN A S M,DAHARI M.Automated object detection on aerial images for limited capacity embedded device using a

lightweight CNN model[J].Alexandria engineering journal,2022,61(8):6023-6041.

[73] IANDOLA F N,HAN S,MOSKEWICZ M W,et al.SqueezeNet:AlexNet-level accuracy with 50x fewer parameters and <0.5 MB model size[EB/OL].2016:arXiv:1602.07360.https://arxiv.org/abs/1602.07360.pdf.

[74] GHOLAMI A,KWON K,WU B C,et al.SqueezeNext:hardware-aware neural network design[C]//2018 IEEE/CVF Conference on Computer Vision and Pattern Recognition Workshops(CVPRW).June 18-22,2018,Salt Lake City,UT,USA.IEEE,2018:1719-171909.

[75] LV Y,LIU J,CHI W Z,et al.An inverted residual based lightweight network for object detection in sweeping robots[J].Applied intelligence,2022,52(11):12206-12221.

[76] KANG S,HWANG J,CHUNG K.DLNet:domain-specific lightweight network for on-device object detection [C]//2022 International Conference on Information Networking(ICOIN).January 12-15,2022,Jeju-si,Korea,Republic of.IEEE,2022:335-339.

[77] HAN K,WANG Y H,TIAN Q,et al.GhostNet:more features from cheap operations[C]//2020 IEEE/CVF Conference on Computer Vision and Pattern Recognition(CVPR).June 13-19,2020,Seattle,WA,USA.IEEE,2020:1577-1586.

[78] HAN K,WANG Y H,XU C,et al.GhostNets on heterogeneous devices via cheap operations[J].International journal of computer vision,2022,130(4):1050-1069.

[79] ZHU B Z,AL-ARS Z,HOFSTEE H P.REAF:reducing approximation of channels by reducing feature reuse within convolution[J].IEEE access,2020,8:169957-169965.

[80] YANG L,JIANG H J,CAI R J,et al.CondenseNet V2:sparse feature reactivation for deep networks[C]//2021 IEEE/CVF Conference on Computer Vision and Pattern Recognition(CVPR).June 20-25,2021,Nashville,TN,USA.IEEE,2021:3568-3577.

[81] LI Y W,LI W,DANELLJAN M,et al.The heterogeneity hypothesis:finding layer-wise differentiated network architectures[C]//2021 IEEE/CVF Conference on Computer Vision and Pattern Recognition(CVPR).June 20-25,2021,Nashville,TN,USA.IEEE,2021:2144-2153.

[82] ANISIMOV D,KHANOVA T.Towards lightweight convolutional neural networks for object detection[C]//2017 14th IEEE International Conference on Advanced Video and Signal Based Surveillance(AVSS).August 29-September 1,2017,Lecce,Italy.IEEE,2017:1-8.

[83] ZHANG X,ZHU X.Moving vehicle detection in aerial infrared image sequences via fast image registration and improved YOLOv3 network[J].International journal of remote sensing,2020,41(11):4312-4335.

[84] PANG L,LIU H,CHEN Y,et al.Real-time concealed object detection from passive millimeter wave images based on the YOLOv3 algorithm [J].Sensors,2020,20(6):1678.

[85] WANG H B,ZHANG Z D.Text detection algorithm based on improved YOLOv3[C]//2019 IEEE 9th International Conference on Electronics Information and Emergency Communication(ICEIEC).July 12-14,2019, Beijing,China.IEEE,2019:147-150.

[86] WON J H,LEE D H,LEE K M,et al.An improved YOLOv3-based neural network for de-identification technology[C]//2019 34th International Technical Conference on Circuits/Systems,Computers and Communications(ITC-CSCC).June 23-26,2019,JeJu,Korea.IEEE,2019:1-2.

[87] REN J,YU C,SHENG S,et al.Balanced meta-softmax for long-tailed visual recognition[EB/OL].2020:arXiv:2007.10740.https://arxiv.org/abs/2007.10740.pdf.

[88] WANG T,LI Y,KANG B Y,et al.The devil is in classification:a simple framework for long-tail instance segmentation[M]//Computer Vision-ECCV 2020.Cham:Springer International Publishing,2020:728-744.

[89] WANG Y R,GAN W H,YANG J,et al.Dynamic curriculum learning for imbalanced data classification[C]//2019 IEEE/CVF International Conference on Computer Vision(ICCV).October 27-November 2,2019, Seoul,Korea.IEEE,2020:5016-5025.

[90] KANG B,XIE S,ROHRBACH M,et al.Decoupling representation and classifier for long-tailed recognition[EB/OL].2019:arXiv:1910.09217.https://arxiv.org/abs/1910.09217.pdf.

[91] ZHANG Z Z,PFISTER T.Learning fast sample re-weighting without reward data[C]//2021 IEEE/CVF International Conference on Computer Vision(ICCV).October 10-17,2021,Montreal,QC,Canada.IEEE,2022:

705-714.

[92] LIU S,QI L,QIN H F,et al.Path aggregation network for instance segmentation[C]//2018 IEEE/CVF Conference on Computer Vision and Pattern Recognition.June 18-23,2018,Salt Lake City,UT,USA.IEEE,2018:8759-8768.

[93] ZHAO Q J,SHENG T,WANG Y T,et al.M2Det:a single-shot object detector based on multi-level feature pyramid network[J].Proceedings of the AAAI conference on artificial intelligence,2019,33(1):9259-9266.

[94] XU A,YAO A,LI A,et al.Auto-FPN:automatic network architecture adaptation for object detection beyond classification[C]//2019 IEEE/CVF International Conference on Computer Vision(ICCV).October 27-November 2,2019,Seoul,Korea.IEEE,2020:6648-6657.

[95] KONG T,SUN F C,YAO A B,et al.RON:reverse connection with objectness prior networks for object detection[C]//2017 IEEE Conference on Computer Vision and Pattern Recognition(CVPR).July 21-26,2017,Honolulu,HI,USA.IEEE,2017:5244-5252.

[96] KIM S W,KOOK H K,SUN J Y,et al.Parallel feature pyramid network for object detection[M]//Computer Vision-ECCV 2018.Cham:Springer International Publishing,2018:239-256.

[97] LI H Y,LIU Y,OUYANG W L,et al.Zoom out-and-in network with map attention decision for region proposal and object detection[J].International journal of computer vision,2019,127(3):225-238.

[98] GE Z,JIE Z Q,HUANG X,et al.Delving deep into the imbalance of positive proposals in two-stage object detection[J].Neurocomputing,2021,425:107-116.

[99] LI N,LYU X,XU S K,et al.Incorporate online hard example mining and multi-part combination into automatic safety helmet wearing detection[J].IEEE access,2020,9:139536-139543.

[100] HAN Z S,WANG C P,FU Q.M^2R-Net:deep network for arbitrary oriented vehicle detection in MiniSAR images[J].Engineering computations,2021,38(7):2969-2995.

[101] LI H,CHEN L,HAN H,et al.Conditional training with bounding map for universal lesion detection[M]//Medical Image Computing and Computer Assisted Intervention-MICCAI 2021.Cham:Springer International

Publishing,2021:141-152.

[102] HOU X Y,ZHANG K L,XU J H,et al.Object detection in drone imagery via sample balance strategies and local feature enhancement[J]. Applied sciences,2021,11(8):3547.

[103] LI Z H,ZHUANG X P,WANG H B,et al.Local attention sequence model for video object detection[J].Applied sciences,2021,11(10):4561.

[104] LI Z Y,WANG H J,ZHONG H F,et al.Self-attention module and FPN-based remote sensing image target detection[J].Arabian journal of geosciences,2021,14(23):2483.

[105] LI Y T,WU Z H,LI L,et al.Improved YOLOv3 model for vehicle detection in high-resolution remote sensing images[J].Journal of applied remote sensing,2021,15(2):026505.

[106] XU T,SUN X,DIAO W H,et al.ASSD:feature aligned single-shot detection for multiscale objects in aerial imagery[J].IEEE transactions on geoscience and remote sensing,2022,60:1-17.

[107] LIU W,ANGUELOV D,ERHAN D,et al.SSD:single shot MultiBox detector[M]//Computer Vision-ECCV 2016.Cham:Springer International Publishing,2016:21-37.

[108] LU X C,JI J,XING Z Q,et al.Attention and feature fusion SSD for remote sensing object detection[J].IEEE transactions on instrumentation and measurement,2021,70:1-9.

[109] LI Y S,LIU C L,SHEN Y,et al.RoadID:a dedicated deep convolutional neural network for multipavement distress detection[J]. Journal of transportation engineering,Part B:pavements,2021,147(4):1-15.

[110] LI Q Z,ZHANG Y J,SUN S Y,et al.Rethinking semantic-visual alignment in zero-shot object detection via a softplus margin focal loss[J]. Neurocomputing,2021,449:117-135.

[111] LIN T Y,GOYAL P,GIRSHICK R,et al.Focal loss for dense object detection [J].IEEE transactions on pattern analysis and machine intelligence,2020,42(2):318-327.

[112] ZHENG D C,ZHANG Y Z,XIAO Z J.Deep learning-driven Gaussian modeling and improved motion detection algorithm of the three-frame difference method[J].Mobile information systems,2021,2021:1-7.

[113] LI X H,HE M Z,LI H F,et al.A combined loss-based multiscale fully

convolutional network for high-resolution remote sensing image change detection[J].IEEE geoscience and remote sensing letters,2022,19:1-5.

[114] 张天富.电子产品装配与调试[M].北京:电子工业出版社,2012.

[115] PCB Assembly Inspection Report Format[EB/OL].https://www.protoexpress.com/blog/pcb-assembly-inspection-report-format/.

[116] Automatic Optical Inspection Machine[EB/OL]. https://www. globalems.com.hk/automatic-optical-inspection-machine/.

[117] 电子元器件搜索引擎[EB/OL].https://www.findchips.com/.

[118] KUO C W,ASHMORE J D,HUGGINS D,et al.Data-efficient graph embedding learning for PCB component detection [C]//2019 IEEE Winter Conference on Applications of Computer Vision(WACV).January 7-11,2019, Waikoloa,HI,USA.IEEE,2019:551-560.

[119] TREMBLAY J,PRAKASH A,ACUNA D,et al.Training deep networks with synthetic data: bridging the reality gap by domain randomization [C]//2018 IEEE/CVF Conference on Computer Vision and Pattern Recognition Workshops(CVPRW).June 18-22,2018,Salt Lake City,UT, USA.IEEE,2018:1082-10828.

[120] PATKI N, WEDGE R, VEERAMACHANENI K. The synthetic data vault[C]//2016 IEEE International Conference on Data Science and Advanced Analytics(DSAA).October 17-19,2016,Montreal,QC,Canada. IEEE,2016:399-410.

[121] Transforming the Electronics Industry with Innovative PCB Design Software[EB/OL].https://www.altium.com/.

[122] The electronic part data platform[EB/OL].https://www.altium.com/octopart.

[123] LabelImg for Labeling Object Detection Data[EB/OL].https://blog.roboflow.com/labelimg/.

[124] EVERINGHAM M,VAN GOOL L,WILLIAMS C K I,et al.The pascal visual object classes (VOC) challenge [J]. International journal of computer vision,2010,88(2):303-338.

[125] HUBEL D H,WIESEL T N.Receptive fields of single neurones in the cat's striate cortex[J].The journal of physiology,1959,148(3):574-591.

[126] REDMON J,DIVVALA S,GIRSHICK R,et al.You only look once: unified,real-time object detection[C]//2016 IEEE Conference on Computer

Vision and Pattern Recognition(CVPR). June 27-30, 2016, Las Vegas, NV, USA. IEEE, 2016: 779-788.

[127] GIRSHICK R, DONAHUE J, DARRELL T, et al. Rich feature hierarchies for accurate object detection and semantic segmentation[C]//Proceedings of the 2014 IEEE Conference on Computer Vision and Pattern Recognition. New York: ACM, 2014: 580-587.

[128] YOLOv5[EB/OL]. https://github.com/ultralytics/yolov5.

[129] REDMON J, FARHADI A. YOLO9000: better, faster, stronger[C]//2017 IEEE Conference on Computer Vision and Pattern Recognition(CVPR). July 21-26, 2017, Honolulu, HI, USA. IEEE, 2017: 6517-6525.

[130] REDMON J, FARHADI A. YOLOv3: an incremental improvement[EB/OL]. 2018: arXiv: 1804.02767. https://arxiv.org/abs/1804.02767.pdf.

[131] BOCHKOVSKIY A, WANG C Y, LIAO H Y M. YOLOv4: optimal speed and accuracy of object detection[EB/OL]. 2020: arXiv: 2004.10934. https://arxiv.org/abs/2004.10934.pdf.

[132] GE Z, LIU S, WANG F, et al. YOLOX: exceeding YOLO series in 2021[EB/OL]. 2021: arXiv: 2107.08430. https://arxiv.org/abs/2107.08430.pdf.

[133] YOLOv6[EB/OL]. https://github.com/meituan/YOLOv6.

[134] LIN T Y, MAIRE M, BELONGIE S, et al. Microsoft COCO: common objects in context[M]//Computer Vision-ECCV 2014. Cham: Springer International Publishing, 2014: 740-755.

[135] ZAIDI S S A, ANSARI M S, ASLAM A, et al. A survey of modern deep learning based object detection models[J]. Digital signal processing, 2022, 126: 103514.

[136] EVERINGHAM M, VAN GOOL L, WILLIAMS C K I, et al. The pascal visual object classes (VOC) challenge[J]. International journal of computer vision, 2010, 88(2): 303-338.

[137] 冷佳旭.复杂场景下的小目标检测方法研究[D].北京:中国科学院大学,2020.

[138] PEREZ L, WANG J. The effectiveness of data augmentation in image classification using deep learning[EB/OL]. 2017: arXiv: 1712.04621. https://arxiv.org/abs/1712.04621.pdf.

[139] SHRIVASTAVA A, SUKTHANKAR R, MALIK J, et al. Beyond skip connections: top-down modulation for object detection[EB/OL]. 2016:

arXiv:1612.06851.https://arxiv.org/abs/1612.06851.pdf.

[140] LIN T Y,DOLLÁR P,GIRSHICK R,et al.Feature pyramid networks for object detection[C]//2017 IEEE Conference on Computer Vision and Pattern Recognition(CVPR). July 21-26, 2017, Honolulu, HI, USA. IEEE, 2017: 936-944.

[141] FU C,LIU W,RANGA A,et al.DSSD:deconvolutional single shot detector[EB/OL]. 2017: arXiv: 1701. 06659. https://arxiv. org/abs/1701. 06659.pdf.

[142] NIELL C M,STRYKER M P.Highly selective receptive fields in mouse visual cortex[J].The journal of neuroscience,2008,28(30):7520-7536.

[143] HUBERMAN A D,FELLER M B,CHAPMAN B.Mechanisms underlying development of visual maps and receptive fields[J].Annual review of neuroscience,2008,31:479-509.

[144] CAI Z,FAN Q,FERIS R S,et al.A unified multi-scale deep convolutional neural network for fast object detection[EB/OL].2016:arXiv:1607.07155.https://arxiv.org/abs/1607.07155.pdf.

[145] VICTOR J D.Analyzing receptive fields,classification images and functional images:challenges with opportunities for synergy[J].Nature neuroscience,2005,8(12):1651-1656.

[146] LUO W,LI Y,URTASUN R,et al.Understanding the effective receptive field in deep convolutional neural networks[EB/OL].2017:arXiv:1701.04128.https://arxiv.org/abs/1701.04128.pdf.

[147] 魏花.基于卷积神经网络的细粒度图像识别关键技术分析与研究[D].长春:中国科学院大学(中国科学院长春光学精密机械与物理研究所),2021.

[148] LI J,LI W Y,CHEN Y Q,et al.A PCB electronic components detection network design based on effective receptive field size and anchor size matching[J].Computational intelligence and neuroscience,2021,2021:1-19.

[149] CHEN X,LI Z Q,JIANG J,et al.Adaptive effective receptive field convolution for semantic segmentation of VHR remote sensing images[J].IEEE transactions on geoscience and remote sensing,2021,59(4):3532-3546.

[150] CHEN L C,PAPANDREOU G,KOKKINOS I,et al.DeepLab:semantic image segmentation with deep convolutional nets,atrous convolution,

and fully connected CRFs[J].IEEE transactions on pattern analysis and machine intelligence,2018,40(4):834-848.

[151] HU J,SHEN L,ALBANIE S,et al.Squeeze-and-excitation networks[J]. IEEE transactions on pattern analysis and machine intelligence,2020,42(8):2011-2023.

[152] SELVARAJU R R,COGSWELL M,DAS A,et al.Grad-CAM:visual explanations from deep networks via gradient-based localization[J].International journal of computer vision,2020,128(2):336-359.

[153] HUANG J,RATHOD V,SUN C,et al.Speed/accuracy trade-offs for modern convolutional object detectors[C]//2017 IEEE Conference on Computer Vision and Pattern Recognition(CVPR).July 21-26,2017, Honolulu,HI,USA.IEEE,2017:3296-3297.